# 演習・理工系の基礎物理学

横沢正芳
伊藤郁夫
酒井政道
共編著

青木正人
高橋　学
寺尾貴道
山本隆夫
共著

培風館

## 執筆者一覧

横沢正芳（放送大学特任教授）〈編者：1，6，7，18章〉
伊藤郁夫（成蹊大学客員教授）〈編者：2，3，4，5章〉
酒井政道（埼玉大学大学院理工学研究科教授）〈編者：16，17章〉

青木正人（岐阜大学工学部教授）〈8，9章〉
高橋　学（群馬大学大学院理工学府教授）〈14，15章〉
寺尾貴道（岐阜大学工学部教授）〈12，13章〉
山本隆夫（群馬大学大学院理工学府教授）〈10，11章〉

装幀　AtelierZ たかはし文雄

# はじめに

本書は，理工系学生が大学の初年次に学ぶ基礎物理学に対応した演習書である．教科書や講義で学んだことを本当に理解しているかを確かめるには，実際に問題を解いてみることである．物理学は自然界の法則の一部であるから現実に近い問題を解くことによって法則の意味もわかり，物理学の視点から新たに自然を見直す契機ともなる．

本書の構成は，[A] ランクにある基礎的問題と [B] ランクにあるレベルの高い問題とからなる．物理学の法則はより一般性をもたせることから，シンプルかつ抽象化された表現となる．このことから物理学を苦手と感ずる学生も多い．[A] ランクの具体的問題を順を追って解くことにより法則が有する多様な現実的意味を捉えてほしい．物理学はあれやこれや思考実験することによりその実力は養われる．[B] ランクの問題にもチャレンジし，格闘してほしい．解答欄は，詳解と略解の 2 つのタイプからなる．詳解を参照し物理法則を理解したならば，自力で新たな問題に挑んでほしい．

大学の授業は様々である．アメリカの学生が大学初年次に学ぶ物理学の教科書は 1000 頁を越える分厚いものが多い．その中で最も多く使われている典型的な教科書では，演習問題が多く配置され，各章あたり 100 問程度ある．1 週間に開講される講義時間は短く，実験，演習時間が多い．大量の演習問題は自宅学習によるレポート提出によりこなされる．持ち歩くのも大変そうな 4 kg もある重たい教科書を，大学初年次生がこなすとは，もっと驚きである．能動的な学習の重要性は日本でも指摘されている．多くの演習問題に挑み，物理学の実力を大いに養っていただきたい．

2018 年 4 月

著　者

# 目　　次

# 1 測　　定

［A］

### 1.1　動物の総脈拍数

ネズミ，犬，馬，ゾウの寿命は，約 7, 17, 45, 80 歳，また，それぞれの脈拍周期は，約 0.25, 0.6, 1.6, 3 秒である．それぞれの動物は，一生の間に何回の脈拍を打つか．

### 1.2　天体とヒトの密度

地球と太陽はほぼ球形で，半径がそれぞれ $6.4 \times 10^3$ km, $7.0 \times 10^5$ km，質量がそれぞれ $6.0 \times 10^{24}$ kg，$2.0 \times 10^{30}$ kg である．ヒトを，体重 65 kg，円周 66 cm，高さ 170 cm の円柱とみなす．このとき，地球，太陽，ヒトの密度を求めよ．

### 1.3　分子間距離

水の密度は 1 $\mathrm{cm}^3$ あたり約 1 g である．陽子，中性子の質量を $1.66 \times 10^{-24}$ g とするとき，約何個の水分子が水 1 $\mathrm{cm}^3$ にあり，それら分子間の平均距離はどれだけか．水分子 ($H_2O$) を構成する水素 (H) は陽子と電子，酸素 (O) は陽子 8 個，中性子 8 個，電子 8 個からなるとする．

### 1.4　超短寿命

学生実験などで使うストップウォッチでは 1/100 秒程度までの短い時間を測定できるが，これよりもずっと短い時間では，光速度一定の法則を使って間接的に時間を測定する方法がある．電子より重く，陽子よりも軽い，これら 2 つの粒子の間の質量をもつ粒子である $\pi^0$ 中間子は，発生後，写真乳剤中を約 0.1 μm 移動した後に崩壊する．このとき，$\pi^0$ 中間子が存在できる時間 (寿命) を求めよ．$\pi^0$ 中間子は光速度で移動すると仮定する．

### 1.5　惑星間距離

光速度一定の法則は距離測定にも使われる．地球から発する電波を金星に当てその反射波を捉えるレーダーを使って，地球‐金星間の距離を求めることができる．電波を発してから戻るまでに要した時間が 268 秒であった．このとき，地球‐金星間の距離はいくらか．

### 1.6　板の誤差

木材，鋼材，プラスチックの板を重ねて容器を作製する．各々の厚さは，木材の板が $2.5 \pm 0.2$ cm，鋼板が $2.0 \pm 0.2$ mm，プラスチック板が $3.0 \pm 0.3$ mm である．3 つの板を重ねたときの厚さとその誤差を求めよ．

### 1.7　振り子の周期誤差

振り子の周期を決める実験を行い，振り子が 10 往復する時間を 10 回測定し，表 1.1 の結果を得た．振り子の周期値と誤差 (標準誤差) を求めよ．ただし，標準誤差 ($\sigma$) の定義は以下である．

$$\sigma = \sqrt{\frac{\sum_{k=1}^{k=n}(x_k - \bar{x})^2}{n(n-1)}},$$

$x_k$：測定値，　$\bar{x}$：真値 (平均値)，　$n$：データ数

**表 1.1**　測定結果 (秒)

| | | | | |
|---|---|---|---|---|
| 30.26 | 29.95 | 30.33 | 30.15 | 30.27 |
| 30.22 | 30.15 | 30.24 | 30.05 | 30.35 |

［B］

### 1.8　力学の基本量

力学における物理量は，3 つの基本量である長さ ($L$)，時間 ($T$)，質量 ($M$) で表される．

(1)　質量に代わって密度 ($\rho$) を基本量に組み入れ，あらゆる力学物理量を表すことができるか．

(2)　質量に代わって密度 ($\rho$) を基本量に組み入れる場合の問題点を述べよ．

### 1.9　天動説・地動説

(1)　コペルニクス (Nicolaus Copernics, 1473‐1543) は，日没時に東の空に輝く火星は明るいが，それに比べて日没時に西の空に輝く火星はそれほど明るくはないことから，天動説よりも地動説が正しいと唱えた．なぜ，地動説が正しいといえるか説明せよ．

(2)　ガリレオ (Galileo Galilei, 1564‐1642) は，望遠鏡を使って金星を観測すると，満月に見えるときは金星の大きさが小さく，半月，三日月に見えるときにはその大きさが大きく見えることから，天動説よりも地動説が正しいと唱えた．なぜ，地動説が正しいといえるか説明せよ．

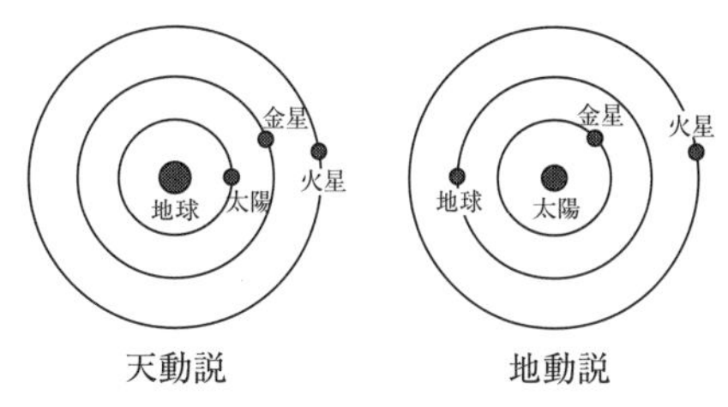


図 1.1

### 1.10　2 回目の日没

ローリング (Dennis Rawling, 1937‐) は，「2 回目の日没を腕時計と物差しで測り，誰もが地球の大きさを知る方法」と題する論文を発表した (American Journal of Physics, Feb. Vol.47, pp.126-128, 1979)．日没を 2 回測定できれば地球の大きさがわかるとのことである．彼は，海岸で地平線に沈む太陽の時刻を腕時計で見た直後に，近辺の建物に上がり，再び日没する時刻を見た．そこで，この建物の高さが 7.2 m あり，2 回目の日没までの時間差が 23 秒間であったとする．1 日は 24 時間であり，太陽は地平線に垂直に沈むと仮定する．この測定から地球の半径はどのように求まるか考察せよ．

### 1.11 月の周期

地上で見る月の形は，約 30 日 (29.53 日) の周期で変化する．ところが，月はゆっくりと地球から遠ざかっている (安部正真，水谷仁：科学 vol.64, pp.495-503, 1994).

(1) 現在，月－地球間距離は 38 万 km あり，年間 2.6 cm の速さで離れていくとすると，月が現在より倍に離れるのは何年後か.

(2) 月，惑星の公転周期 ($T$) は公転半径 ($R$) の 3/2 乗に比例する．現在，太陽系の年齢は約 46 億年であるが，それではこれから 23 億年後に地上で見る月は，何日間の周期でその形を変えるか.

### 1.12 鉄球の直径誤差

鉄球の直径を求めるために，水の入ったシリンダーに鉄球を沈め，その体積を測定したところ，$V = 14.2 \pm 0.3\ \mathrm{cm}^3$ であった．鉄球の直径を求めよ.

### 1.13 古代年齢の測定

古い時代に建てられた建物の年代を知る方法として，建材 (木材) に含まれる炭素量の評価法がある．これは，空気中にある炭素には，陽子を 6 個と中性子を 6 個もつ炭素 12 ($^{12}$C) と陽子を 6 個と中性子を 8 個もつ炭素 14 ($^{14}$C) があり，それらが存在する比はほぼ一定であることに注目した年代評価法である．炭素 14 は不安定な放射性炭素であり，炭素 14 から窒素 ($^{14}$N) に変化する．この変化は一斉には起きず，バラバラと個々の炭素 14 原子ごとに異なった時間間隔で起きる．しかし，平均的な発生確率はわかっており，$N$ 個の炭素 14 の半分 ($N/2$) が窒素 14 に変わるのに要する時間は約 5000 年である．自然に生息する木が伐採されると空気から炭素の供給が止まり，この木に含まれる放射性炭素 ($^{14}$C) は安定元素 ($^{14}$N) へと順次変わり，その数を減らす．空気中にある炭素 12 と炭素 14 の存在比は $N\ (^{14}\mathrm{C})/N(^{12}\mathrm{C}) \approx 10^{-12}$ である．古い地層にあった木炭に含まれる元素比が $N\ (^{14}\mathrm{C})/N(^{12}C) \approx 2.5 \times 10^{-13}$ であった．この木炭となる原木の木は約何年前に伐採されたといえるか.

### 1.14 次元解析

空気中を移動する物体は，その速さ ($v$) に応じて空気抵抗を受ける．このときの抵抗力は，物体の速さが音速を超えないとき，速さ ($v$) の 1 次と 2 次のべき乗に展開され

$$f_{\text{抵抗力}} = cv + dv^2$$

と表される．ここで，$c$ と $d$ は定数である．野球ボールのような径の大きい物体の運動には 2 次の項が強く働き，霧状の水滴や油滴の動きには 1 次の項が主として働く．さて，物体の質量 ($m$) には重力が働くので，空気中を落下する物体には，次の合力

$$f_{\text{合力}} = mg - cv - dv^2$$

が作用することとなる．ここで，$g$ は地上での重力加速度 $g = 9.80\ \mathrm{m/s^2}$，である．このとき，定数 $c$ と $d$ は，どのような次元となるか次元解析せよ.

### 1.15 衝撃波の伝播速度

原爆や超新星爆発により空気中や星間物質中を伝播する衝撃波のおよその振舞いは次元解析により知ることができる．爆発のエネルギーが $E_0$ でまわりの媒質の密度が $\rho_0$ であるとき，時間 $t$ の間に衝撃波が伝播する距離 $r$ は，衝撃波の伝播にかかわる 4 つの物理量 ($E_0$, $\rho_0$, $t$, $r$) を使って 1 つの無次元定数をつくること (無次元化) によって決まる．衝撃波の伝播半径 $r$ と時間 $t$ の間に成り立つ関係を求めよ.

# 2　質点の運動

［A］

### 2.1　マラソンランナー

計時点を 5.0 m/s の速さで通過したマラソンランナーが同じ速さのまま，120 m 走ったところにある折り返し地点で引き返し，少しスピードダウンして一定の速さ 4.8 m/s で再び計時点を通過した．ランナーの位置が時刻とともに変化する様子をグラフで表せ．また，速度が変化する様子をグラフで表せ．

### 2.2　ブランコの速度

ブランコが最初 A から振れはじめ，B を通過して C まで振れたあと，D まで戻ってきた．それぞれの地点の速度ベクトルの矢印を図 2.1 に描き込め．

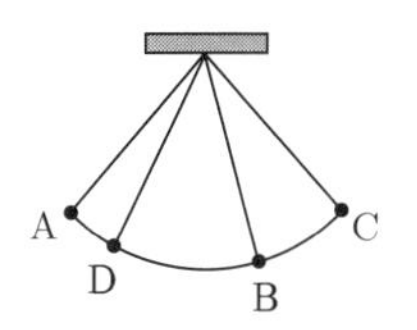


図 2.1

### 2.3　落下するボールの速度ベクトル

床から 0.8 m の高さの机の上をボールが転がり，時刻 $t=0$ に机の端 A から飛び出した．図 2.2 はそのあと一定の加速度で落下するボールの軌道を表している．

点 B, C はそれぞれ，時刻 $t=0.1$ s, 0.3 s のときの位置である．A と B では矢印によってそれぞれの時刻での速度ベクトルが示してある．加速度が一定であるとして，点 C での速度ベクトルの矢印を作図せよ．

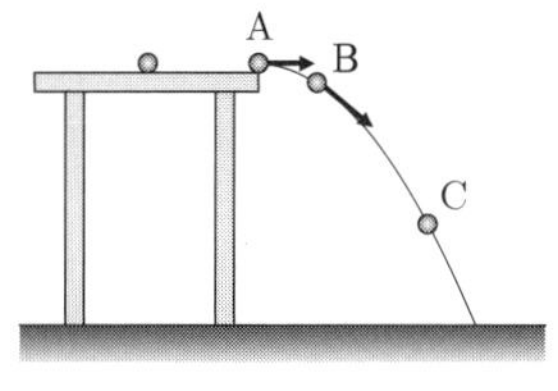


図 2.2

### 2.4　斜面を転がるボール

斜面上の A 点から初速 3.0 m/s でボールを転がして斜面を昇らせたところ，最高点まで到達したあと同じ斜面を下って最初から 6 秒後に B 点に達した．図 2.3 は，このときのボールの速度が時間とともに変化する様子を表している．

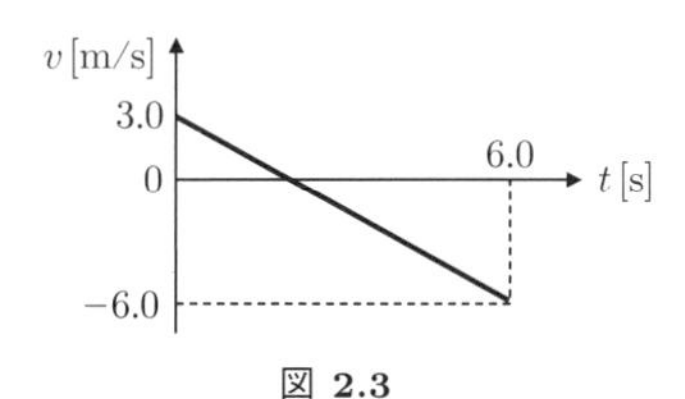


図 2.3

(1)　加速度を求めよ．

(2)　最高点に到達する時刻はいつか．

(3)　斜面に沿った AB の距離はどれだけか．

### 2.5　単振動のグラフ

天井からつるしたばねの下端におもりを結び，つりあいの位置を中心にして鉛直方向に単振動させる．おもりが最高点のときにストップウォッチをスタートさせて，つりあいの位置からのおもりの高さの時間変化を測ったところ，図 2.4 のようになった．ストップウォッチをスタートさせるのが 0.5 秒遅れたとしたら，どのようなグラフになるか．

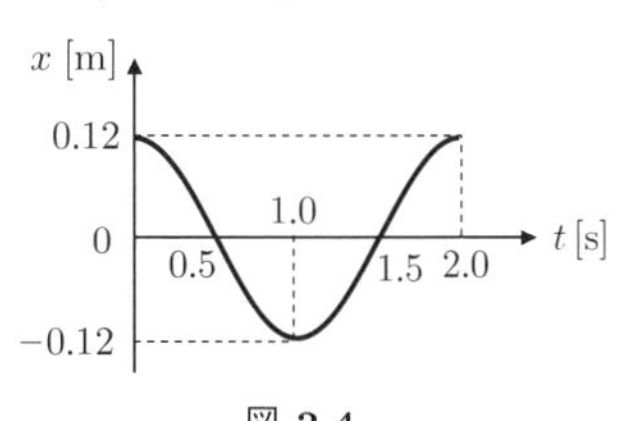


図 2.4

### 2.6　CD の回転速度は変化する

CD (コンパクトディスク) はディスク面にレーザー光を当てて，面につくられた微細なピットとよばれる凸部分とピットのない部分との反射の違いを検知することで情報を読み取っている．これらのピットは同心円上に並んでいて，CD ドライブ内でディスクを回転させることでデータを次々と読み取ることができる．このとき，回転するピットは一定の速さ 1.2 m/s でドライブ装置の読み取り部分を通過する．ディスクの最も内側を読み取るときと最も外側を読み取るときとで，1 分間の回転数はそれぞれどれだけにしなければならないか (コンパクトディスクのサイズは物差しで実際に測ってみよ)．

### 2.7　ジェットコースターの加速度

あるジェットコースターは，動きはじめて 1.8 秒で時速 172 km になるという．この間，一様に加速されるとしたら，加速度の大きさはどれだけか．また，ジェットコースターが時速 120 km で半径 50 m のカーブを回るとしたら加速度の大きさはどれだけか．

### 2.8　円軌道の円弧を弦で近似する

ある惑星を中心とする円軌道を周期 10000 s で周回する人工衛星がある．軌道半径は 10000 km である．軌道上のある点 A から 1 秒，1 分，10 分経過したあとの衛星の位置をそれぞれ B，C，D とする．A からそれぞれの位置までの線分の長さと，円軌道に沿った円弧の長さを比べよ．

### 2.9　電車がブレーキをかけて停車する

まっすぐな線路を 20 m/s の速度で電車が走行している．駅に近づいたので，運転士は地点 A でブレーキをかけはじめ一定の加速度で減速した．そのあと 12 秒後に信号のある地点 B を通過し，ブレーキをかけはじめてから 20 秒後に停車した．地点 A は地点 B の手前何 m のところか．

［B］

### 2.10 対数グラフで測定結果を表す

ビルの2階から6階までの各階の窓からボールを静かに落下させて地表に到達するまでの時間を測定した結果，表のようになった．このとき，落下時間の対数 $\log_{10} t$ を横軸に，落下距離の対数 $\log_{10} h$ を縦軸にとってグラフを作成し，それをもとに $t$ と $h$ の間の関係を推測せよ．

| 階 | 高さ $h$ [m] | 落下時間 $t$ [s] |
|---|---|---|
| 2 | 6.0 | 1.1 |
| 3 | 10.0 | 1.4 |
| 4 | 14.0 | 1.7 |
| 5 | 18.0 | 1.9 |
| 6 | 20.0 | 2.1 |

### 2.11 ボールはいつ加速しているか

真上に向かって投げ上げたボールの高さ $x$ が時間とともに

$$x(t) = 2.2\ [\mathrm{m}] + 10.0\ [\mathrm{m/s}]\,t - 5.0\ [\mathrm{m/s^2}]\,t^2$$

のように変化することがわかったとする．

(1) ボールが地面に落下するまでの範囲で $x(t)$ のグラフを描け．

(2) 時刻 $t$ での速度 $v(t)$ を求め，そのグラフを描け．

(3) 「$v$ と $a$ が同じ向きなら加速，反対向きなら減速している」といってよいか．

### 2.12 ボールが地面に落ちるときの角度

地上からボールを水平と斜め方向に投げ上げる．投げた位置からのボールの水平方向の距離を $x$，地面からの高さを $y$ としてボールの位置を表したとき

$$x(t) = 5.0\ [\mathrm{m/s}]\,t,$$
$$y(t) = 1.75\ [\mathrm{m}] + 15\ [\mathrm{m/s}]\,t - 5.0\ [\mathrm{m/s^2}]\,t^2$$

であることがわかった．

(1) ボールが最も高くまで上がるのは $x$ がいくらのときか．

(2) ボールは地面に対してどれだけの角度で落下するか．

### 2.13 電車の運転士が見たのは

進行方向に対して左方向へ長くゆるやかにカーブした線路を電車が走行している．地点Pを通過したとき，運転士がこのあと通過する予定の地点Qの方向に視線をやったところ，その方角に満月が上ってくるのが見えた．運転士はすぐに視線を電車の進行方向に戻して運転を続けた．しばらく走行して地点Rに差しかかったとき，今度は真正面の方向に満月を見ることができた．Rを通過するのは電車がQに到達する前のことだろうか，それともすでに通過してしまった後のことか．

### 2.14 ボールにひもをつけて投げる

ボールを水平面に対し75°の方向に初速 $v_0 = 10$ m/s で投げたところ，ボールの水平方向の距離 $x$，水平面からの高さ $y$ が時間とともに

$$(x, y) = \left(v_0 t \cos 75^\circ, -\frac{1}{2}gt^2 + v_0 t \sin 75^\circ\right)$$

のように変化した．ただし，$g$ は重力加速度で 9.8 m/s$^2$ である．次に，ボールに軽いひもをつけ，ひものもう一方の端を投げ上げる地点に固定したうえで同じように投げた．ひもは少しでも引っ張ると切れてしまう．ボールが落下するまでの間にひもが切れないためには，ひもの長さは少なくともどれだけ必要か．

### 2.15 等速円運動の速度図

図2.5は等速円運動をしている物体が時刻とともに円軌道上を移動していく様子を表している．図に示した矢印は位置 $\mathrm{P}_0$ における速度ベクトル $\vec{v_0}$ である．

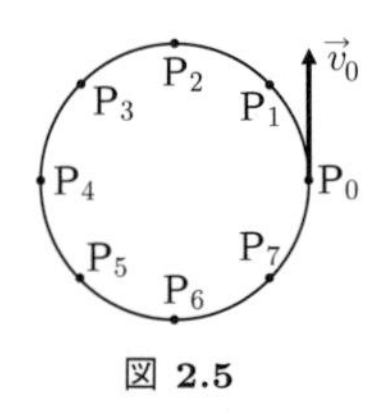


図 2.5

(1) 図2.5の点 $\mathrm{P}_1$ から点 $\mathrm{P}_7$ での速度ベクトルの矢印を描き込め．

(2) 各位置での速度ベクトル $\vec{v}$ の矢印を始点が一致するよう平行移動して描け．

(3) (2) で描いた図から速度ベクトル $\vec{v}$ の矢の先は円周上を一定の速さで動いていくことがわかる．この円の半径は物体の速さに対応している．ベクトル $\vec{v}$ の終点がこの円周上を動く速度ベクトルは物体の加速度ベクトルを表している．その矢印を (2) の図に描き込め．

(4) (3) で描いた加速度ベクトルの矢印を (1) の図に平行移動して，対応する時刻での物体の位置を始点として描け．

# 3 運動法則

### ［A］

**3.1　1人で2人力？**

「重い荷物を持ち上げるのに1人より，2人での方が楽だ」というのは必ずしも正しくない．そのような例を考えよ．

**3.2　壁に押しつけた本は落ちないのは？**

壁に重い本を強く押しつければずり落ちない．しかし，力を抜くと落ちてしまう．この理由を説明せよ．

**3.3　ボールが飛び出す向き**

ボールを糸で結んで円運動させる．途中で糸が切れたらボールはどのような向きに飛び出すか．

**3.4　クレーンのロープはいつも同じ張力でつり下げているか**

重い荷物がクレーンによってロープでつり下げられたまま以下の(1)-(5)の運動をする．ロープの張力が最大なのはどれか．また最小なのはどれか．

(1)　上向きに一定の速さで上昇している．
(2)　上向きに一定の加速度で上昇している．
(3)　下向きに一定の速さで降下している．
(4)　下向きに一定の加速度で降下している．
(5)　静止している．

**3.5　荷物を押すためには**

床の上を重い荷物を押しながら運ぶときのことを考えよう．人が荷物を押す力を作用とすれば，それと同じ大きさの反作用が進行方向と反対向きに荷物から人に加わる．すると，人はその力のために後ろ向きに動いてしまい，結局，荷物を押すことができない．この結論はどこがおかしいか．

**3.6　振り子の糸の張力はいつも同じか**

おもりを糸の端に結び，もう一方の端を固定して，糸が水平になる位置からおもりを静かに放して鉛直面内で振らせる．おもりが往復する間に，糸の張力が最も大きくなるのはいつか．

**3.7　スケートボードでジャンプ**

なめらかで凸形をした曲面の台をスケートボードで勢いよく上ったところ，頂点Oに到達した瞬間にボーダーは面から浮き上がった．Oにはどれだけの速さで達したか．ただし，曲面はO付近で半径$r = 5.0$ mの円の一部とみなせるものとする．重力加速度$g$の値を9.8 m/s$^2$とする．

**3.8　カーリングのストーンを上手に止めたい**

質量20 kgの石を4.4 m/sの初速度で水平な氷面上で滑らせたところ，一定の割合で減速し22 m滑って静止した．重力加速度の値を9.8 m/s$^2$とする．

(1)　石と氷の間の摩擦力を$F$として，氷面からの垂直抗力$N$との比$F/N$を求めよ．これを摩擦係数という．
(2)　本来なら28 m先まで到達させる必要があった．摩擦係数を何%にすればよかったか．

**3.9　円錐振り子**

糸の端を点Oに固定し，もう一方の端におもりを結びつけて図3.1のような円軌道を等速運動させる．糸の長さは$r = 50$ cm，糸と鉛直線の間の角度は$\theta = 30^\circ$である．重力加速度$g$の値を9.8 m/s$^2$とする．

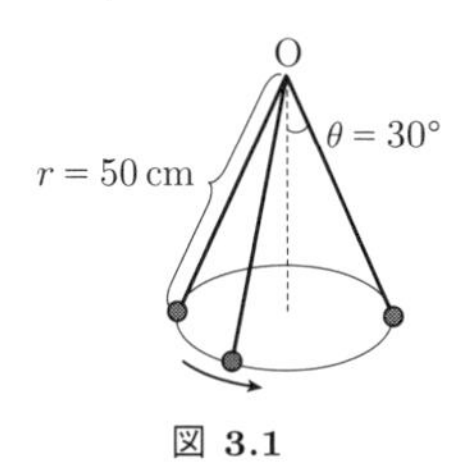


図 3.1

(1)　円運動の周期を求めよ．
(2)　おもりの加速度の向きと大きさを求めよ．

### ［B］

**3.10　運動方程式を積分して運動を求める**

地上20 mの高さから鉛直上向きに3.0 m/sでボールを投げ上げた．ボールの運動方程式を解いて運動を求め，地面に到達するときの速度を求めよ．ただし，空気の抵抗力は考えないものとする．重力加速度$g$の値を9.8 m/s$^2$とする．

**3.11　バスケットボールの軌道**

床からの高さ1.2 mの位置から，バスケットボールを水平方向に速さ4.0 m/sで投げた．このボールの運動方程式を解いて運動を求め，床面で弾む直前の速度ベクトルと床面との角度を求めよ．ただし，空気の抵抗力は考えないものとする．重力加速度$g$の値を9.8 m/s$^2$とする．

**3.12　投射体の運動を求める**

水平に対してある角度で地上からボールを投げたところ，1.7秒後に最高高度に到達し，そのあと地面に対して20 m/sの速さで落下した．運動方程式を解いて運動を求め，水平方向の飛距離を求めよ．重力加速度$g$の値を9.8 m/s$^2$とする．

**3.13　モンキーハンティング**

水平に12 m離れたところで高さ5.0 mの位置に的がかかっている．的めがけて速さ13 m/sでボールを投げたところ，その瞬間に的が落下しはじめた．ボールはこの的に当たるだろうか．

**3.14　電子の等加速度運動**

2枚の金属板A, Bを平行におき，板Aを直流電源の正極に板Bを負極に接続すると，板の間の空間にはAからBに向かって電場$E$ができる．そこに正電荷$q$をもった粒子をおくと，電場の向きに静電気の力$F = qE$を受ける．粒子に電場と垂直な方向に初速度$v_0$を与えたとき，粒子はどんな軌道を描いて運動するか．

**3.15　月は地球に落ちてくる**

月は地球のまわりを半径$3.84 \times 10^5$ km のほぼ円軌道上を27.3日の周期で周回している．仮に，地球が瞬間的に消滅して万有引力がなくなったとすれば，月はその瞬間の速度の方向に直線運動をする．その直線軌道上を進んだ場合と実際の円軌道を進んだ場合とでは地球からの距離の差ができるが，これは月が地球の万有引力によって「落下」したものと考えることができる．地表での重力加速度の値を 9.8 m/s$^2$ とする．

(1)　この考え方に基づいて，月が地球に対して1秒間に落下する距離を数値として求めよ．

(2)　月の軌道上で，重力加速度の値は地球表面に比べて(6371 km/384000 km)$^2$ だけ小さい．この重力加速度で自由落下しているとしたときの1秒間の落下距離を求めよ．

# 4 運動法則の応用

［A］

### 4.1 抵抗力の働く向き

物体が空気中を運動するとき，空気による抵抗力は進行方向と反対向きに作用する．鉛直方向に物体を投げ上げたとき，上昇中，最高点に達したとき，下降中について，それぞれの速度と力の向きを示した次の表を完成せよ．

| | 速度 | 抵抗力 | 重力 |
|---|---|---|---|
| 上昇中 | 上向き | | |
| 最高点 | 静止 | 作用しない | |
| 下降中 | | | |

上の表をもとに，鉛直上向きを正としたときの速度 $v$，抵抗力，重力 $-mg$ の符号を示した次の表を完成せよ (正，負，0 のいずれかを入れよ)．

| | 速度 $v$ | 抵抗力 | 重力 $-mg$ |
|---|---|---|---|
| 上昇中 | | | |
| 最高点 | | | |
| 下降中 | | | |

### 4.2 弾性力の働く向き

ばねの一端を固定して鉛直につるし，もう一方の端におもりを結んで放すと鉛直方向に振動する．ばねが自然長のとき，それより伸びているとき，縮んでいるときのそれぞれの場合について，おもりの変位，ばねの弾性力，重力の向きを示した次の表を完成せよ．

| | 変位 | 弾性力 | 重力 |
|---|---|---|---|
| 伸びているとき | 下向き | | |
| 伸びがない | 0 | 作用しない | |
| 縮んでいるとき | | | |

上の表をもとに，鉛直上向きを正としたとき，変位 $x$，弾性力 $-kx$ ($k$：ばね定数)，重力 $-mg$ ($m$：質量，$g$：重力加速度) の符号を示した次の表を完成せよ (正，負，0 のいずれかを入れよ)．

| | 変位 $x$ | 弾性力 $-kx$ | 重力 $-mg$ |
|---|---|---|---|
| 伸びているとき | | | |
| 伸びがない | | | |
| 縮んでいるとき | | | |

### 4.3 終端速度

水の入った容器の底付近で，油を満たしたスポイトを差し込んで押し出すと，油は小さな球となって水中を上昇する．このとき，油の球は重力と浮力以外に，水からの抵抗力を受ける．この抵抗力は，ゆっくり上昇する場合，速度に比例する粘性抵抗力と考えてよい．半径 $a$ の球に作用する粘性抵抗力は，速さを $v$ として $F = 6\pi\eta av$ と書ける．これをストークスの法則という．ここで，$\eta$ は水の粘性係数とよばれる定数で，温度 20℃ では $\eta = 1.0 \times 10^{-3}$ Pa·s である．半径 0.2 mm の油滴が 20℃ の水中を上昇するときの終端速度の大きさを求めよ．油と水の密度はそれぞれ $\rho_{\mathrm{o}} = 0.90 \times 10^3$ kg/m$^3$，$\rho_{\mathrm{w}} = 1.0 \times 10^3$ kg/m$^3$，重力加速度 $g$ の値は 9.8 m/s$^2$ とする．

### 4.4 水面に浮かぶウキの振動

水よりも小さな密度の素材でできた細い棒が，重力と浮力がつりあって水に浮いている．ただし，棒の沈んでいる先端には小さなおもりがついていて，常に棒は水面と垂直であるとする．わずかに押し沈めたあと放すと，棒は鉛直方向に振動するが，仮に水による抵抗がなければ，これは単振動になるはずである．ただし，棒が水面からすっかり出てしまうことはないものとする．このときの角振動数を求めよ．

### 4.5 花火大会

花火大会の打ち上げ地点を A 君から見たら北東の方角で距離 2.0 km のところにあることがわかった．同じ打ち上げ地点を別の場所にいる B さんから見たときは北西の方角で距離 4.0 km のところにあるとわかったとしたら，A 君と B さんはどれだけ離れたところにいることになるか．また，A 君から見て B さんがいるのはどの方角か．

### 4.6 飛行機の対地速度と対気速度

飛行機の空気に対する飛行速度を対気速度という ($v_{\mathrm{a}}$ と表すことにする)．風が吹いていなければ空気は地面に対して静止しているので，地面に対する速度すなわち対地速度 ($v_{\mathrm{g}}$ と表すことにする) は $v_{\mathrm{a}}$ と同じである．しかし，風が吹いている中を飛行するときは，これらの値には差がある．風速 60 km/h の中で $v_{\mathrm{a}} = 920$ km/h であるとき，$v_{\mathrm{g}} = 980$ km/h といってよいか．

### 4.7 斜面を滑り降りるときの慣性力

斜度が $\alpha$ のなめらかな斜面上を質量 $m$ の物体が一定の加速度で滑り降りている．ただし，これは地表で静止している人 (座標系 K とする) から見たときの様子であり，同じ運動を物体と一緒に滑り降りている人 (座標系 K$'$ とする) から見れば物体は静止しているはずである．このときの物体に働く力のつりあいを説明せよ．

### 4.8 宇宙空間でのばね振り子の振動

宇宙飛行士が小さなばねの一端におもりを結んだおもちゃを宇宙船に持ち込んだ．地上からロケットで打ち上げる前におもりを少し引っ張って振動させたところ，振動数が $f$ であった．次のそれぞれの場合について，同じように振動させたときの振動数は $f$ より大きいか，小さいか，変わらないか．

(1) ロケットで打ち上げ加速しているとき．

(2) 人工衛星として地球を周回しているとき．

(3) 地上へ降下しているとき．

［B］

### 4.9 粘性抵抗の終端速度

物体が空気中で落下するとき，重力のほかに速度 $v$ に比例する抵抗力を受けるものとする．抵抗力を $-bv$ ($b$ は正の定数) と表すことにすれば，質量 $m$ の物体の運動方程式は

$$m\frac{dv}{dt} = mg - bv \qquad \cdots ①$$

と書ける．ただし，鉛直下向きを正とし，$g$ は重力加速度である．したがって，加速度は

$$a = g - \frac{b}{m}v \qquad \cdots ②$$

と書ける．加速度 $a$ を縦軸に，速度 $v$ を横軸にとって $a$-$v$ グラフを描くと図 4.1 のようになる．グラフの横軸の切片は② で $a = 0$ とおいて $v = mg/b$，これは終端速度 $v_\infty$ を与える．

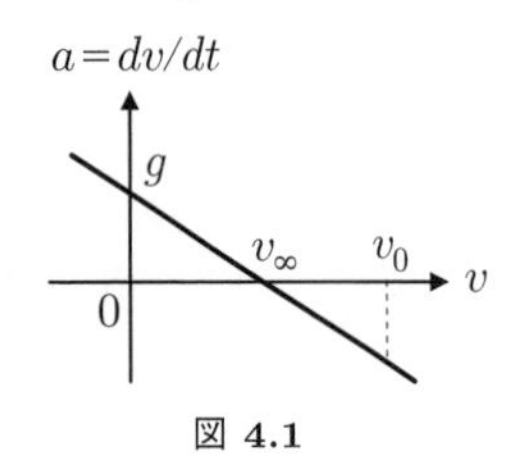


図 4.1

(1) 静止状態から落下しはじめた物体の速度は，時間が経つにつれて終端速度 $v_\infty$ へ近づくことを $a$-$v$ グラフに基づいて説明せよ．

(2) 終端速度より大きな速度で落下しはじめた物体の速度は，時間が経った後どうなるか．$a$-$v$ グラフに基づいて説明せよ．

### 4.10 球面振り子の振動数

球形の容器の内側の面で底から少しだけ高いところに小さな物体をおき，これを放したところ面に沿って降りたり昇ったりの往復運動をはじめた．容器の内面はなめらかであり，また球面の半径は 50 cm であるとする．物体の往復運動の周期を求めよ．重力加速度の値は 9.8 m/s $^2$ とする．

### 4.11 2 本のばねにつながれたおもりの振動

図 4.2 のように，軽くて質量の無視できるばね定数 $k$ のばねの一端を天井に固定して反対端に質量 $m$ のおもりを結ぶ．さらにおもりの反対側をもう 1 本の同じばね定数のばねに結び，そのもう一方の端を床面に固定する．おもりをつりあいの位置から鉛直に少しだけ持ち上げてから放したら，おもりはどのような運動をするか．天井は床から高さ $h$ のところにあり，ばねの自然長はいずれも $h/2$ で，おもりの大きさは無視できる．

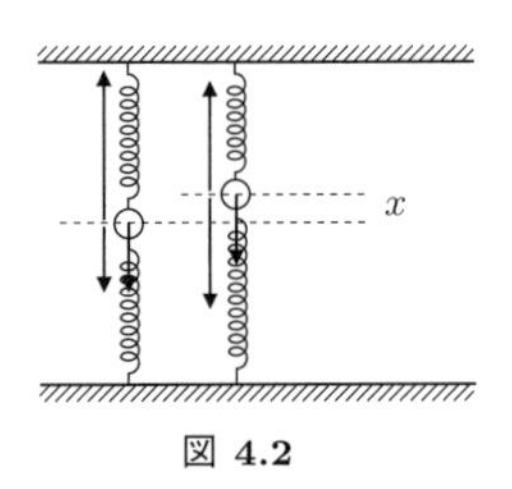


図 4.2

### 4.12 振り子の単振動

振り子が小さな振幅で振れているとき，糸の鉛直線からの振れの角度 $\theta$ は単振動をする．このとき，おもりは水平方向に単振動しているといってよいか．また，鉛直方向にはどうか．

### 4.13 電車の中の風船

電車の床面に糸の一端を固定し，もう一方の端にヘリウムガスを封入した風船を結ぶ．電車が一定の速さで走行しているとき，糸は鉛直に伸びて風船が浮いているが，電車がブレーキをかけて減速しはじめると，風船が動いて糸は鉛直と斜めになる．図 4.3 はそのときの様子を表している．電車はどちら向きに進行していると考えられるか．

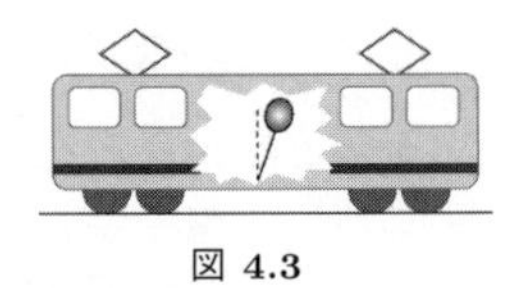

図 4.3

### 4.14 最短距離で川を渡る

静水では 5 m/s の速さでボートを漕ぐ人が，2 m/s で流れている川幅 60 m の川を漕いで渡ろうとしている．最短距離で対岸に到着するには，どのような向きに漕いだらよいか．また，そのときに要する時間はどれだけか．

### 4.15 コップの中の虫

よく磨かれたガラスのコップの内側の面に小さな虫が止まろうとしている．しかし，ガラス面が滑りやすいために虫は止まっていることができないで落ちてしまう．そこで，コップをその対称軸を中心に回転させると虫は止まっていられるようになる．その理由を説明せよ．

# 5 運動量，エネルギー

[A]

### 5.1 運動量変化と運動エネルギーの変化

質量 20 kg の石を 5.5 m/s の速さで水平な氷面上を滑らせたところ，12 N の摩擦力を受けて徐々に減速した．

(1) 運動量変化と力積の関係をもとに，石が止まるまでの時間を求めよ．

(2) 運動エネルギーの変化と仕事の関係をもとに，石が止まるまでに進む距離を求めよ．

### 5.2 円運動の角運動量

次の円運動をする物体について円の中心のまわりの角運動量が大きい順に答えよ．

(1) 半径 50 m の円周上を速さ 4.0 m/s で走る質量 25 kg の自転車．

(2) 1 周 200 m の円周コースを 40 s で走る体重 50 kg の人．

(3) 長さ $l = 12$ m のひもで結ばれ，180 N の張力を向心力として受けて水平面内で半径 $l$ の円周上を回転する質量 3.0 kg のおもり．

### 5.3 投射体の運動と力積

地上の一点から水平面と 60° の向きに 15 m/s の速さでボールを投げたところ，放物線軌道を描いて地面に落下した．ボールの軌道の曲線を描いて，投げ上げたときの運動量ベクトル $\vec{p}_0$ と地面に落下する直前の運動量ベクトル $\vec{p}$ を描き込み，運動量の変化が力積に等しいことを使って，ボールが投げられてから落下するまでの時間を求めよ．重力加速度 $g$ の値は 9.8 m/s$^2$ とする．

### 5.4 経路による仕事の違い

図 5.1 のように，坂道上で鉛直高度差が $h$ の点 A から点 B まで質量 $m$ の荷物を運ぶのに

(1) 坂道に沿って押し上げる．

(2) A からいったん鉛直方向に $h$ だけ持ち上げ，それから水平に B まで運ぶ．

(3) A から見て坂道に対して垂直方向にあり，A との高度差が $h$ の点 C まで持ち上げ，それから水平に B まで運ぶ．

この 3 通りで仕事の大きさを比べよ．ただし，いずれの場合にも非常にゆっくりと運ぶものとし，摩擦や抵抗力は考えない．

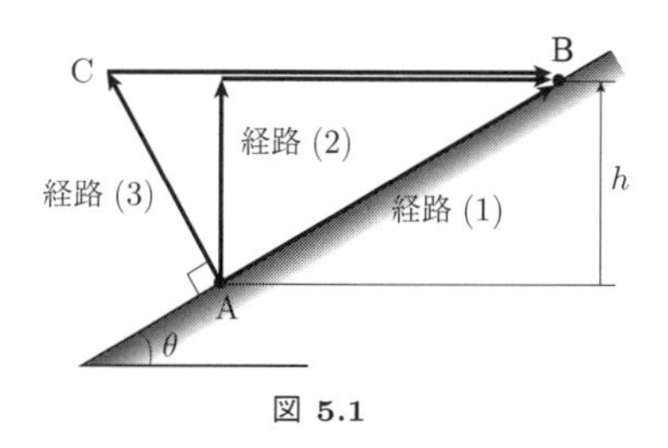


図 5.1

### 5.5 スキーヤーのエネルギー

雪のゲレンデを一定の速さで滑り降りるスキーヤーがいる．力学的エネルギーは保存するだろうか．

### 5.6 重力のポテンシャルエネルギー

図 5.2 のように，斜度 8° のなめらかな (摩擦のない) 斜面上の点 A に質量 2.0 kg の荷物があり，これを斜面に沿った力 $f$ を加えて高度差 6 m の最高点 B まで一定の速さでゆっくりと引き上げる．

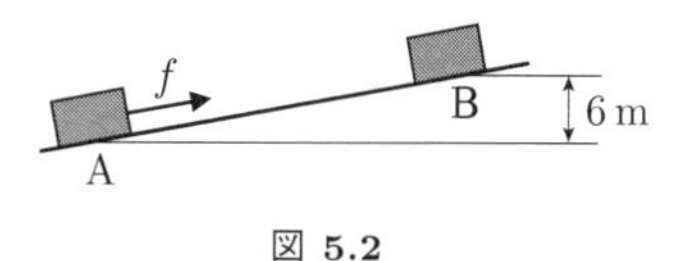


図 5.2

点 B に到達したときに力を加えるのを止めたら，初速度 0 で斜面に沿って滑り降り，最初の点 A に達した．次の量を求めよ．重力加速度 $g$ の値は 9.8 m/s$^2$ とする．

(1) 力 $f$ がした仕事．

(2) B と A でのポテンシャルエネルギーの差．

(3) B から A まで滑り降りたときの運動エネルギーの増加量．

### 5.7 ボールが弾むときのエネルギー

高さ 2.5 m の天井に向けて床面から初速 15 m/s でボールを投げ上げた．このボールは天井で弾んだあと，速さが衝突前の 60% になった．このことから，「床面まで落ちてきたときの速さは投げ上げたときの 60% になる」という結論は正しいか．

### 5.8 振り子から飛び出したあとの運動

天井に一端を固定した長さ 1.2 m の糸のもう一方の端に結びつけられた質量 2.5 kg のおもりが，図 5.3 のようにして振れている．点 A は最下点，点 B は最も振れた位置である．速さ 4.2 m/s で点 A を通過したあと，糸が鉛直線と 30° まで振れて点 C に達したとき，突然糸が切れておもりはその勢いで飛び出した．その後，おもりが最も高く上がった点を D とするとき，B と比べて D は上にあるだろうか，下だろうか，それとも同じ高さだろうか．

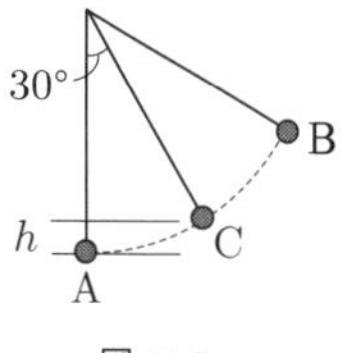


図 5.3

### 5.9 鉛直に振動するばね振り子

ばねの一端を天井に固定して鉛直につるし，もう一方の端に結んだおもりが鉛直方向に単振動をしている．ばねの長さが自然長のときの位置から測ったおもりの高さを $x$ とし，高

さが $x=0$ のときの速さを $v_0$ とする．

(1) おもりの最高点の高さ $h_+$ と最低点の高さ $h_-$ を求めよ．

(2) 最高点と最低点の中点はどんな高さか．

### 5.10 等速直線運動の角運動量

地上から高度 4500 m を 720 km/h の速さで水平に飛ぶ飛行機が，真下にある管制塔 P の上空を飛び去った．飛行機の高度と速度は一定であるとして，P のまわりでの角運動量の大きさ $L$ を求めよ．飛行機の質量は 200 t とする．

## [B]

### 5.11 角運動量が保存するように引き上げる

図 5.4 のように，板に小さな穴 O をあけ，そこにひもを通して質量 $m$ のおもり P を結び，OP の長さ $a_0$ および OP と鉛直線の間の角度30°を一定に保ちながら P を円運動させたところ周期が $T_0$ であった．その後，ひもをゆっくりと引っ張って OP を短くしたら，OP と鉛直線の間の角度が 45°の円運動をした．このときの周期 $T$ は $T_0$ の何倍になるか．

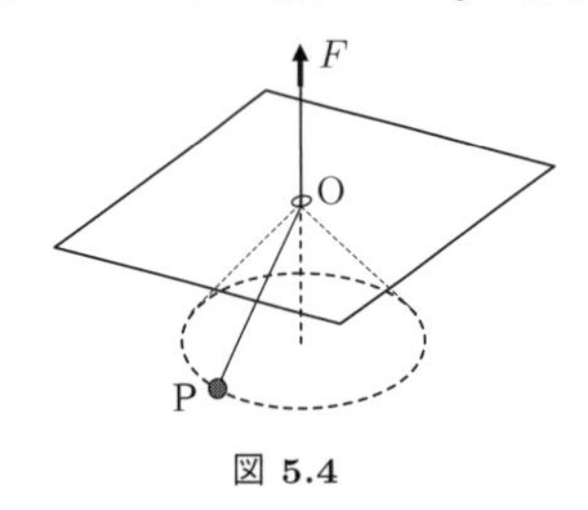


図 5.4

### 5.12 振り子はどこまで振れるか

電車の天井にひもの一端を固定し，もう一方の端におもりをつるしてある．電車が一定の速度で走行しているときには，糸は鉛直でおもりは静止しているが，ブレーキをかけて一定の割合で減速しはじめると，おもりが動きはじめた．電車の加速度の大きさ (減速の度合い) $a$ は重力加速度 $g=9.8$ m/s$^2$ の 0.1 倍で，糸の長さは 1 m である．

(1) おもりが最も振れたときの糸と鉛直線の角度を求めよ．

(2) 電車が停止するまでの間，おもりはどのような運動をするか．

### 5.13 滑り台を降りる時間

図 5.5 のような形の滑り台がある．点 A から点 B までは半径 1 m の 1/4 円で台の面はなめらかである．台の最上端 A から初速 0 で小物体が滑り降り，最下端 B で水平方向に飛び出した．その後，物体は点 B よりもさらに 1 m だけ低い水平な面上の点 C に落ちた．空気の抵抗は考えないものとする．

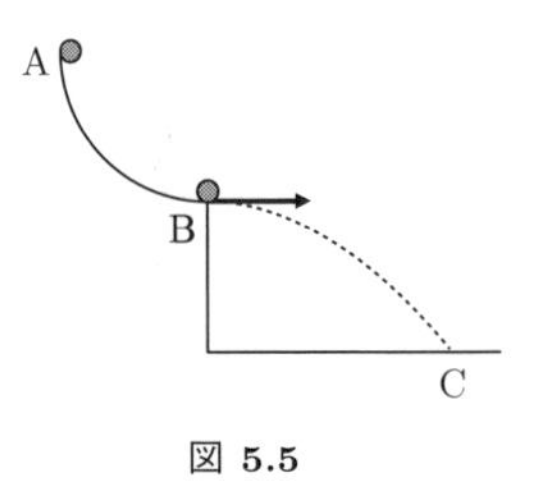


図 5.5

(1) 滑り台を A から B まで滑り降りるのと，B を飛び出してから C に落ちるまでとでは，どちらが長い時間がかかるか．

(2) 滑り台に沿った A から B までの距離と，B から C まで飛んだ軌道では，どちらが長いか．

### 5.14 人工衛星のエネルギーと角運動量

地球を中心とする円軌道を描いて周回する人工衛星がある．力学的エネルギーを $E$，地球のまわりの角運動量の大きさを $L$ とする．ただし，ポテンシャルエネルギーは地球から無限に離れたところを基準にして測ることにする．

(1) 衛星の軌道半径がより大きければ，$E$ と $L$ はより大きいといえるか．

(2) 衛星の軌道速度がより大きければ，$E$ と $L$ はより大きいといえるか．

(3) 周回の周期がより長ければ，$E$ と $L$ はより大きいといえるか．

### 5.15 ボーア模型

ボーア (N. Bohr) は 1912 年に，水素原子の模型として正電荷 $+e$ をもつ陽子のまわりを負電荷 $-e$ の電子が円軌道を描いて運動しているものを提案した．これをボーア模型という．陽子と電子は静電気力 $F=ke^2/r^2$ で引き合っており，そのポテンシャルエネルギーは

$$U(r)=-\frac{ke^2}{r}$$

で与えられる．これは万有引力とそのポテンシャルエネルギーの表式と比べることで容易に導ける．電子の力学的エネルギー $E$ を陽子のまわりの電子の角運動量 $L$ の大きさを用いて表せ．

# 6 質点系の運動

［A］

### 6.1 どちらが重い

一様な密度の木材でできた野球のバットを，質量中心のところで先の太い方と手元の細い方との2つに切り離した．どちらが重いか．

### 6.2 円錐や角錐の質量中心

高さ $h$ の一様密度の円錐や角錘の質量中心を求めよ．

### 6.3 不規則な形状の質量中心

不規則な形をした平面形状の物体は，異なる2点で物体をつるすことにより質量中心を決めることができる．この方法による具体的な手順とそれが質量中心となる理由を述べよ．

### 6.4 高く跳ぶ，遠くへ跳ぶ

走り高跳びで体を前屈または反り返るのはなぜか．また，走り幅跳びで，前屈して着地するのはなぜか．

### 6.5 金属板の質量中心

1辺が $L$ の一様な正方形金属板から，図6.1のように大きさ $L/2$ の正方形を切り取る．この金属板の質量中心はどこにあるか．

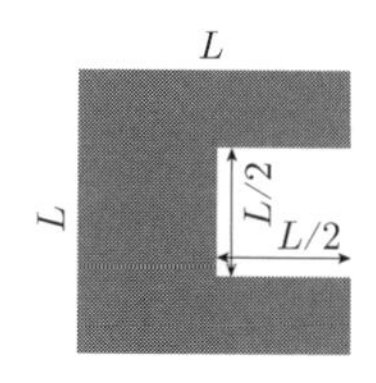


図 6.1

### 6.6 2体衝突

なめらかな水平台にある2つの物体の質量と速度が $(m, v)$ と $(M, V)$ であるとき，これらの物体が1次元弾性衝突後の速度を求めよ．

### 6.7 氷上の弓引き

摩擦なく滑る氷上に静止した体重60 kg の人が，弓を引いて矢を放った．矢は 70 m/s の速さで水平に飛び出した．矢は 300 g で弓は 3 kg である．弓を引いたとき，また，矢を放った後，人はどのように動くか．

［B］

### 6.8 岸に上がりたい

湖の岸に舳先が接するボートに乗る人が先方に歩き岸に上がろうとする．この人はボートの床を 8 m 歩かなければならない．人の体重は 80 kg，ボートの重さは 250 kg である．ボートは抵抗なく動くものとする．人がボートの舳先にたどり着いたとき，ボートはどのような状態となっているか．

### 6.9 放射体の分裂

発射台から打ち出された砲弾が最高点に達した瞬間に質量の等しい4つの破片に破裂した．2つは進行方向に，他の2つはこれらとは直交する直線の互いに異なる2方向に飛んだ (図 6.2)．進行方向に飛んだ破片の1つは破裂前の砲弾速度 $\vec{v}$ の1.5倍の速度であった．進行方向に飛んだ残りの破片は，当初の砲弾が破裂することなく到達する水平距離 $L$ に比べてどれだけの距離に達するか．空気抵抗は無視できる．

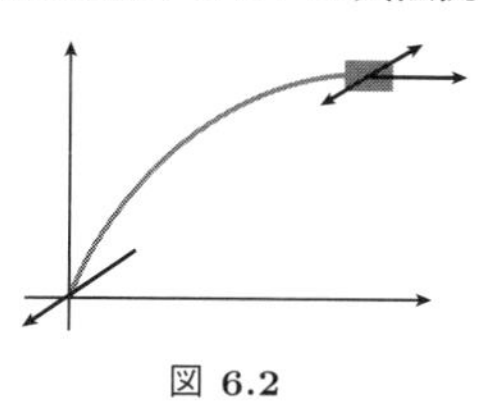

図 6.2

### 6.10 ばね振動エネルギーへの変換

質量 $M$ のブロック2が，図6.3のように壁に固定されたばねにつながれ，なめらかな水平台に静止している．同じく水平台にある質量 $m$ のブロック1が速度 $\vec{v}_0$ でブロック2に1次元弾性衝突する．ここで，ばね定数を $k$ とし，ばねの質量は無視する．

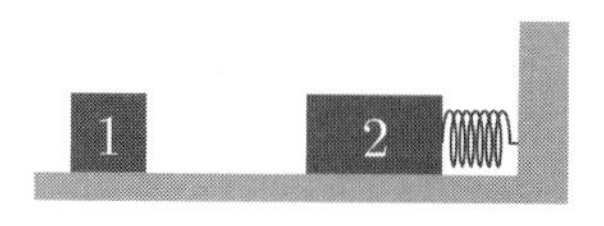


図 6.3

(1) 衝突直後のブロック1, 2の速度を求めよ．

(2) 衝突後，跳ね返ったブロック1の速度の大きさが，$|v_0|$ に近づく条件を示せ．

(3) $\mu \equiv M/m = 2, 1.5$ について，衝突後のばね振動の変位とブロック1の位置変化をグラフに示せ．

(4) $M$ を変化させたとき，ばねに蓄えられる最大エネルギーを求めよ．

(5) $\mu = 1$ のとき，ブロック1, 2の衝突後の運動を記述せよ．

### 6.11 ばねを媒介とする衝突

質量 $M$ のブロック2には，図6.4のようにばねが取り付けられ，なめらかな水平台に静止している．同じく水平台にある質量 $m$ のブロック1が速度 $\vec{v}$ でブロック2に近づく．ブロック1, 2の質量中心間の距離が $L$ となったとき，ブロック1はブロック2に取り付けられたばねに1次元弾性衝突する．ここで，ばね定数は $k$ とし，ばねの質量は無視する．また，ばね定数 $k$ は十分に大きく，衝突による運動エネルギーをすべて，ばねの位置エネルギーに蓄えることができるものとする．

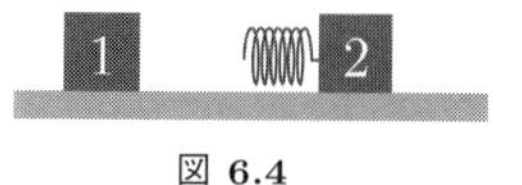


図 6.4

(1) ブロック1, 2の質量中心間の相対的な位置変数 $x$ を $x \equiv x_2 - x_1$ として導入する．ブロック1がばねに接触後のブロック 1, 2 の運動方程式を相対的な加速度 $\dfrac{d^2x}{dt^2}$ を用いて表せ.

(2) ばね運動の速度 $v_{ばね}(t) = \dfrac{dx}{dt}$ を求めよ.

(3) ばねに衝突後のブロック 1, 2 の速度を求めよ.

(4) ばねが最大に縮んだとき，ブロック 1, 2 の速度はいくらか.

(5) 衝突後，ばねからのブロック 1 が離れたあとのブロック 1, 2 の速度を求めよ.

### 6.12 衝突による粒子加速

壁面の法線方向に一定速度 $\vec{V}$ で動く壁がある (図 6.5).

(1) 速度 $\vec{v}$ の粒子が動く壁に正面弾性衝突したあとの速度を求めよ．このとき，粒子が壁との衝突により加速される条件は何か.

(2) 速度 $\vec{v}$ の粒子が，図 6.5 のように壁面の法線に対し $\theta$ の角度で壁に弾性衝突する．跳ね返った粒子の速度を求めよ.

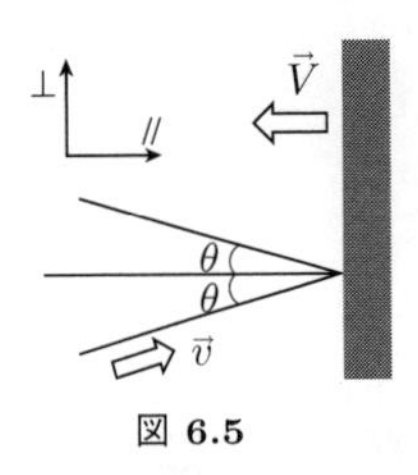


図 6.5

(3) 2 枚の壁が平行にあり，それぞれが一定の速さ $V$ で互いに近づく向きに動く．壁間にある粒子が壁面の法線に対し $\theta$ の角度で壁に弾性衝突し跳ね返り，$n$ 回壁との衝突を繰り返した．この間に，粒子の速さは何倍に増大するか.

### 6.13 スイングバイ

月や惑星の公転運動を利用すると，惑星探査機を加速することができる．惑星探査機の質量 $m$ は月や惑星の質量 $M$ に比べ十分に小さいとする．惑星と惑星探査機の運動を以下のように簡単化して考える.

十分に遠方で速度 $\vec{v}_\infty$ をもつ惑星探査機が，一定の速度 $\vec{V}$ で動く惑星に近づき，図 6.6 のように通り過ぎる．2 つの速度ベクトル $(\vec{v}_\infty, \vec{V})$ がなす角度を $\pi - \theta$ とするとき，通り過ぎた惑星探査機が惑星から十分に遠方でどのような速度になるか求めよ．惑星と惑星探査機の速さが $V = 30$ km/s, $v_\infty = 12$ km/s で，角度 $\theta = 30^\circ$ のとき，惑星探査機はどれだけ加速されるか.

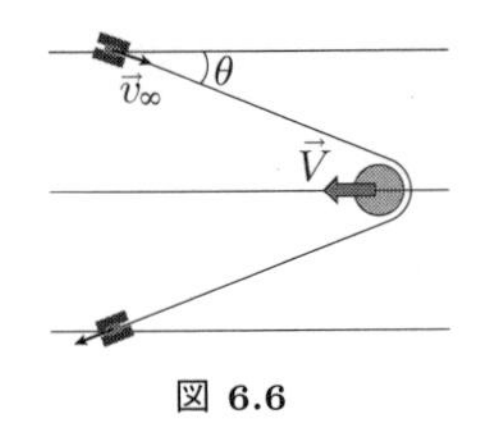


図 6.6

# 7 剛体の運動

［A］

### 7.1 車輪の動画

自転車の運動を調べるために，タイヤに白いマークを1つ付けて動画撮影した．タイヤの外径は $R = 66$ cm である．まず，道路脇で自転車が平坦な道路を一定の速度 $\vec{V}$ で走る状態を撮影した．次に，同じく一定の速度 $\vec{V}$ で走る車の中から自転車と並走し，車輪の動きを撮影した．道路に沿って $x$ 座標をとり，自転車が進む方向を正とする．また，動画撮影は白いマークが最も高い位置にきたときに開始する

(1) 車輪は1秒間に2.5回の回転であった．自転車の速さ $V$，周期 $T$，1周期間に走る距離 $L$ を求めよ．

(2) 走る車の中から見える白いマークの速度の $x$ 成分の時間変化をグラフに描け．

(3) 地上で観測される白いマークの速度の $x$ 成分の時間変化をグラフに描け．

(4) 地上で観測される白いマークの軌道の概形をグラフに描け．

### 7.2 宇宙船と磁気テープ

宇宙船内にある磁気テープ(MT)の大きなリールが，突然，高速回転した(図7.1)．これによって宇宙船はどのように運動するか．

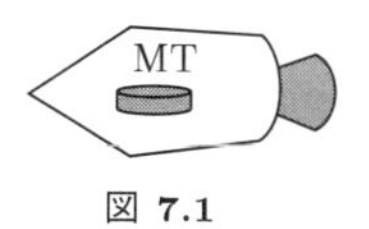


図 7.1

### 7.3 慣性モーメント

(1) 質量 $M$，長さ $L$ の細い一様な棒がある．この棒の質量中心を通って棒に垂直な軸のまわりの慣性モーメントを求めよ．

(2) 質量 $M$，半径 $R$ の一様な球がある．この球の中心軸のまわりの慣性モーメントを求めよ．

(3) 質量 $M$，半径 $R$ の一様な薄い球殻がある．この球殻の中心軸のまわりの慣性モーメントを求めよ．

### 7.4 球とリングの運動

質量と半径が同じでも，球とリングでは運動にどのような差が現れるか考えてみよう．

(1) 同じ質量 $M$ と半径 $R$ をもつ球とリングが同じ速さ $V$ で平坦な水平面上を滑ることなく転がっている．どちらの物体が大きな運動エネルギーをもっているか．

(2) 高低差 $H$ の斜面を同じ質量 $M$ と半径 $R$ をもつ球とリングが滑ることなく転がり落ちる．最初に静止していた2つの物体はどちらが早く斜面を転がり落ちるか．

### 7.5 棒の加速度

質量 $M$，長さ $L$ の細い一様な棒の端を支点として回転する振り子がある．

(1) 支点のまわりの慣性モーメントを求めよ．

(2) 棒を水平にし，静かに離した瞬間の棒先端の加速度を求めよ．

(3) この振り子の微小振幅の振動周期を求めよ．

［B］

### 7.6 平行な軸のまわりの慣性モーメント

(1) 質量 $M$ の剛体の1つの軸のまわりの慣性モーメント $I$ は，質量中心を通りその軸に平行な直線のまわりの慣性モーメントを $I_c$ を使って $I = I_c + Md^2$ と表されることを示せ(平行軸の定理)．ここで，$d$ は軸と質量中心の間の距離である．

(2) 質量 $M$，2辺の長さが $a, b$ の長方形の薄い板がある．板の中心を通り板に垂直な軸のまわりの慣性モーメントを求めよ．

(3) 質量 $M$，半径 $R$ の円盤から半径 $r$ $(= R/2)$ の円盤をくり抜き，そこに質量 $m$，半径 $r$ の円柱を通した剛体がある(図7.2)．くり抜かれた円盤が，半径 $r$ の円柱の中心軸を軸として回る慣性モーメントを求めよ．また，剛体が円柱の中心軸のまわりを角速度 $\omega$ で回転するときの角運動量を求めよ．

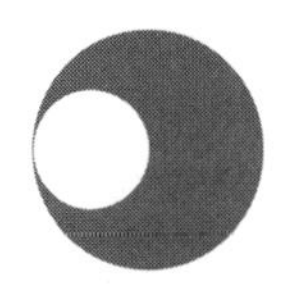

図 7.2

### 7.7 転がる球のジャンプ

質量 $m$，半径 $r$ の一様密度の球が高さ $h$ の斜面を滑ることなく転がり落ち，半径 $R$ の1/4円のカーブを上り上空に飛び出した(図7.3)．ここでは，球の径 $r$ は $R, h$ に比べ十分に小さく，空気抵抗は無視する．

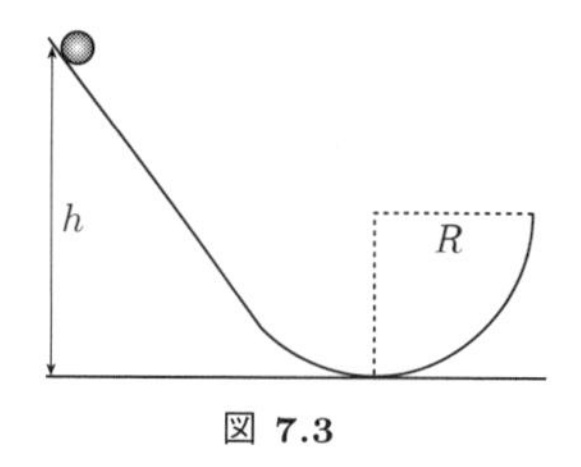


図 7.3

(1) 球がカーブ先端から飛び出す高さ $h$ の条件を求めよ．

(2) カーブから球が飛び出すとき，その速度を求めよ．

(3) 飛び出す球が到達する最高高度を求めよ．

### 7.8 玉突き

水平台に静止する質量 $m$，半径 $r$ の一様密度の球に，球の中心を含む鉛直面内で，高さ $h$ の水平な撃力を与える(図7.4)．このとき，突く力は床との摩擦力に比べはるかに大きい．

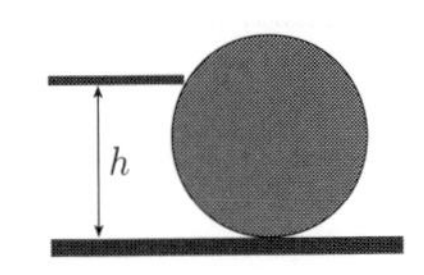


図 7.4

(1)　球が滑ることなく転がりはじめる高さ $h_0$ を求めよ．
(2)　$h > h_0$ のとき，球はどのように運動するか．
(3)　$h < h_0$ のとき，球はどのように運動するか．

### 7.9　回転台の上では

図 7.5 のように，回転台の上を 2 人が対になって歩く．回転台は質量が 300 kg，半径が 5 m の円筒形であり，摩擦なくなめらかに回転する．人の体重は等しく 60 kg であり，台の上を滑ることなく歩く．

図 7.5

(1)　最初，回転台と人は静止していたが，2 人が半径 4 m の円周に沿って歩きはじめ，台上の半周分を移動する．このとき，回転台はどれだけ回転するか．
(2)　(1) の状態から，2 人はやがて台上を一定の速さ $V = 2$ m/s で移動する．このとき，回転台はどのように回転するか．
(3)　(2) の状態から，2 人は台上の速さを変えることなく徐々に歩く径を短くし，半径を 4 m から 2 m の円周上に移動した．このとき，回転台はどのように回転するか．また，この過程で，系の運動エネルギーはどのように変化するか．
(4)　(3) の状態から，2 人は徐々にゆっくり歩き，台上に静止した．このとき，回転台はどのようになるか．

### 7.10　回転椅子に座る人

回転椅子に座る人が，回転する質量 $M$ の車輪の軸を保持している (図 7.6)．鉛直上向きに $z$ 座標をとる．はじめ慣性モーメント $I$ の車輪が水平面内で回転しているとき，人と椅子は静止している．このとき，車輪の回転角速度は $\vec{\omega}$ で，$z$ 軸の正方向を向く．車輪と回転椅子は摩擦なくなめらかに回転するものとする．

図 7.6

(1)　人は時間 $\Delta t$ 間に車輪の軸を $\Delta\theta$ 傾けた．この間に変化した車輪の角運動量変化 $\Delta\vec{L}$ を $z$ 成分と水平成分 $(\Delta L_z,\ \Delta L_\parallel)$ に分けて表せ．
(2)　車輪の角運動量を時間 $\Delta t$ 間に $(\Delta L_z,\ \Delta L_\parallel)$ だけ変化させるには，車輪にどのような作用を加える必要があるか．
(3)　車輪の軸が $\Delta\theta$ 傾いたとき，地球の重力は車輪にどのような作用をするか．
(4)　この時間 $\Delta t$ 間に人はどのように変化するか．
(5)　車輪の軸は 180°回転した．このとき，人はどれだけの角運動量をもつか．人と回転する椅子部分の慣性モーメントは $I_{人}$，$I_{回転椅子}$ とする．

# 8 温度と熱

## [A]

### 8.1 華氏温度目盛，摂氏温度目盛，絶対温度

(1) 英語の料理レシピに "Preheat the oven to 400 degrees Fahrenheit." とあった．温度は何℃か．

(2) H-IIB ロケットの燃料である液体水素と液体酸素の沸点は，それぞれ 20.27 K と 90.19 K である．低温物理学の実験では，冷却剤として液体窒素やさらに低温の液体ヘリウムが用いられる．それぞれの沸点は 77.35 K と 4.22 K である．以上の 4 種の物質の沸点を摂氏温度で低い順に列挙せよ．

### 8.2 圧力の単位，理想気体の状態方程式

(1) 圧力の SI 単位はパスカル Pa $(=\mathrm{N/m^2})$ である．SI 単位の他にも，バール bar，標準大気圧 atm，トル Torr または水銀柱ミリメートル mmHg などが使用されている．これらの単位の定義について調べ，それぞれの 1 単位圧力をパスカルで表せ．

(2) 圧力 1 atm，温度 0℃ の理想気体 1 モルの体積が何リットル (L) であるか計算せよ．ただし，気体定数は $R = 8.314\ \mathrm{J/(mol{\cdot}K)}$ を用い，有効数字 4 桁目を四捨五入せよ．

(3) 気体定数 $R$ の値を atm·L/(mol·K) の単位で表せ．

### 8.3 分子運動と圧力

1 気圧のヘリウムガスが入ったガスボンベ A と，2 気圧のヘリウムガスが入ったガスボンベ B があり，常温の部屋に保管されている．どちらのボンベも金属製で熱伝導性がよい．

(1) ボンベ B 内の各ヘリウム原子の分子運動の平均的な速さは，ボンベ A 内のそれの何倍か．

(2) 分子運動というミクロな見方によれば，2 つのボンベの圧力の違いは何から生じているのか．

### 8.4 混合理想気体と分圧

容器 (体積 $V$) に入った多成分からなる混合気体を考える．$\alpha$ 番目の成分のモル数およびモル質量をそれぞれ $n_\alpha$ および $M_\alpha$ とする．$\alpha$ 番目の成分気体が容器の壁に与える圧力を分圧とよび，$p_\alpha$ と表そう．すべての分子について大きさは考えず，分子どうしは相互作用せず独立に運動するものとして，以下に解答せよ．

(1) 分圧が $p_\alpha = \dfrac{1}{3} n_\alpha M_\alpha \langle v_\alpha^2 \rangle / V$ であることを示せ．ただし，$\langle v_\alpha^2 \rangle$ は分子速度の 2 乗平均を表す．

(2) エネルギー等分配則を使うと，$p_\alpha V = n_\alpha RT$ が成り立つことを示せ．$R$ は気体定数である．

(3) この混合気体が理想気体の状態方程式 $pV = nRT$ を満たすことを示せ．ただし，$p = \sum_\alpha p_\alpha$ は混合気体の全圧力，$n = \sum_\alpha n_\alpha$ は全モル数である．

### 8.5 熱容量

ヒトの平均体温 (深部体温) は 37℃ である．体重 60 kg の人がインフルエンザにかかり体温が 39℃ になるためには最低でもおよそ何 cal の熱が必要か．人体が水と同じ比熱をもつと近似して見積もれ．

### 8.6 2 原子分子気体の比熱

0℃，1 気圧下で 79 L の窒素に 21 L の酸素を混合してつくった空気の定圧比熱は何 J/(kg·K) か．理想気体として計算せよ．窒素分子 ($N_2$) および酸素分子 ($O_2$) のモル質量は，それぞれ 28.0 g/mol，32.0 g/mol である．

### 8.7 気体分子のエネルギーと 2 乗平均速度

温度 25℃ に保たれた酸素について以下の問に答えよ．

(1) 酸素分子 1 個の平均運動エネルギー $\varepsilon$ を求めよ．

(2) 2 乗平均速度 $v_{\mathrm{rms}}$ を求めよ．

### 8.8 マクスウェルの速度分布関数

理想気体の熱平衡状態では，気体分子の速さが $v$ と $v+dv$ の間の微小な幅 $dv$ のなかにある確率は $4\pi v^2 f(v)\,dv$ に等しい．ただし，$f(v)$ はマクスウェルの速度分布関数である．出現する確率が最も高い速さ $v_{\mathrm{m}}$ を求め，2 乗平均速度 $v_{\mathrm{rms}}$，平均の速さ $\langle v \rangle$ と大小を比較せよ．

## [B]

### 8.9 固体の線膨張率と体膨張率

温度 $T$ の変化によって物体の長さ $L$ や体積 $V$ が膨張する割合を単位温度あたりの値で表す量として，線膨張率 $\alpha = L^{-1}\,(dL/dT)$ と体膨張率 $\beta = V^{-1}\,(dV/dT)$ がある．

(1) 等方的な物質では $\beta = 3\alpha$ の関係が成り立つことを示せ．

(2) 25℃ において，鉄とニッケルの線膨張率はそれぞれ $1.18 \times 10^{-5}\ \mathrm{K^{-1}}$ と $1.34 \times 10^{-5}\ \mathrm{K^{-1}}$ であるが，鉄に重量比率で約 36% のニッケルを加えたインバー (invar) とよばれる合金は，異常に小さな線膨張率 $0.12 \times 10^{-5}\ \mathrm{K^{-1}}$ を示す．鉄，ニッケル，インバーが等方的な物質であるとして，それぞれの体膨張率を求めよ．

### 8.10 空気温度計，理想気体の状態方程式

図 8.1 のような，細管の付いた容器を用いて空気温度計をつくりたい．細管の断面積 $S$ は一定である．細管の水平部分には自由に移動できる水銀滴が入っており，容器と水銀滴で仕切られた空間の体積 $V$ を水銀滴の位置から知ることができる．最初，容器内の空気は外部の空気と熱平衡状態にあり

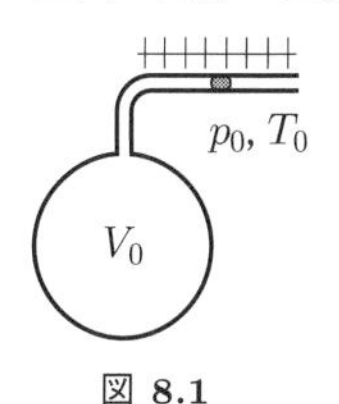


図 8.1

体積は $V_0$ であった．容器内の空気を加熱して温度を $\Delta T$ だけ上げたとき，水銀滴はどちら向きにどれだけ変位するか．ただし，外部の気圧 $p_0$ と絶対温度 $T_0$ は一定と仮定し，容器および水銀の体積変化は無視せよ．

**8.11　光子気体**

光は波動 (電磁波) と粒子 (光子) の両方の性質をもつ．いま，箱の中に閉じ込められた光を光子の気体と考えてみる．箱の体積を $V$ とし，その中で $N$ 個の光子が光速度 $c$ でいろいろな方向に運動しているものとする．各光子のエネルギーを $\varepsilon$，運動量の大きさを $p$ とし，光子は互いに独立に運動し，箱の内壁とは弾性衝突するものとする．

(1)　光子気体の内部エネルギー $U$ を求めよ．

(2)　光子気体の圧力 $P$ を気体分子運動論の考え方を用いて求め，$c, p, N, V$ で表せ．

(3)　光のエネルギー密度 $u = U/V$ と光の放射圧 $P$ の間には $u = 3P$ の関係が成り立つことが知られている．この関係を用いて，光子のエネルギー $\varepsilon$ と運動量 $p$ の関係を導け．さらに，光子のエネルギーが $h\nu$ ($h$ はプランク定数) であることを使って，光子の運動量 $p$ と振動数 $\nu$ の関係を導け．

**8.12　分子の熱運動と熱伝導**

図 8.2 のように，温度の異なる物体が接触したときの熱移動について簡単なモデルを考えよう．2 つの同種の物体 A, B を接触させると，物体 A と B のそれぞれの表面で熱振動している原子 (質量 $M$) どうしが衝突する．簡単のため直線上での 1 次元的な弾性衝突だけを考える．衝突直前のそれぞれの原子の速度を $v_A$, $v_B$ とする．

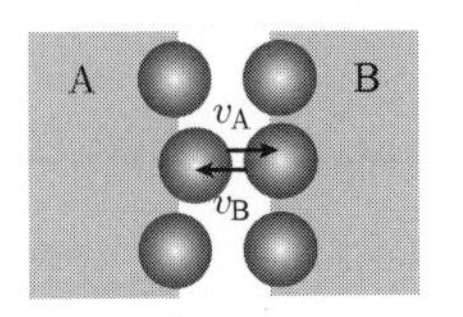


図 8.2

(1)　衝突前後での物体 A の表面原子の運動エネルギーの変化 $\Delta K_A$ を求めよ．

(2)　衝突はいろいろな速度で起こるだろう．多数の衝突についての $\Delta K_A$ 平均を $\langle \Delta K_A \rangle$ のように表す．物体 A と B の温度が $T_A$, $T_B$ であるとき，どのような向きに熱移動が生じるか説明せよ．

**8.13　相変化と氷熱量計**

2 個の断熱性の容器 A と B を用意し，水分を拭き取った 0℃ の氷 50 g 程度をそれぞれの容器に入れた．次に，容器 A に温度約 45℃，質量 100 g の金属塊を入れ，容器 B に同温度，質量 10 g の水を入れた．数分後に各容器内が熱平衡状態に達したところで融解した氷の量を測定したところ，容器 A，B の氷は，それぞれ 6.2 g，5.6 g だけ融解していた．水の比熱を 4.2 J/(g·K) とすれば，この金属の比熱はいくらか．

**8.14　壁に対する分子の衝突回数**

マクスウェルの速度分布から，気体分子が単位時間に壁の単位面積に衝突する回数 $n_c$ を求めよ．

**8.15　気体の圧力**

マクスウェルの速度分布から，気体分子が壁に与える圧力を計算し，圧力と体積の積 $pV$ が速度の 2 乗平均に比例することを示せ．

# 9 熱力学

### [A]

**9.1 気体による仕事**

一定気圧 1000 hPa の空気中で，体積が 1.0 L から 8.0 L になるまで風船が膨張した．風船が外部にした仕事を求めよ．

**9.2 熱の仕事当量**

ナイアガラ滝のひとつであるカナダ滝の落差は 56 m である．水に対して重力がなす仕事により滝の上下の水にどれだけの温度差が生じると考えられるか．水の比熱を 1 cal/(g·K)，熱の仕事当量を $J = 4.2$ J/cal として計算せよ．

**9.3 不可逆機関の効率**

温度 $T_\mathrm{H}$ と $T_\mathrm{L}$ $(< T_\mathrm{H})$ の 2 つの熱源の間で働く可逆機関の効率は $\eta_\mathrm{R} = 1 - T_\mathrm{L}/T_\mathrm{H}$ であるが，現実の熱機関では不可逆変化を完全に排除することはできない．もし高温熱源から吸収する熱 $Q_\mathrm{H}$ のうち $x$ の部分 $(xQ_\mathrm{H})$ が熱伝導により低温熱源に逃げてしまうと仮定すると，効率は可逆機関の何倍になるか．

**9.4 不可逆変化を含むヒートポンプの成績係数**

不可逆変化を含むヒートポンプを考える．高温熱源 (温度 $T_\mathrm{H}$) に放出すべき熱のうち，$x$ の割合の部分が熱伝導により低温熱源 (温度 $T_\mathrm{L}$) に流れてしまうヒートポンプによる暖房の成績係数は，逆カルノーサイクルによる値 $T_\mathrm{H}/(T_\mathrm{H} - T_\mathrm{L})$ の何倍になるか．また，同様の不可逆変化を含むヒートポンプによる冷房の成績係数は，逆カルノーサイクルによる値 $T_\mathrm{L}/(T_\mathrm{H} - T_\mathrm{L})$ の何倍になるか．

**9.5 クラウジウスの不等式とカルノーの原理**

注目する系が温度 $T_1, T_2$ の 2 つの熱源からそれぞれ熱 $Q_1$, $Q_2$ を受け取る任意のサイクルに対して，クラウジウスの不等式

$$\frac{Q_1}{T_1} + \frac{Q_2}{T_2} \leq 0 \qquad (\text{等号は可逆サイクルの場合})$$

が成り立つ．ただし，$Q_1, Q_2$ の符号は熱の移動が系に入る向きの場合は正，系から出る向きの場合は負とする．

(1) 注目する系が $T_\mathrm{H}$ の熱源から熱 $Q_\mathrm{H}$ を受け取り，温度 $T_\mathrm{L}$ $(< T_\mathrm{H})$ に熱 $Q_\mathrm{L}$ を放出するサイクルに対するクラウジウスの不等式から，サイクルにおいて系が外部にする仕事 $W$ について

$$W \leq \left(1 - \frac{T_\mathrm{L}}{T_\mathrm{H}}\right) Q_\mathrm{H}$$

を導出し，これがカルノーの原理と同等であることを説明せよ．

(2) 注目する系が温度 $T_\mathrm{L}$ $(< T_\mathrm{H})$ の熱源から熱 $Q'_\mathrm{L}$ を奪い，温度 $T_\mathrm{H}$ の熱源に熱 $Q'_\mathrm{H}$ を放出するサイクルに対するクラウジウスの不等式から，サイクルにおいて外部が系にする仕事 $W'$ について

$$Q'_\mathrm{H} \leq \frac{T_\mathrm{H}}{T_\mathrm{H} - T_\mathrm{L}} W'$$

および

$$Q'_\mathrm{L} \leq \frac{T_\mathrm{L}}{T_\mathrm{H} - T_\mathrm{L}} W'$$

が成立することを示せ．

(3) 気温 30°C の環境で，0°C の水 300 kg を冷凍器を用いて全部を氷にするためには，少なくともどれだけの仕事が必要か．0°C の氷の融解熱は 334 kJ/kg とせよ．

**9.6 エントロピー**

1 mol の理想気体が状態 $\mathrm{A}(p_1, V_1)$ から断熱自由膨張して状態 $\mathrm{B}(p_2, V_2)$ になった．このときのエントロピー変化 $\Delta S = S_\mathrm{B} - S_\mathrm{A}$ を求めたい．図 9.1 に示す 3 つの可逆変化 (1) 等温変化 A → B，(2) 定積冷却 (A → C) と定圧膨張 (C → B)，(3) 定圧膨張 (A → D) と定積冷却 (D → B) によって計算し，どれも同じ結果を与えることを示せ．

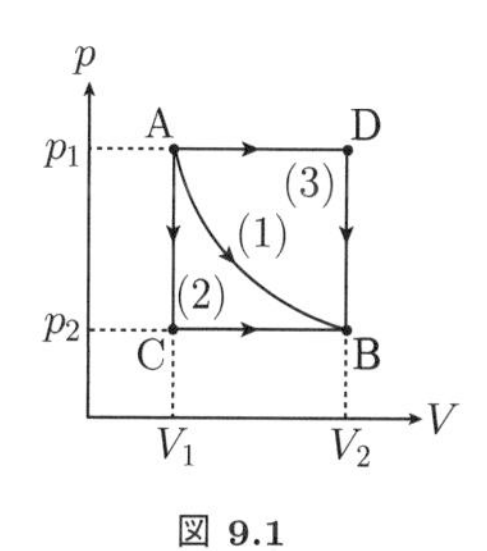


図 9.1

**9.7 熱力学関数**

(1) 注目する系が一定温度 $T$ の熱源とだけ熱的接触 (熱のやり取りが可能な接触) をしている．この系の状態が A から B に状態変化をし，系の内部エネルギーとエントロピーが，それぞれ，$\Delta U = U_\mathrm{B} - U_\mathrm{A}$ と $\Delta S = S_\mathrm{B} - S_\mathrm{A}$ だけ変化した．状態 A, B の温度 $T_\mathrm{A}$, $T_\mathrm{B}$ はどちらも熱源の温度に等しいものとする $(T_\mathrm{A} = T_\mathrm{B} = T)$．いま，$F_\mathrm{A} = U_\mathrm{A} - T_\mathrm{A} S_\mathrm{A}$, $F_\mathrm{B} = U_\mathrm{B} - T_\mathrm{B} S_\mathrm{B}$ とおくと，いかなる状態変化においても系が外部にする仕事 $W$ には上限値 $W_\mathrm{max} = -\Delta F = F_\mathrm{A} - F_\mathrm{B}$ があることを示せ．

(2) 問 (1) において，状態 A で $F$ が最小となっている場合，系は外部に正の仕事をしないことを示せ．

(3) 内部エネルギー $U$ に，圧力 × 体積 $(pV)$ を加える，または，温度 × エントロピー $(TS)$ を減じる，あるいはその両方を行い (これらを，ルジャンドル変換という)，$H = U + pV$ (エンタルピー)，$F = U - TS$ (ヘルムホルツの自由エネルギー)，$G = F + pV$ (ギブスの自由エネルギー) などの熱力学関数が定義される．可逆変化における内部エネルギーの微小変化の式 $dU = T\,dS - p\,dV$ を用いて，微小変化 $dH$, $dF$, $dG$ を求めよ．

［B］

### 9.8　マイヤーの関係式

気体分子が一定の半径をもつ剛体球だと考える．気体分子 1 mol が占める体積を $b$ (定数) と仮定すると，気体分子が動きまわることのできる空間の体積は，分子の大きさを無視した場合よりも $nb$ だけ狭くなる．その結果，この気体 $n$ [mol] の状態方程式は $p(V-nb)=nRT$ となる．この気体の内部エネルギーが体積 $V$ に関係なく温度だけの関数 $f(T)$ で与えられる場合，熱容量に関するマイヤーの関係式 $C_p-C_V=nR$ が成り立つことを示せ．

### 9.9　ジュール-トムソンの実験

ジュール-トムソンの実験では，図 9.2 に示すように，多孔質壁で仕切られた管の片側から高い圧力 $p_{\rm A}$ で押し込まれた気体が，多孔質壁をゆっくりと通過し，低圧 $p_{\rm B}$ に保たれた側に出たときの気体の温度変化を測定する．外部との熱の出入りはないものとする．

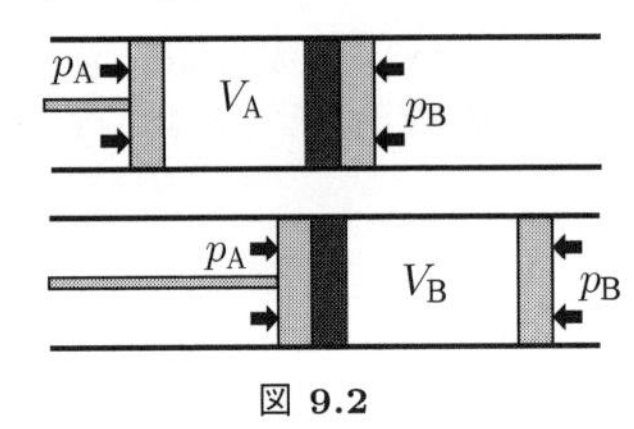


図 9.2

(1)　エンタルピー $H=U+pV$ が一定に保たれることを示せ．ただし，$U,p,V$ はそれぞれ内部エネルギー，圧力，体積である．

(2)　一般に，定圧熱容量が $C_p=(\partial H/\partial T)_p$ で与えられることを示せ．

(3)　$\mu_{\rm JT}=(\partial T/\partial p)_H$ をジュール-トムソン係数という．公式 $(\partial H/\partial p)_T=-T(\partial V/\partial T)_p+V$ を用いて

$$\mu_{\rm JT}=\left[T\left(\frac{\partial V}{\partial T}\right)_p-V\right]\Big/C_p$$

を示し，理想気体では $\mu_{\rm JT}=0$ となることを示せ．

### 9.10　可逆熱機関の効率

スターリングサイクルは，定積加熱，等温膨張，定積冷却，等温圧縮の 4 つの状態変化からなり，図 9.3 に示すように，$\mathrm{A}(T_{\rm L},V_1)\to\mathrm{B}(T_{\rm H},V_1)\to\mathrm{C}(T_{\rm H},V_2)\to\mathrm{D}(T_{\rm L},V_2)\to\mathrm{A}$ の変化をたどる．ただし，C → D で放出した熱は熱交換器を用いて A → B で回収するようになっている．理想気体の可逆変化だけからなる理論上のスターリングサイクルについて，4 つの状態変化において外部にする仕事と気体に入る熱を (出る熱は負値として) 計算せよ．さらに，サイクルの効率を求めよ．

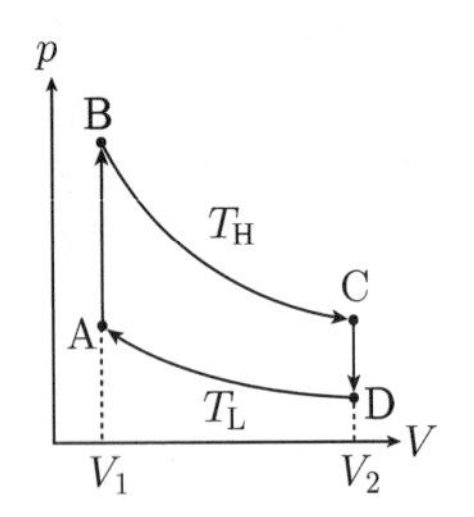


図 9.3

### 9.11　ディーゼルサイクルの効率

ディーゼルサイクルは，断熱圧縮，定圧加熱，断熱膨張，定積冷却の 4 つの状態変化からなり，図 9.4 に示すように，$\mathrm{A}(T_1,V_1)\to\mathrm{B}(T_2,V_2)\to\mathrm{C}(T_3,V_3)\to\mathrm{D}(T_4,V_1)\to\mathrm{A}$ の変化をたどる．理想気体の可逆変化だけからなる理論上のディーゼルサイクルについて，4 つの状態変化において外部にする仕事と気体に入る熱を (出る熱は負値として) 計算せよ．さらにサイクルの効率を求めよ．効率は圧縮比 $\epsilon=V_2/V_1$，加熱による体積比 $\sigma=V_3/V_2$，比熱比 $\gamma=c_p/c_V$ を用いて表せ．

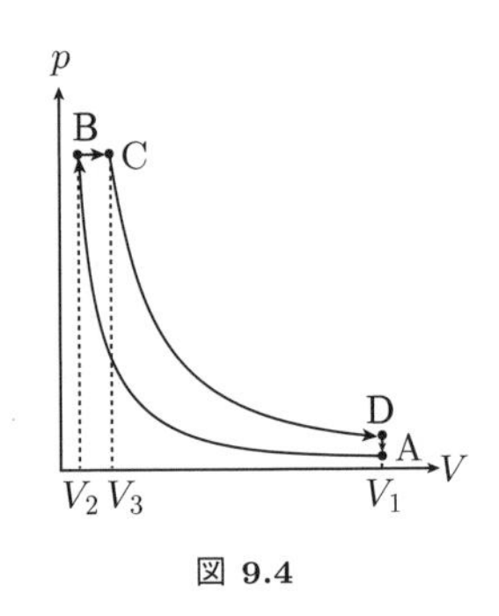


図 9.4

### 9.12　カルノーの原理とクラウジウスの原理

カルノーの原理がクラウジウスの原理と同等であることを，次の (1), (2) を示すことによって証明せよ．

(1) 可逆機関の効率 $\eta_{\rm R}$ より高い効率 $\eta_{\rm S}$ ($>\eta_{\rm R}$) の熱機関が可能であるとすれば，外部からの仕事を必要としないヒートポンプが可能となること．(2) もし，外部からの仕事を必要としないヒートポンプが可能であるとすれば，可逆機関より高い効率 $\eta_{\rm C}$ ($>\eta_{\rm R}$) の熱機関が可能となること．

### 9.13　熱伝導によるエントロピー変化

異なる温度 $T_{\rm A}$, $T_{\rm B}$ の 2 枚の金属板 A, B がある．A, B を断熱容器に入れて接触させると，しばらくして熱平衡に達した．金属板の体積変化は無視でき，それぞれの熱容量 $C_{\rm A}$, $C_{\rm B}$ は温度によらず一定であるとして，A, B のエントロピー変化の合計 $\varDelta S$ を求め，$\varDelta S>0$ となることを示せ．

### 9.14　マクスウェルの関係式

一般に，関数 $f(x,y)$ の微小変化が $df=f_x\,dx+f_y\,dy$ のような形で表されるとき，$f_x$, $f_y$ を偏微分係数とよび，$f_x=\partial f/\partial x, f_y=\partial f/\partial y$ と書く．このとき，$f_{xy}=\partial f_x/\partial y$ および $f_{yx}=\partial f_y/\partial x$ が連続関数であれば，$f_{xy}=f_{yx}$ が成り立つ．すなわち，2 階の偏微分係数は偏微分の順序によらない．この関係を関数 $U(S,V)$ の微小変化 $dU$ に適用すると

$$\left(\frac{\partial T}{\partial V}\right)_S=-\left(\frac{\partial p}{\partial S}\right)_V$$

となることを示し，さらに，$dH$, $dF$, $dG$ (問 9.7(3) 参照) についても同様の関係式を見いだせ．これらはマクスウェルの関係式とよばれる．

### 9.15 熱力学状態方程式

温度 $T$，圧力 $p$ の熱平衡状態にある系が微小な可逆変化をした場合を考える．

(1) 熱力学の第 1 法則とエントロピーの定義より，内部エネルギーの変化 $dU$ は，エントロピーの変化 $dS$，体積の変化 $dV$ を使って，$dU = T\,dS - p\,dV$ と書けることを示し，次式を導け．

$$\left(\frac{\partial U}{\partial V}\right)_T = T\left(\frac{\partial S}{\partial V}\right)_T - p.$$

(2) マクスウェルの関係式を用いて，次式を示せ．

$$\left(\frac{\partial U}{\partial V}\right)_T = T\left(\frac{\partial p}{\partial T}\right)_V - p.$$

(3) 理想気体の内部エネルギーが温度だけの関数であることを示せ．

# 10 振動と波動

## [A]

### 10.1 交流電流の周期

家庭に電力を供給する商用電源は，電流の流れる向きが周期的に変化する交流である．その変化の振動数は東日本で 50 Hz，西日本で 60 Hz である．それぞれの周期は何秒か．

### 10.2 振動の周期，振動数，角振動数

図 10.1 は，ある振動体の変位 $u$ と時刻 $t$ の関係を表している．振幅，周期，振動数，角振動数はそれぞれいくらか．

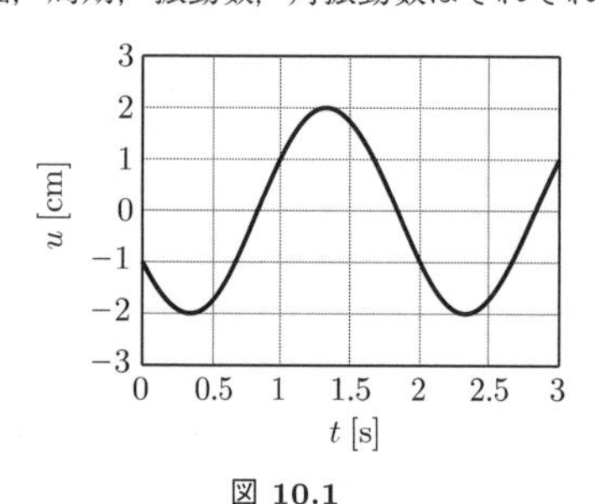


図 10.1

### 10.3 振動数は慣性と復元力で決まる

図 10.2 のように，ばねにつながれたおもりが単振動運動をしている．おもりの慣性の程度は質量 $m$ で表され，おもりに加わる復元力の強さはばね定数$k$で表される．振動数が慣性と復元力の効き方の割合で決まっていて，復元力とそれが働くおもり (振動体) 固有の性質であることを説明せよ．

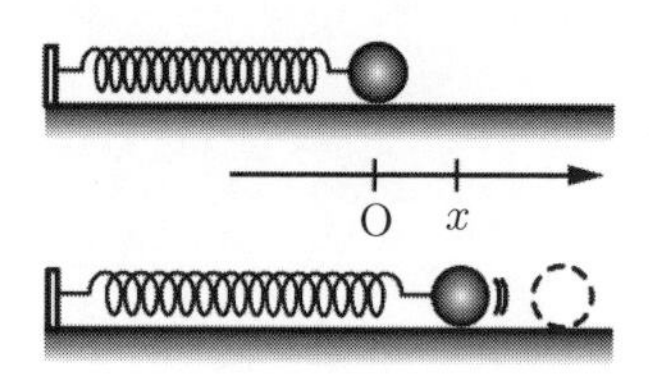


図 10.2

### 10.4 単振動運動方程式の解

単振動について書かれた以下の文を読み，(ア)～(キ) には適当な数式または記号を書き，(A) と (B) ではカッコ内のどちらか適切な方を選べ．

安定点からずれた質点には，安定点に戻そうとする力が働く．ずれが小さいとき，その力の大きさはずれに比例する．1 次元の運動を考えよう．安定点を原点に選び，時刻 $t$ のときに質量 $m$ の質点が $x = x(t)$ にいるとしよう．このとき，質点に働く力 $F$ は

$$F = -kx \qquad ①$$

となる．ここで，$k$ は正の定数である． 質点の運動方程式を書くと

$$\boxed{\quad(ア)\quad} = -kx \qquad ②$$

となる．

式②のような運動方程式で表せる運動が単振動である．方程式②の解を，

$$x(t) = a\sin(\omega t + \theta_0) \qquad ③$$

と書いてみよう．ただし，$\omega > 0$, $a > 0$ としておく．式③が運動方程式②の解となるように $a, \omega, \theta_0$ を決めるために，式③を式②の両辺に代入すると

左辺＝$\boxed{\quad(イ)\quad}$，　右辺＝$\boxed{\quad(ウ)\quad}$，

となるので，(イ) = (ウ) が任意の $t$ で成り立つためには，

$$\omega = \sqrt{\frac{k}{m}} \qquad ④$$

でなければならないことがわかる．$\omega$ が式④であれば式③は運動方程式を満たすので，$a$ と $\theta_0$ は運動方程式からでは定まらない．これらは，式③が，任意の初期条件 ($t = 0$ のときの質点の位置 $x(0)$ と速度 $dx(0)/dt$) を満たす解となるために必要である．

式④より，単振動の周期 $T$ を $m$ と $k$ を用いて書くと $T = \boxed{\quad(エ)\quad}$ となる．この式より，慣性すなわち質量が大きくなると周期は $\boxed{\text{(A) 長く，短く}}$ なり，復元力が強くなる．すなわち，$k$ が大きくなると周期は $\boxed{\text{(B) 長く，短く}}$ なることがわかる．単位時間あたりに何往復するかを示す量が振動数 $f = 1/T$ である．時間の単位に s (秒) を選ぶと，振動数の単位は $\boxed{\ (オ)\ }$ となるが，それを Hz (ヘルツ) と示すこともある．

式③より $x$ の取りうる範囲は $\boxed{\ (カ)\ } \le x \le \boxed{\ (キ)\ }$ であるので，$a$ は振動の幅を決めていて，振幅とよばれる．

### 10.5 ばねによる単振動

質量 1 kg のおもりをつるしたら 2 cm 伸びるばねを，図 10.2 のように，一端を壁に接続しもう一端に質量 10 kg のおもりを接続しなめらかな水平面上に置いた．ばねが自然長より 5 cm だけ伸びるまでおもりを引いて静かに放すとおもりは単振動した．重力加速度を 9.8 m/s$^2$ とする．

(1) このときのおもりの運動の振動数と周期を求めよ．

(2) ばねにつけるおもりを質量 10 kg のものから 20 kg のものに変更した．このとき，おもりの振動の周期は何倍になるか．

### 10.6 1 次元の波の伝播

波について書かれた以下の文を読み，(ア)～(オ) には適当な数式を書き，(A)～(E) ではカッコ内の適切なものを 1 つを選べ．

波の振動数 $f$，波の伝わる速さ $v$，波長 $\lambda$，の間の関係について考えてみよう．簡単のため $x$ 軸上を伝わる波を考えよう．媒質の変位が最も大きいときを山，最も小さいときを谷と表現することにする．例えば，$x$ 軸上の点 $x_0$ が山とは，点 $x_0$ の場所にある媒質の変位が最大であることを意味する．

波長が$\lambda$であるということは，同じ波形が$x$軸方向に$\lambda$だけ移動することで繰り返されることを意味する．例えば，波形が，$x$軸上のある点$x_0$で山となっていた場合，$x$軸に沿って波形をトレースしていくと$x_0$から［（ア）］だけ移動するまで山になることはないが，［（ア）］だけ移動した点でちょうど山となるのである．

媒質が振動することで波形は移動していく．ある時刻で$x$軸上の点$x_0$が山であったとしよう．時刻$\Delta t$がだけ経過したとき$x_0$が山でなくなり$x_0$の近傍の別の点が山となる．$x_0$より距離$\Delta x$だけ離れた点$x_1$が山となったとすると，波の伝わる速さを$\Delta x$と$\Delta t$を用いて書くと$v =$［（イ）］となる．また，$x_1 = x_0 + \Delta x$のとき波は$x$軸の［(A) 正の方向に，負の方向に］伝わる波，$x_1 = x_0 - \Delta x$のとき波は$x$軸の［(B) 正の方向に，負の方向に］伝わる波である．

波の周期$T$とは媒質が1回振動するのに必要な時間のことで，例えば，点$x_0$が山から谷になり再び山となるまでの時間を意味する．時間$T$の間に山である点は$x_0$より$\lambda$だけ離れていかなければならない．このことより波の伝わる速さを$T$と$\lambda$を用いて書くと，$v =$［（ウ）］であることがわかる．振動数を周期で書くと$f =$［（エ）］だから，振動数を用いると波の伝わる速さは$v =$［（オ）］と書くことができる．

［(C) 波の振動数，波の伝わる速さ，波長］は媒質の性質によって決定されてしまうので変えることはできない．したがって，波源を調整して［(D) 振動数，波の伝わる速さ，波長］を2倍にすると，発生した波の［(E) 振動数，伝わる速さ，波長］は1/2倍となる．

### 10.7 波の図の見方

$x$軸に沿って伝わる波の波形のグラフを図10.3に示す．矢印は，この時刻における波形のグラフ上の点Aの移動の方向を表している．

(1) 波は左 ($x$軸の負の方向) または右 ($x$軸の正の方向) のうちのどちらの向きに進行しているか．

(2) 波形のグラフ上の点Bおよび点Cは，それぞれ，上下どちらの向きに移動するか．

(3) 図10.4は波形のグラフ上の点Cの位置における変位の時間変化を示している．図10.3の時刻はa～gのどの時刻であると考えられるか．

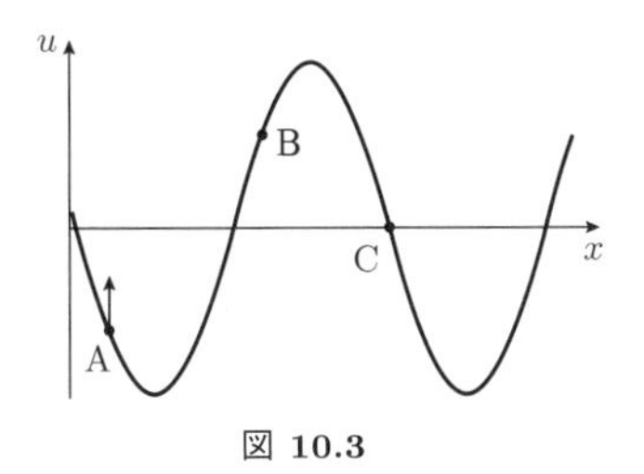


図 10.3

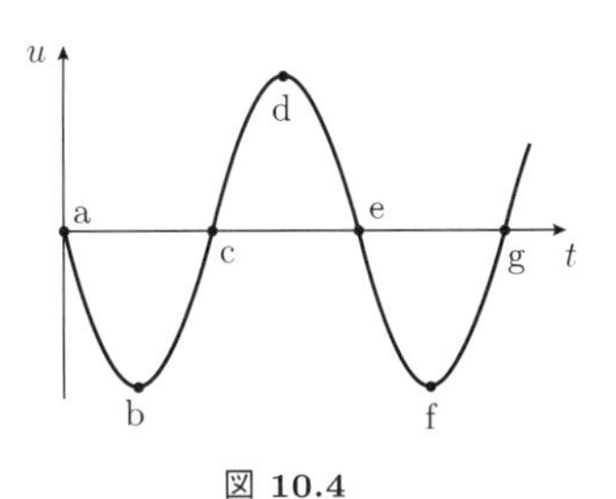


図 10.4

### 10.8 縦波と横波

縦波では媒質の振動方向は1方向であるが，横波では振動方向は無数にある．なぜか．

### 10.9 正弦波のグラフと式

図10.5は$x$軸上を伝わる正弦波の，時刻$t = 0$ sのときの$x$座標 (単位はcm) と変位$u$ (単位はcm) の関係を示したグラフである．正弦波の振動数は4 Hzであった．以下の問に答えよ．

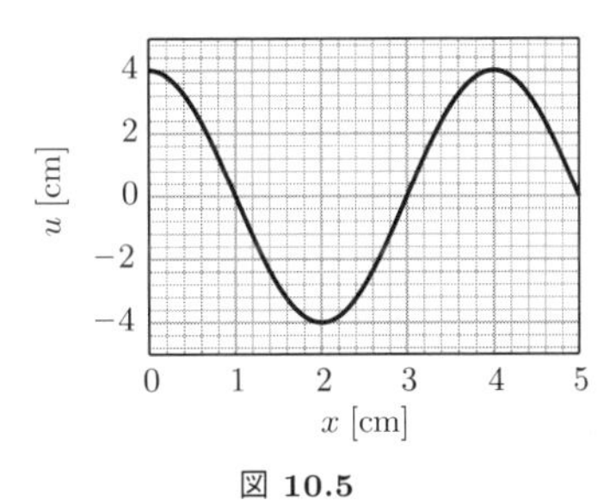


図 10.5

(1) 振幅，周期，波長，波の伝わる速さはいくらか．

(2) この正弦波が右向き ($x$軸の正の方向) に進む場合および左向き ($x$軸の負の方向) に進む場合について，正弦波を表す式$u(x, t)$を書け．

### 10.10 電磁波の振動数と波長

Aラジオで使用している電磁波の振動数は945 kHz，地上波テレビのBテレビでは485 MHz，C社の携帯電話では2.10 GHzである．それぞれで使用されている電磁波の波長を求めよ．ただし，電磁波の伝わる速さを$3.00 \times 10^8$ m/sとする．可視光も電磁波の一種である．ナトリウムランプから出る波長589 nmの光の振動数を求めよ．

### 10.11 正弦波のグラフと式

$$u(x, t) = 2 \sin \pi \left(12t - \frac{x}{4}\right)$$

で表される正弦波が$x$軸上を伝わっている．ここで，時間$t$の単位はs，$x$座標の単位はcm，変位$u$の単位はcmである．

(1) 振幅，周期，波長，波の伝わる速さはいくらか．

(2) 時刻$t = 0$ sのときの波形のグラフおよび原点$x = 0$での振動の様子を示すグラフを描け．

(3) 波源の振動数が2倍の正弦波で$u(0, 0) = 0$を満たす式を書け．

［B］

### 10.12 強制振動と共振

強制振動されている質量 $m$ の振動体 (図 10.6) の定常状態での振動は

$$x(t) = \frac{f_0}{\sqrt{(\omega^2 - \Omega^2)^2 + \gamma^2\Omega^2}} \cos(\Omega t - \phi)$$

で与えられる．ここで，$f_0$ は外力の大きさ，$\Omega$ と $\omega$ はそれぞれ外力の角振動数と振動体の固有角振動数，$\gamma$ は速度に比例する摩擦力 $-\Gamma\, dx/dt$ の比例係数を質量で割ったもので $\gamma = \Gamma/m$ である．また，$\phi$ はこれらによって定まる定数で，外力と振動体の振動の位相のずれを表している．

このとき，振動体の速度は外力の角振動数 $\Omega$ で振動していて，その振幅は $\Omega = \omega$ のとき最大になることを示せ．また，運動エネルギーは角振動数 $2\Omega$ で振動することを示せ．

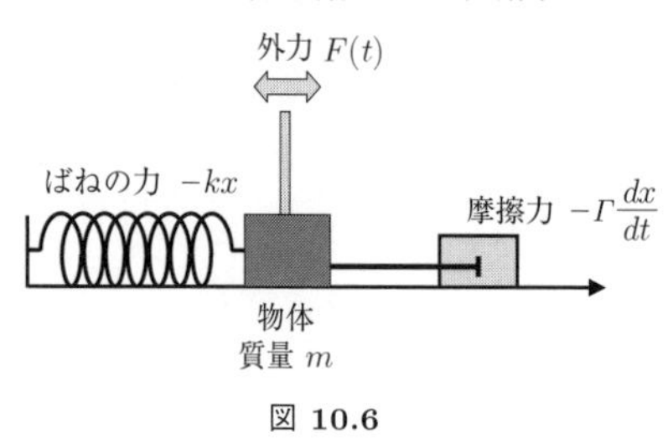


図 10.6

### 10.13 強制振動と共振

図 10.6 に示す強制振動されている振動体において，外力の 1 周期の間に摩擦力がする仕事の仕事率 (単位時間あたりの平均の仕事) を求めよ．

### 10.14 振動式密度計

液体の密度を精密に計るために用いる振動式密度計という装置がある．U 字管中に液体を入れ，駆動力となる外力を加えて管を強制振動させる (図 10.7)．管には定められた一定の体積 (管の容積) の液体がとどまるように工夫されている．この密度計を図 10.6 で示される強制振動されている振動体とみなして，管の振動の振幅が最大となるような外力の角振動数，すなわち振幅の共振を起こす角振動数 (共振角振動数) から U 字管内にある液体の質量を算出し，それを管の容積で割ることで液体の密度を求めることができる．

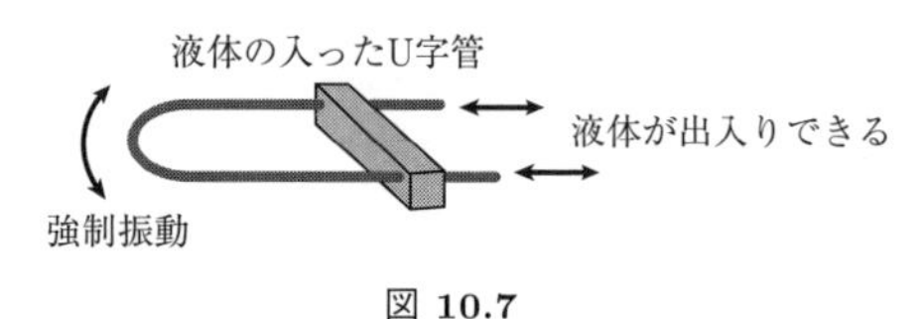


図 10.7

(1) 液体の密度が大きくなると共振角振動数は上がるか下がるか．なぜそう考えたか．摩擦力は小さいとして考察せよ．

(2) 液体が不均一である場合，速度に比例する摩擦力が大きくなる．このことによって共振角振動数は上がるか下がるか．なぜそう考えたか．

### 10.15 波動方程式と正弦波

$x$ 軸に沿って正の向きに伝わる波数 $k$，角振動数 $\omega$ の正弦波は

$$u(x,t) = a\sin(\omega t - kx) \qquad ①$$

と書くことができる．ここで，$a, k, \omega$ は正の定数である．式①は微分方程式 (波動方程式とよばれる)

$$\frac{1}{v^2}\frac{\partial^2 u}{\partial t^2} = \frac{\partial^2 u}{\partial x^2} \qquad ②$$

を満たす．ただし，$v$ は正の定数である．

(1) 式①で示される正弦波の振幅，波長，周期，伝わる速さを，$a, k, \omega$ を用いて書け．

(2) 式①が式②を満たしているための条件は $v^2 = \omega^2/k^2$ であることを示せ．また，$v > 0$ とすると，$v$ が波の伝わる速さであることを示せ．

# 11 波の伝播と干渉

［A］

### 11.1 平面波を表す式

時刻 $t$ での変位が $u(x, y, z, t) = u_0 \sin(6t - z)$ で与えられる平面波がある．ここで平面波の位相は，$\theta = 6t - z$ である．ただし，時間 $t$ は単位 s (秒) で，座標 $(x, y, z)$ は単位 m (メートル) で表されている．

(1) 時間を止めて考えたとき，変位 $u$ が同じ値となる平面がこの波の波面になる．波面はどのような方程式で表される図形か．

(2) 波の進む方向を示すベクトルを成分で表せ．

(3) 位相 $\theta$ の値が $2\pi$ だけ異なる 2 つの波面の距離が波長である．波長を求めよ．

### 11.2 球面波を表す式

波源から 2 m の点での振幅が 10 cm，振動数が $6/\pi$ Hz，波長が $\pi/2$ m である球面波の式を書け．

### 11.3 球面波と正弦波

球面波では振幅が波源からの距離に反比例して減少していくが，正弦波では常に一定である．この違いがあるにもかかわらず，波長に比べて波源から十分遠方では，球面波はほぼ正弦波とみなしてよいことを示せ．

### 11.4 水面を伝わる波

底面が平らではない容器に水を張り，その水面に波をつくる．水面に生じる波の伝わる速さは水深が深ければ速く，浅ければ遅い．図 11.1 は，点 O に波源をおいてつくった水面を伝わる波の波面を示している．点 A, B, C の地点の水深を浅い順に並べよ．

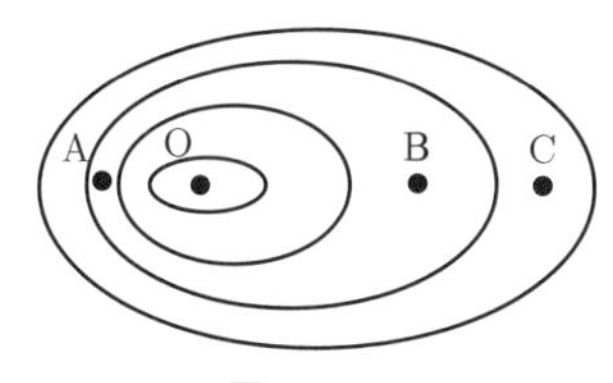


図 11.1

### 11.5 平面波の屈折

図 11.2 は 2 つの媒質の境界面で屈折する平面波の波面の様子を示している．境界面についている目盛の単位は cm で，媒質 A から入射する平面波の波面と境界面のなす角度は 30°，媒質 B を伝わる平面波の波面と境界面のなす角度は 45° である．また，媒質 A における波の振動数は 20 Hz である．

(1) 媒質 A における波の波長と伝わる速さ，媒質 B における波の波長と伝わる速さはそれぞれどれだけか．

(2) 媒質 A に対する媒質 B の屈折率はどれだけか．

### 11.6 音の屈折

空気中では音速は 340 m/s，水中では 1470 m/s であるとする．音波の，空気に対する水の屈折率と，水に対する空気の屈折率を求めよ．また，図 11.3 において，空気から水に入射する音波が A から B に入射したとき，水中を伝わる音の進行方向は線分 BC に対して，垂線 NM の方向に折れ曲がるか水平面方向に折れ曲がるか．

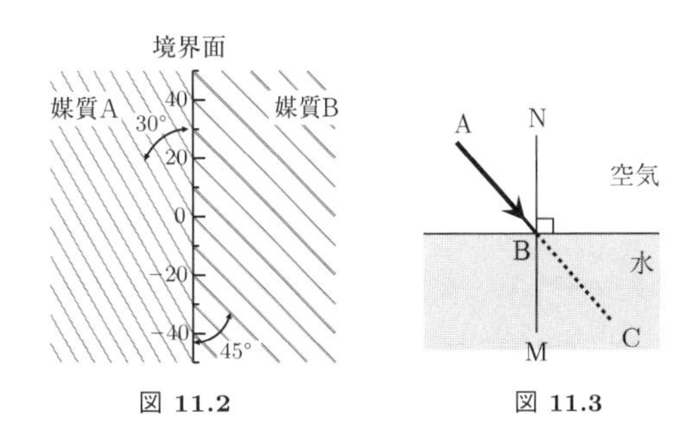


図 11.2　　図 11.3

### 11.7 光の全反射

図 11.4 のように，ガラスと空気の平面状の境界面にガラス側から光を入射するとき，入射角 $\theta$ がある角度 $\theta_C$ より大きいと光は空気の側に出ることができずに，すべて境界面で反射される．このような現象を全反射とよび，$\theta_C$ を臨界角とよぶ．空気の屈折率を 1.0 として，以下の問に答えよ．

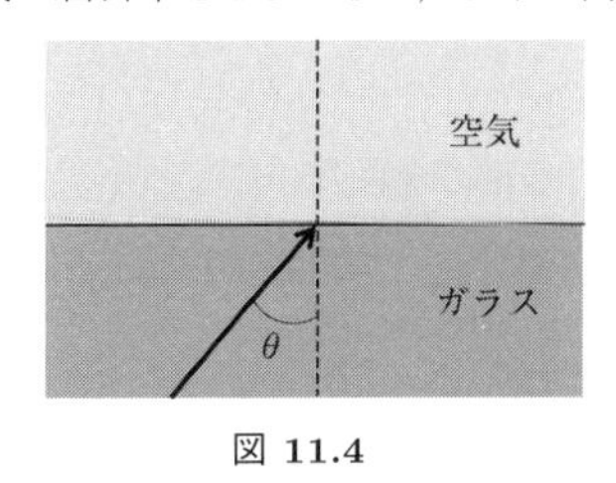


図 11.4

(1) ガラスの屈折率が 1.6 であるときの臨界角を求めよ．

(2) ガラスの代わりに屈折率 2.4 のダイアモンドを用いたときの臨界角を求めよ．

(3) ダイアモンドとガラスを平面で接合しガラス側から光を入射したとすると全反射は起こらない．理由を説明せよ．

### 11.8 2 つの波の干渉

2 つの波源 A と B から同じ角振動数 $\omega$ の球面波が出ている．ただし，波源 B のつくる波は半周期 $T/2 = \pi/\omega$ だけ A から出る波に対して遅れている．これらの波が伝わる点 P で波源 A から出た波と波源 B から出た波が強め合う条件を，波長 $\lambda$ を用いて書け．

### 11.9 薄膜による干渉

石けん膜に白色光を垂直に入射させる．その反射光を分光計で調べたところ，波長が $7.0 \times 10^{-5}$ cm の赤い光が強くなっていることがわかった．石けん膜の屈折率を 1.3 として以下の問に答えよ．

(1) 石けん膜の厚さを推定せよ．

(2)　45°の入射角で白色光を入射させた場合，明るくなる反射光の波長はいくらか．

［B］

### 11.10　平面波の波面

平面波

$$u(\vec{r}, t) = a\sin(\omega t - \vec{k}\cdot\vec{r}) \qquad \cdots ①$$

について考えよう．ここで，$t$ は時刻，$\vec{r} = (x, y, z)$ は位置ベクトル，$\vec{k} = (k_x, k_y, k_z)$ は波数ベクトルである．式①の sin の中，$\theta(\vec{r}, t) = \omega t - \vec{k}\cdot\vec{r}$ を位相とよぶ．変位一定，または，位相一定の点を連ねた図形を波面とよぶ．

(1)　$x$ 軸上では平面波は正弦波となっている．この正弦波の波長はいくらか．

(2)　ある時刻 $t_0$ における，位相の値が $\theta_0$ である波面は

$$\theta(\vec{r}, t_0) = \omega t_0 - \vec{k}\cdot\vec{r} = \theta_0$$

と書くことができる．この波面は波数ベクトル $\vec{k}$ と垂直な平面であることを説明せよ．

(3)　1 つの波面 $\omega t_0 - \vec{k}\cdot\vec{r} = \theta_0$ とこの波面より位相が $-2\pi$ だけずれている波面 $\omega t_0 - \vec{k}\cdot\vec{r} = \theta_0 - 2\pi$ の距離は，$2\pi/|\vec{k}|$ であることを示せ．このことは隣り合う変位を同じくする波面間の距離，すなわち，波長が $\lambda = 2\pi/|\vec{k}|$ であることを意味する．

### 11.11　球面波の波面

球面波　$u = u(r, t) = \dfrac{a}{r}\sin(\omega t - kr)$

($a, k, \omega$ はいずれも正の定数) は

平面波　$u\ (r, t) = a\sin(\omega t - kr)$

と形の上ではよく似ており，各地点での媒質が単振動をしていてそれが伝わっていくことも同じである．しかし，正弦波ではどの地点でも振幅が同じであるのに対し，球面波ではそれが波源からの距離に反比例して小さくなる点で異なる．

また，正弦波の場合，ある時刻に単振動している媒質の変位が最大となっている地点は，その時刻の波形の山となっている．これに対して球面波では，単振動している媒質の変位が最大となる地点は波形の山とは一致しない．このことについて考察した以下の文章を読み，(ア) ～ (エ) に適当な数式を書け．

球面波が伝わるとき，原点から距離 $r = r_0$ の地点での変位 $u$ の最大値は，sin の値の最大値が 1 であることから $u_{\max} =$ ［　(ア)　］である．また，その値となる時刻 $t = t_0$ は $t_0 = kr_0/\omega +$ ［　(イ)　］$\omega$ と書ける．この同じ時刻 $t = t_0$ に，他に単振動の変位が最大となっている地点を探すと，それらは等しい間隔［　(ウ)　］で並んでいる．そして，$r_0$ から数えて原点から離れる方向に $n$ 番目 ($n = 0, 1, 2, \cdots$) の地点での $r$ は $r_n = r_0 +$ ［　(ウ)　］$n$ と書くことができる．

ここで，球面波 $u(r, t_0) = (a/r_0)\sin(\omega t_0 - kr)$ の波の形を調べてみよう．単振動の変位が最大となる地点 $r = r_n$ での微分係数を計算すると $\partial u(r_n, t_0)/\partial r =$ ［　(エ)　］となり，これは必ず負の値である．したがって，地点 $r = r_n$ 近傍では，波の形は $r$ とともに減少する関数で表記されるから，地点 $r = r_n$ では，波は山にはなっていないことがわかる．

### 11.12　弦を伝わる定常波

両端が固定された弦の振動を，波の重ね合わせの原理から考えてみよう．$x$ 軸に沿って張られた弦が $x = 0$ と $x = L$ で固定されていて，$0 < x < L$ の領域にある弦が振動する．時刻 $t$ における弦の変位 $u = u(x, t)$ は，波数 $k$，角振動数 $\omega$ の右に進む正弦波と左に進む正弦波の重ね合わせで

$$u(x, t) = a\sin(\omega t - kx) + b\sin(\omega t + kx + \theta) \qquad ①$$

と書くことができるとしよう．ここで，$a$, $b$ は右に進む波と左に進む波の振幅で正とする．$\theta$ は $x = 0$ における左右に進む波の間の位相差を示している．

弦を伝わる波の速さは弦の性質で決まる一定値をとるので，その波の伝わる速さを $v$ とすると

$$\omega = kv \qquad ②$$

の関係が成り立っていなければならない．さらに，$x = 0$ と $x = L$ で弦が固定されていることより，任意の $t$ に対して，

$$u(0, t) = 0 \qquad ③$$

$$u(L, t) = 0 \qquad ④$$

が成り立たなければならない．

これらのことを用いて以下の手順で弦の振動について考察してみよう．

(1)　式③が成り立つためには，式①中に入っている定数 $a$，$b$ が，$a = b$, $\theta = \pi$ という関係を満たしていればよいことを示せ．

(2)　(1) の結果と式④より，波数 $k$ は任意の値がとれるのではなく

$$k = k_n = \frac{\pi}{L}n \qquad (n = 1, 2, 3, \cdots)$$

でなければならないことを示せ．

(3)　(2) の結果と②式から，弦の振動数 $f$ は

$$f = f_n = \frac{v}{2L}n$$

となり，$v/(2L)$ の自然数倍の値しかとれないことを示せ．

(4)　上記で求めた弦の振動について考察した以下の文を読み，(ア) ～ (ク) に適当な数式を書け．

(1) ～ (3) より，弦の振動は

$$u(x, t) = a\sin(2\pi f_n t - k_n x) + a\sin(2\pi f_n t + k_n x + \pi)$$
$$= \boxed{\ (ア)\ } \times \sin\left(2\pi f_n t + \frac{\pi}{2}\right) \qquad ⑤$$

となる．式⑤は，弦の各点は，同一，または $\pi$ だけずれた位相で振動数［　(イ)　］，振幅 $A = |$［　(ア)　］$|$ の単振動をしていることを示している．振幅 $A$ の式より，$n \geq 2$ の場合，弦の両端 $x = 0$ と $x = L$ 以外にもまったく振動しない点が存在することがわかる．この点を節とよぶ．節の位置は

$$x'_m = \boxed{\ (ウ)\ } \qquad (m = 1, 2, \cdots, n-1)$$

である．また，節と節の間の点

$$x''_m = \boxed{\text{(エ)}} \qquad (m = 1, 2, \cdots, n-1)$$

では振幅が最大となる．この点を腹とよぶ．このように，弦の振動では，節と腹が交互に存在している．

$n = 1$ の場合，節は存在しないが腹は存在して，その位置は，$x = \boxed{\text{(オ)}}$ である．$n = 2$ の場合では，節の位置は $x = \boxed{\text{(カ)}}$ で，腹の位置は $x = \boxed{\text{(キ)}}$，$\boxed{\text{(ク)}}$ である．

### 11.13 平面波の屈折

図 11.5 のように，媒質 A と媒質 B が $yz$ 平面を境界面として接している．図で $z$ 軸は紙面に垂直で紙面の裏から表に向かう向きである．波数ベクトルが $xy$ 平面に平行で $x$ 軸と $60^\circ$ の角度をなす平面波が媒質 A ($x < 0$ の領域) から媒質 B ($x > 0$ の領域) に入射したところ，境界面で平面波は屈折して波数ベクトルが $xy$ 平面に平行で $x$ 軸と $30^\circ$ の角度をなす平面波 (屈折波) となって媒質 B 中を伝わっていった．入射波の振動数は 30 Hz，媒質 A における波の伝わる速さは 3 m/s であった．

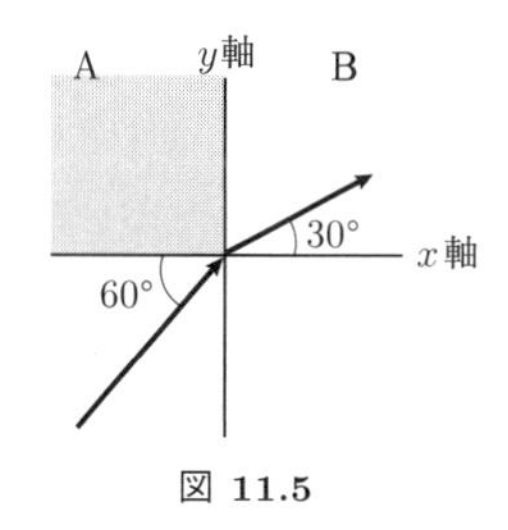


図 11.5

(1) 媒質 A に対する媒質 B の屈折率を求めよ．

(2) 媒質 A および媒質 B における平面波の波長はいくらか．

(3) 入射波および屈折波の波数ベクトルを，媒質 A における平面波の波長 $\lambda$ を用いて書け．

(4) 入射波の波数ベクトルを $x$ 軸と平行にした．$x > 0$ の領域 (媒質 B の領域) の波 (屈折波) の $x$ 軸上の変位のグラフを横軸に $x$ 座標をとって描け．ただし，振幅を $a$ とする．

### 11.14 ヤングの干渉実験

図 11.6 のように，2 つのスリット $S_1$, $S_2$ が間隔 $d$ で開いた衝立に，スリット $S_0$ を通過した角振動数 $\omega$，波長 $\lambda$ の単色光が入射したとする．スリットを通過した光は，それぞれを波源とする球面波となって衝立からスクリーンに向けて伝わると考えてよい．スクリーンは間隔 $D$ で衝立に平行に置かれていて，そのスクリーン上に，2 つのスリットの中点から下ろした足が原点になるように $x$ 軸が選んである．そして，

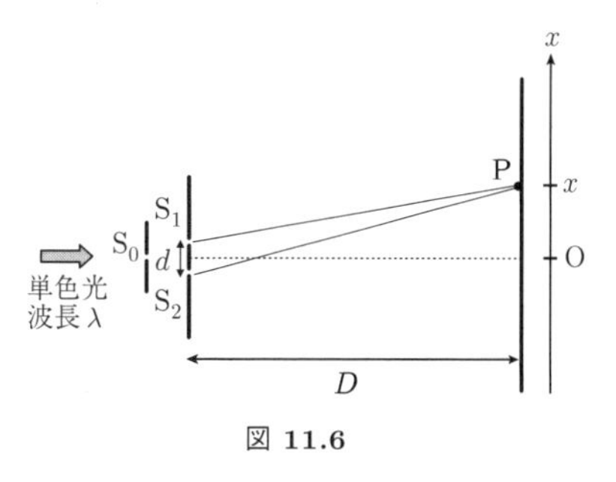


図 11.6

スクリーン上の点の位置はこの $x$ 座標で表すことにする．

時刻 $t$ におけるスクリーン上の点 P に到達した $S_1$ および $S_2$ からの球面波の変位は，$u_1 = \dfrac{a}{r}\sin(\omega t - kr)$，$u_2 = \dfrac{a}{r'}\sin(\omega t - kr')$ となる．ここで，$r = \overline{S_1P}$, $r' = \overline{S_2P}$，$a$ は正の定数，$k$ は波数で $k = 2\pi/\lambda$．点 P における波の変位は，重ね合わせの原理から，$u = u_1 + u_2$ となる．

スクリーン上の明るさは，変位の 2 乗の 1 周期 $T = 2\pi/\omega$ あたりの平均，すなわち

$$I = \frac{1}{T}\int_0^T u^2\,dt$$

に比例する．

上記のことに基づき明るさ $I$ とスクリーン上の点の位置 $x$ の関係を導出した以下の文を読み，(ア)～(カ) に適当な数式を書け．また，$I$ と $x$ の関係を表すグラフの概略を描け．

点 P の座標 $x$，スリット $S_1$, $S_2$ をもつ衝立とスクリーンとの距離 $D$，$S_1$ と $S_2$ の間隔 $d$ を用いると

$$r = \boxed{\text{(ア)}}, \qquad r' = \boxed{\text{(イ)}}$$

と書くことができる．$D \gg d$ および $D \gg |x|$ という仮定より $|r' - r|$ は，$r'$ と $r$ に比べて十分小さいと考えられるので

$$u \approx \frac{2a}{r}\cos\left[\frac{1}{2}k(r' - r)\right]\sin\left[\omega t - \frac{k}{2}(r' + r)\right]$$

と近似できるから

$$I = \boxed{\text{(ウ)}}$$

となる．さらに，$r^2 \approx D^2$, $r' - r \approx \dfrac{d}{D}x$ と近似すれば $a$, $d$, $D$, $\lambda$, $x$ を用いて

$$I = \frac{2a^2}{D^2}\,\frac{1 + \cos(\boxed{\text{エ}})}{2}$$

となる．整数 $m = 0, \pm1, \pm2, \pm3, \cdots$ を用いると，スクリーン上の明るくなる点は $x = \boxed{\text{(オ)}}$ と表され，暗くなる点は $x = \boxed{\text{(カ)}}$ と表されることがわかる．

# 12 電　　場

12 章と 13 章における以下の問題では，断りがない場合はすべて真空中で考えるものとする．

## ［A］

### 12.1 クーロン力

電荷が同じ 2 個の点電荷を，6.0 cm 離して配置したところ，互いに働く斥力の大きさが 20 μN であった．これらの点電荷の大きさを求めよ．

### 12.2 重ね合わせの原理 I

3 個の点電荷 X, Y, Z を図 12.1 のように直線 ($x$ 軸) 上に配置した．各電荷の座標と電荷量は図に示したとおりである．

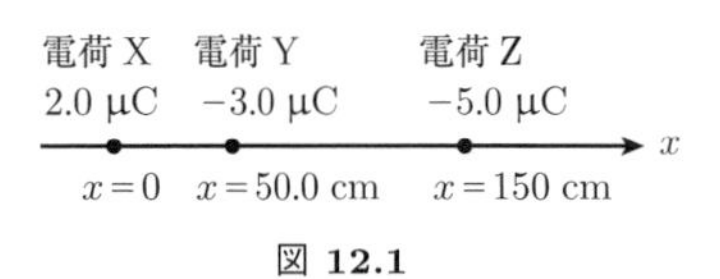


図 12.1

(1)　電荷 Y に働く力の大きさと向きを求めよ．

(2)　電荷 Z に働く力の大きさと向きを求めよ．

### 12.3 重ね合わせの原理 II

1 辺が 10 cm である正三角形の頂点に，それぞれ −6.0 μC, +2.0 μC，+3.0 μC の点電荷 X, Y, Z を図 12.2 のように配置した．このとき，(他の 2 つの電荷から) 電荷 X に働く合力の大きさを求めよ．

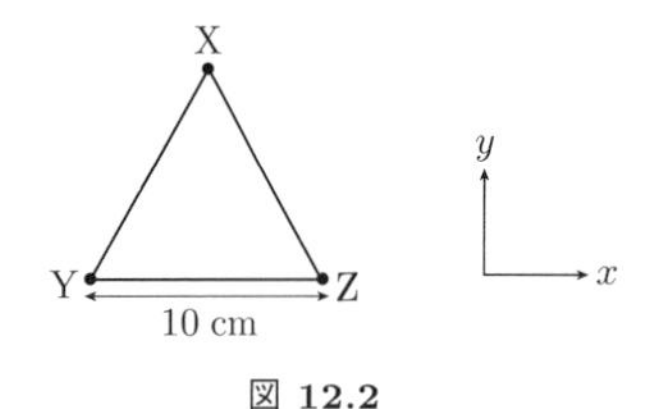


図 12.2

### 12.4 電荷分布が球対称な系 I

半径 $a$ の球表面に電荷 $Q_0$ が一様に帯電している．この電荷による球内外の点での電場の強さを求めよ．

### 12.5 電荷分布が球対称な系 II

図 12.3 のように，中心 O を共有する 2 つの導体球殻が真空中におかれている．球殻の半径はそれぞれ $a$, $b$ ($a < b$) である．2 つの球殻は一様に帯電しており，内側の球殻の電荷を $Q_0$，外側の球殻の電荷を $-Q_0$ とする．球殻の中心 O から距離 $r$ の点での電場の強さ $E(r)$ を以下の手順で求めた．文中における空欄 (1) ～ (11) にあてはまる数式を答えよ．

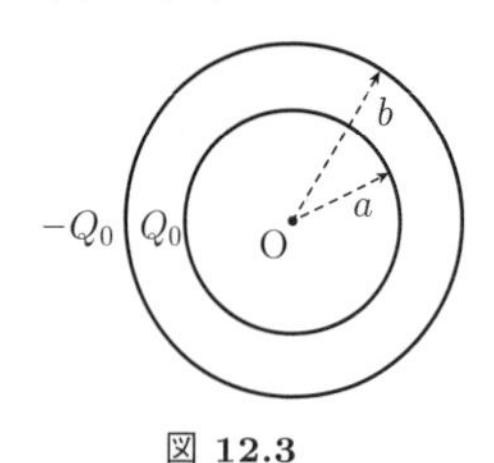


図 12.3

対称性のよい電荷分布 (球状) がつくる電場の問題なので，ガウスの法則

$$\int_{\mathrm{S}} \vec{E} \cdot \vec{n}\, dS = \frac{Q}{\varepsilon_0} \qquad ①$$

を適用する．ここで $\vec{E}$ と $\vec{n}$ は，閉曲面 S 上の座標における電場，および外向きの単位法線ベクトル，また $Q$ は閉曲面 S の内部に含まれる全電荷である．問 12.4 と同様に，閉曲面 S は半径 $a$ の球と中心を共有する球として，閉曲面 S の半径は電場を求めたい座標 $\vec{r}$ を通るように選ぶ (半径を $r \equiv |\vec{r}|$ とする)．閉曲面 S 内部に含まれる全電荷 $Q$ は，$Q = \boxed{\ (1)\ }$ $(r \leq a)$，$\boxed{\ (2)\ }$ $(a < r \leq b)$，$\boxed{\ (3)\ }$ $(r > b)$ となる．したがって，電場の強さ $E(r)$ は

$$E(r) = \begin{cases} \boxed{\ (4)\ } & (r \leq a) \\ \boxed{\ (5)\ } & (a < r \leq b) \\ \boxed{\ (6)\ } & (r > b). \end{cases} \qquad ②$$

別解として，2 つの球殻による電場を重ね合わせても，同じ結果が得られる．問 12.4 の結果より，内側球殻がつくる電場 $\vec{E}_{\mathrm{in}}(\vec{r})$ は

$$\vec{E}_{\mathrm{in}}(\vec{r}) = \begin{cases} \boxed{\ (7)\ } & (r \leq a) \\ \boxed{\ (8)\ } & (r > a), \end{cases}$$

外側球殻がつくる電場 $\vec{E}_{\mathrm{out}}(\vec{r})$ は

$$\vec{E}_{\mathrm{out}}(\vec{r}) = \begin{cases} \boxed{\ (9)\ } & (r \leq b) \\ \boxed{\ (10)\ } & (r > b). \end{cases}$$

電場の重ね合わせより，$\vec{E}(\vec{r}) = \boxed{\ (11)\ }$ という関係式が成り立つため，式②と同じ結果が得られる．

### 12.6 電荷分布が球対称な系 III

半径 $a$ の球の内部に一様に電荷が分布している．単位体積あたりの電荷を $\rho$ とする．球の中心から距離 $r$ での電場の強さ $E(r)$ を求めよ．

### 12.7 円筒状の電荷分布

軸を共有する半径 $R_1$ と半径 $R_2$ ($R_1 < R_2$) の 2 つの円筒がおかれている (図 12.4)．円筒の共通の長さ $L$ は，半径に比べて十分に長いものとする．内側の円筒に電荷 $+Q$，外側の円筒に電荷 $-Q$ を与えたとき，中心軸から距離 $r$ の点での電場の強さ $E(r)$ を求めよ．

### 12.8 静電誘導

半径 $a$ の導体球を，これと中心を共有する内半径 $b$，外半径 $c$ ($a < b < c$) の導体球殻で包み，それぞれに電荷 $Q_1$, $Q_2$ を与える (図 12.5)．電荷はどのように分布するかを説明し，電場の強さ $E(r)$ を中心からの距離 $r$ の関数として求めよ．

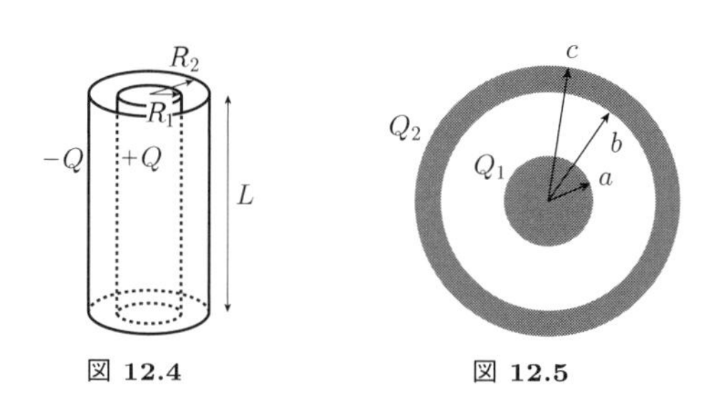


図 12.4　　図 12.5

### 12.9　自然界における電場

雷雲は上層が正に下層が負に帯電している．地表は導体なので静電誘導により正に帯電する場合を考える．その結果，雷雲と地表の間には電場が生じる．雷雲のサイズから考えて，地表は平面であるとしてよい．大気中での電場の強さを $E$ とするとき，地表における面電荷密度 (単位面積あたりの電荷) $\sigma$ を求めよ．

［B］

### 12.10　荷電粒子の運動

図 12.6 のように，質量 $m$，電荷 $q$ $(q > 0)$ の粒子が時刻 $t = 0$ において地面から速度 $v$ で発射された．地面となす発射角を $\theta$ とする．地面と平行な向き ($x$ 方向) に，一様な電場 $\vec{E}$ がかかっているとする．この粒子が再び地面に落下するまでに，$x$ 方向に進んだ距離を $L$ とする．重力加速度の大きさを $g$ とする．粒子が受ける空気抵抗の影響は無視してよいとする．

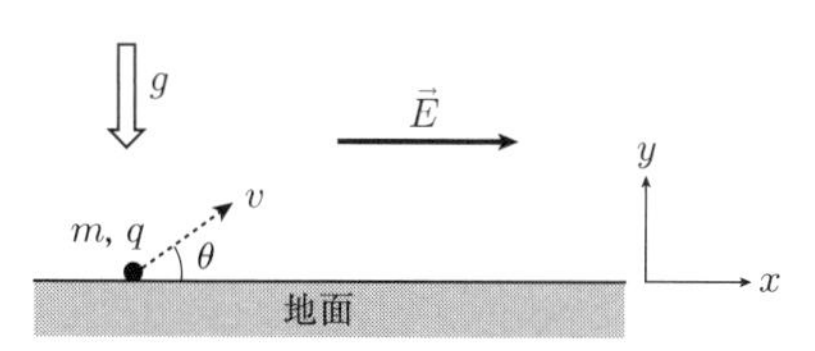


図 12.6

(1)　$x$ 方向に進んだ距離 $L$ を求めよ．

(2)　ある特定の発射角で，到達距離 $L$ は最大値 $L_{\max}$ をとる．$L_{\max}$ を求めよ．

### 12.11　連続的な電荷分布 I

$x$ 軸上の長さ $L$ の範囲 $(-L/2 \leq x \leq +L/2)$ に，電荷 $Q$ が一様に分布している (図 12.7)．図の点 $\mathrm{P}(x = L/2 + a)$ での電場 $E(a)$ を求めよ．

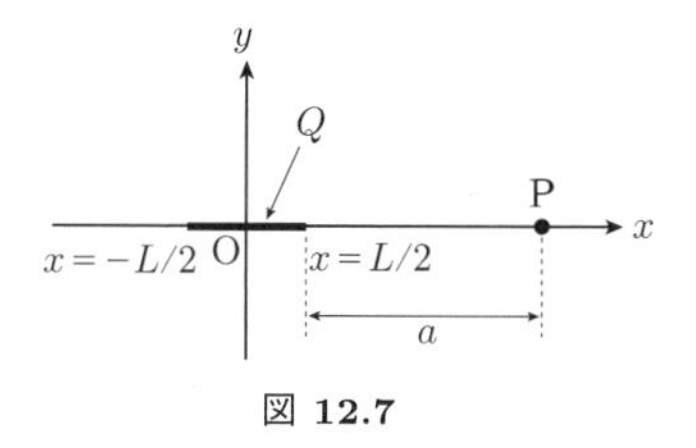


図 12.7

### 12.12　連続的な電荷分布 II

半径 $R$ の円板上に面電荷密度 (単位面積あたりの電荷) $\sigma$ で電荷が一様に分布している．円板の中心を通る軸上で，板から距離 $z$ の点 P における電場を求めよ．また，得られた電場の結果で半径 $R$ に関して無限大とする極限をとることによって，無限に広い平面上に一様な密度で分布した電荷がつくる電場を求めよ．

### 12.13　複雑な電荷分布の系

半径 $R$ の球内に電荷密度 $\rho$ の電荷が一様に分布している．球内部にこれと接するような半径 $R/2$ の球状の空洞をつくる (図 12.8)．空洞部分は真空で電荷はないものとする．空洞内部の点 P での電場を求めよ．半径 $R$ の球の中心を原点 O，球状の空洞に関する中心位置を $\vec{r}_0$，原点 O から点 P へのベクトルを $\vec{r}_{\mathrm{P}}$ とする．

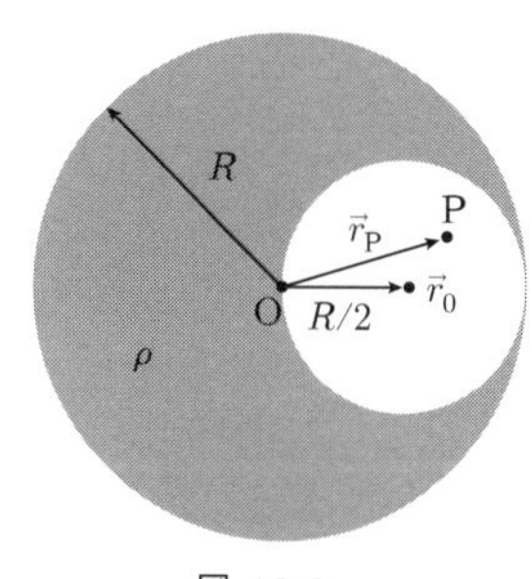


図 12.8

### 12.14　電気双極子間に働く力

大きさが同じ正負の電荷 $q$ と $-q$ $(q > 0)$ がきわめて接近しており，距離 $d$ だけ離れているとき，これらの正負電荷の対を電気双極子という．2 個の電気双極子を図 12.9 のように $x$ 軸上に並べて配置した．2 個の電気双極子における中心間の距離を $L$ とする．電気双極子の間に働く力は引力かそれとも斥力か．図 12.10 のように配置したときはどうか．

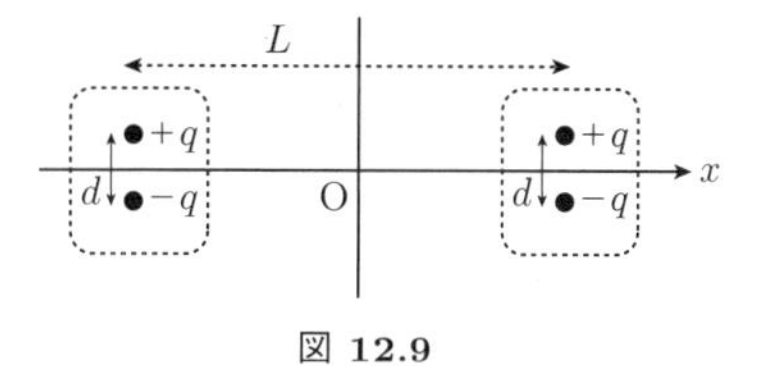


図 12.9

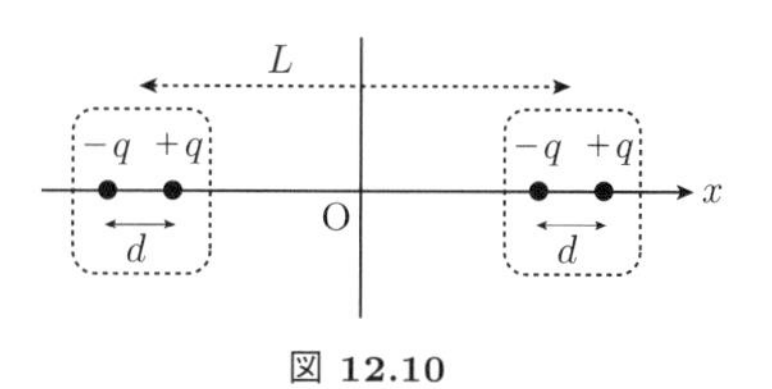


図 12.10

# 13 電位とエネルギー

[A]

### 13.1 電荷と電位

点電荷 $q_1 = +1.0\ \mu\mathrm{C}$ が $x$ 軸上の原点に，もう 1 つの点電荷 $q_2 = -1.5\ \mu\mathrm{C}$ が $x = 1.0\ \mathrm{m}$ におかれている．$x$ 軸上のどの点で電位が 0 になるか．電位の基準は無限遠とする．

### 13.2 連続的な電荷分布と電位

問 12.11 において，$x$ 軸上の点 $\mathrm{P}(x = L/2 + a)$ における電位 $\phi(a)$ を求めよ．電位の基準は無限遠とする．

### 13.3 電気双極子のつくる電位

大きさが同じ正負の電荷 $q$ と $-q$ $(q > 0)$ がきわめて接近しており，距離 $d$ だけ離れているとき，これらの正負電荷の対を電気双極子という．また，負電荷 $-q$ から正電荷 $q$ に向かう位置ベクトルを $\vec{d}$ とするとき，$\vec{p} = q\vec{d}$ を双極子モーメントという．電気双極子から $\vec{r}$ の位置 P における電位 $\phi(\vec{r})$ を求めよ (図 13.1)．電位の基準は無限遠とする．

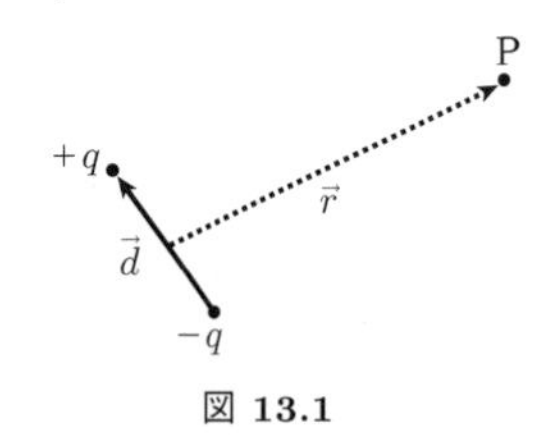


図 13.1

### 13.4 電位とエネルギー

反対符号に帯電した 2 枚の金属板が，20 cm 離して平行におかれている．板の間は真空とする．電場の強さは一様で，$E = 5.0 \times 10^2\ \mathrm{N/C}$ である．

(1) 金属板の間の電位差を求めよ．

(2) 負に帯電した板の内側表面のすぐそばから，電子が初速度 0 で運動しはじめた．正の金属板に到達するときの速度を求めよ．ただし，電子の運動する間において電場の強さは変化しないとする．

### 13.5 電場と電位 I

問 12.4 において，球の中心から距離 $r$ の点での電位 $\phi(r)$ を求めよ．電位の基準は無限遠とする．

### 13.6 球形コンデンサー

問 12.5 において，2 つの導体球殻は球形のコンデンサーとみなせる．外側の球殻を接地 (アース) したとして，次の問に答えよ (図 13.2)．

(1) 球形コンデンサーの電気容量 (キャパシタンス) $C$ を求めよ．

(2) 球殻の中心から距離 $r$ の点での電場の強さを $E(r)$ とする．このとき，単位体積あたりの電場のエネルギーが $\varepsilon_0 \{E(r)\}^2/2$ と表されることを用いて，球形コンデンサーに蓄えられる電場のエネルギーを求めよ．

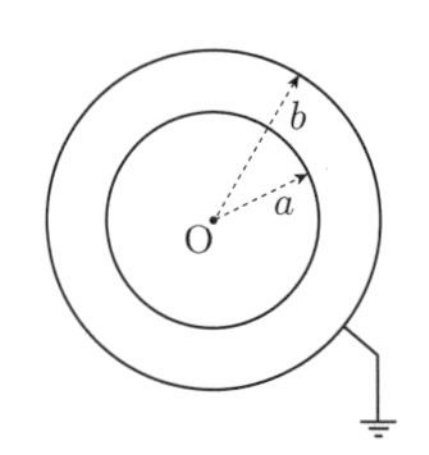


図 13.2

### 13.7 電場と電位 II

図 13.3 のように，互いに絶縁された半径 $r_1$, $r_2$, $r_3$ の 3 個の同心球殻があり，各球殻に $Q_1$, $Q_2$, $Q_3$ を与えた場合の各球殻の電位 $V_1$, $V_2$, $V_3$ を求めよ．電位の基準は無限遠とする．

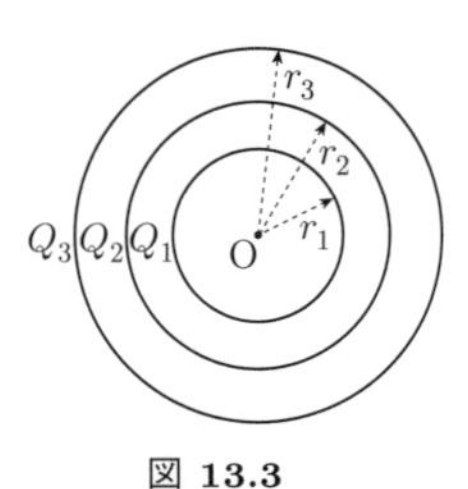


図 13.3

### 13.8 直線状の電荷分布 I

一様な線電荷密度 (単位長さあたりの電荷) $\lambda$ $(\lambda > 0)$ で帯電した 1 本の無限に長い直線が，$z$ 軸上におかれている (図 13.4)．この直線から距離 $r$ 離れた点 P における電場と電位を求めよ．直線から距離 $a$ だけ離れた点を，電位の基準とする．

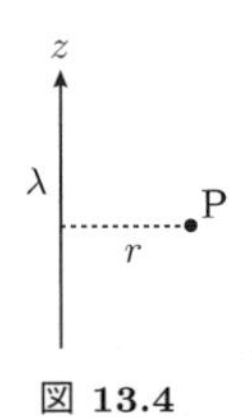


図 13.4

### 13.9 円筒コンデンサー

軸を共有する半径 $R_1$ と半径 $R_2$ $(R_1 < R_2)$ の，2 つの円筒からなるコンデンサーの電気容量を求めよ．円筒の共通の長さ $L$ は，半径に比べて十分長く，端の影響は無視してよい．

### 13.10 コンデンサーの並列接続

$2.2\ \mu\mathrm{F}$ のコンデンサー $\mathrm{C}_1$ に 5 V の電圧をかけて充電した．次に，電気容量が $4.7\ \mu\mathrm{F}$ である別のコンデンサー $\mathrm{C}_2$ に 10 V の電圧をかけて充電した．この 2 つのコンデンサーを並列に (正の極どうし，負の極どうしを) 接続した後，それぞれのコンデンサーに蓄えられている電荷の大きさ，および並列接続したコンデンサーの両端における電位差を求めよ．

### 13.11 平行板コンデンサー I

十分広い面積 $S$ の極板をもつ平行板コンデンサー (極板間距離 $d$) の極板間に，厚さ $t$，誘電率 $\varepsilon$ の誘電体を極板に対して平行に挿入した (図 13.5)．このコンデンサーの電気容量を求めよ．真空の誘電率を $\varepsilon_0$ とする．

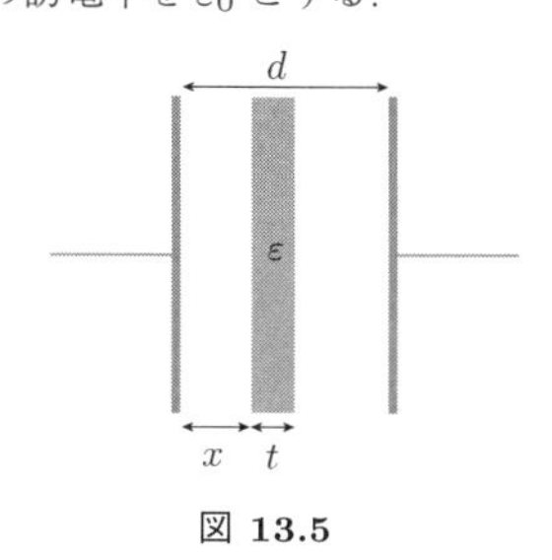


図 13.5

### 13.12 平行板コンデンサー II

図 13.5 において，誘電体の代わりに同じ大きさの導体 (厚さ $t$) を挿入した場合の電気容量を求めよ．

## [B]

### 13.13 直線状の電荷分布 II

一様な線電荷密度 $\pm\lambda$ に帯電した 2 本の無限に長い直線電荷が，間隔 $d$ で平行におかれている ($z$ 軸方向)．正の直線電荷は点 $\mathrm{P}_1$ $(+d/2, 0, 0)$ を，負の直線電荷は点 $\mathrm{P}_2$ $(-d/2, 0, 0)$ をそれぞれ通るとする．$xy$ 平面上の点 $(x, y, 0)$ を P とする．

(1) 点 P での電位 $\phi(x, y, 0)$ を求めよ．ただし，電位の基準は原点とする．

(2) 点 $(x, 0, 0)$ での電位を，$|x| \gg d$ という条件下で求めよ．必要があれば，対数関数に関する近似式

$$\log(1 + z) \approx z \qquad (|z| \ll 1)$$

を用いてよい．

### 13.14 積層コンデンサー

図 13.6 のように，極板面積 $S$ の導体板 $n$ 枚を極板間隔 $d$ で平行に並べた積層コンデンサーの電気容量を求めよ．また，積層することの利点をあげよ．

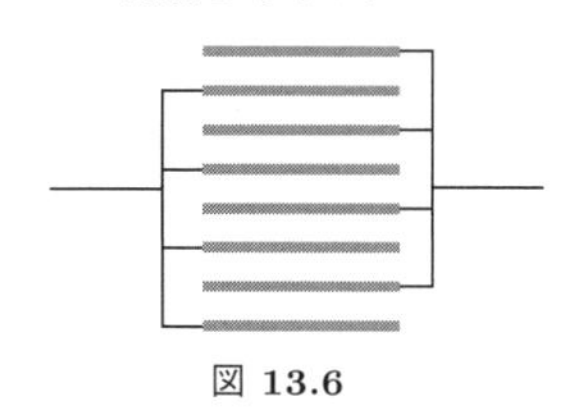

図 13.6

### 13.15 一様電場中の誘電体球

外部電場中に絶縁体 (誘電体) をおくと，絶縁体を構成している個々の原子あるいは分子の中で電荷の位置がずれ，電荷の偏り，すなわち電気双極子が現れる．誘電体内部における，単位体積あたりの双極子モーメントの和 $\vec{P}$ を電気分極という．以下では，真空の誘電率と誘電体の誘電率をそれぞれ $\varepsilon_0$ と $\varepsilon$ とする．$\vec{D} = \varepsilon_0 \vec{E} + \vec{P}$ として与えられる物理量 $\vec{D}$ を電束密度 (電気変位) という．多くの物質では電気分極 $\vec{P}$ と電場 $\vec{E}$ は比例しており，$\vec{D} = \varepsilon \vec{E}$ が成り立つ．

一様な外部電場 $\vec{E_0}$ の中に，半径 $a$，誘電率 $\varepsilon$ $(> \varepsilon_0)$ の誘電体球をおいたとき，球内部に生じる電場 $\vec{E}$ を外部電場 $\vec{E_0}$ を用いて表せ．

### 13.16 不均一電場中の誘電体微粒子

図 13.7 のように，場所によって変化する外部電場中に，電気的に中性な誘電体の微粒子をおく．微粒子の誘電率は周囲の誘電率よりも大きいとする．すると，誘電体である微粒子の表面には分極によって正負の電荷が現れる．このことに注意して，微粒子全体にはどのような力が働くか説明せよ．

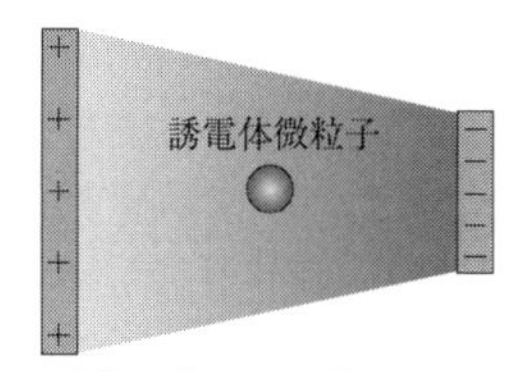


図 13.7

# 14　磁　　場

### [A]

**14.1　棒磁石どうしの力**

図 14.1 のように，長さが 5 cm の細い棒磁石 2 本を 1 cm 離して一直線上においたとき，棒磁石が互いに引き合う力の大きさ $F$ [N] を求めよ．どの磁極も点磁極として扱ってよく，磁極の強さの絶対値は $1 \times 10^{-4}$ Wb とする．

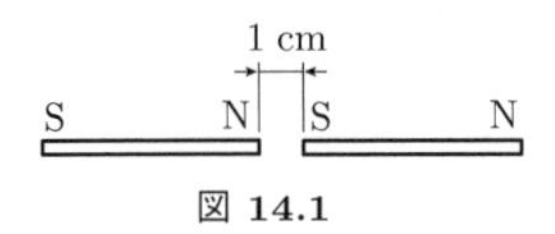


図 14.1

**14.2　磁束密度と磁極の強さと力の関係**

真空中で 1 T の磁場中にある 1 Wb の磁極に作用する力の大きさ $F$ [N] を求めよ．

**14.3　コイルの N 極と S 極**

図 14.2 のように電磁石に電流を流すとき，図の A は N 極，S 極のいずれになるか．

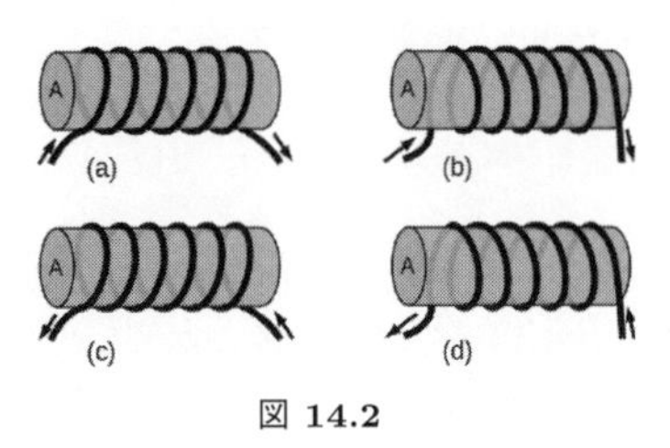


図 14.2

**14.4　直線電流とビオ－サバールの法則**

$x$ 軸上にある無限に長い直線導線に電流 $I$ が流れている．導線から距離 $r$ 離れた位置につくられる磁場 $\vec{B}$ をビオ－サバールの法則を使って求めよ．

**14.5　円電流とビオ－サバールの法則**

半径 $a$ の円形導線に電流 $I$ が流れている．円の中心を通って円に垂直な軸を $z$ 軸とし，円形導線は $z = 0$ の面内にあるとする．$z$ 軸上の磁場 $\vec{B}$ をビオ－サバールの法則を使って求めよ．

**14.6　ソレノイドコイルとビオ－サバールの法則**

電流 $I$ が流れている半径 $a$，単位長さあたりの巻き数 $n$ の無限に長い中空ソレノイドコイルの中心軸上の磁場 $\vec{B}$ をビオ－サバールの法則を使って求めよ．ソレノイドコイルは十分に細い円形導線が密に積み重なってできていると考えてよい．

**14.7　半円電流と直線電流の磁場**

図 14.3 のように，半径 $a$ の半円部分をもつ無限に長い導線に電流 $I$ が流れている．半円の中心での磁場 $\vec{B}$ を求めよ．

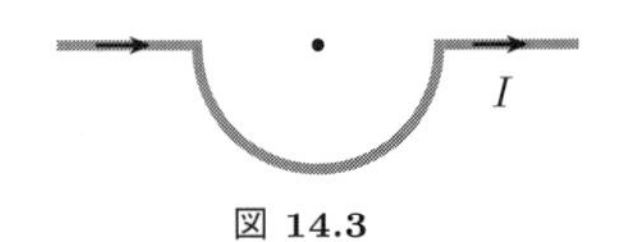


図 14.3

**14.8　永久磁石と同じ磁場をコイルでつくるには**

直径 1 cm，厚さ 1 mm の厚さ方向に着磁された円板型の市販のネオジム磁石の中心表面磁束密度は 120 mT 程度である．直径 1 cm の 1 巻円形コイルで，その中心の磁束密度が 120 mT の磁場をつくるためには，どれだけの電流 $I$ [A] を流す必要があるか．

**14.9　ローレンツ力と作用反作用の法則**

図 14.4 のように，距離 $a$ だけ離して互いに平行に配置された無限に長い 2 本の導線 A，B に，それぞれ大きさ $I_{\mathrm{A}}$，$I_{\mathrm{B}}$ の電流を同じ方向に流す．それぞれの導線が単位長さあたりに受けるローレンツ力 $\vec{f}_{\mathrm{AB}}$，$\vec{f}_{\mathrm{BA}}$ を求めよ．導線 A が導線 B によってつくられる磁場から受ける単位長さあたりのローレンツ力を $\vec{f}_{\mathrm{AB}}$，導線 B が導線 A によってつくられる磁場から受ける単位長さあたりのローレンツ力を $\vec{f}_{\mathrm{BA}}$ とする．

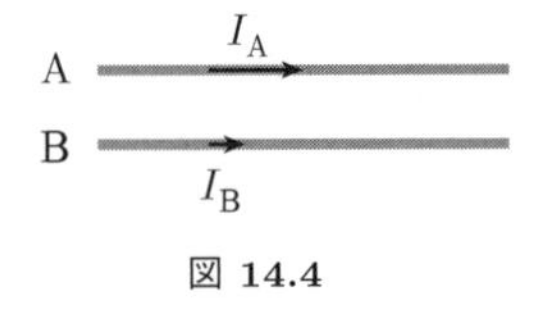


図 14.4

### [B]

**14.10　ローレンツ力の合力**

図 14.5 のように，十分に長い直線導線に一定電流 $I_{\mathrm{L}}$ を，1 辺の長さが $a$ の正方形の 1 巻コイルに一定電流 $I_{\mathrm{S}}$ を流す．直線導線と正方形コイルは同一面内に配置されている．直線導線，正方形コイルが受けるローレンツ力の合力 $\vec{F}_{\text{直線}}$，$\vec{F}_{\text{正方}}$ を求めよ．

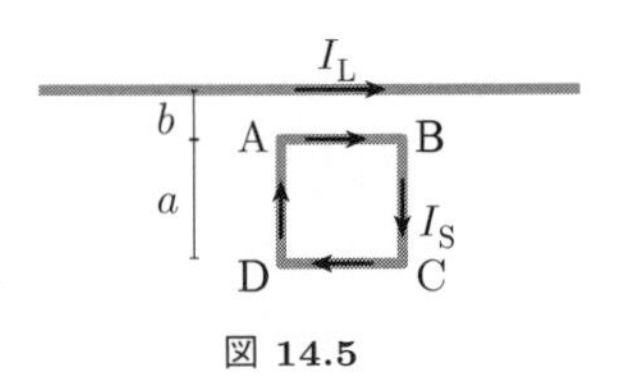


図 14.5

**14.11　磁石の受ける力が強くなるところ**

図 14.6 のように，半径 $a$ の円電流の中心軸 ($z$ 軸) 上に小さな棒磁石を N 極を $z$ 軸の正方向に向けておく．磁石は十分に小さく，磁極を点磁極としてみなしてよく，磁石の長さ $d$ は円電流の半径 $a$ に比べて十分小さいとする．

(1)　円電流がつくる磁場から棒磁石が受ける力の合力 $\vec{F}$ を求めよ．

(2)　磁石に働く力の合力が最も強くなる $z$ 座標を求めよ．

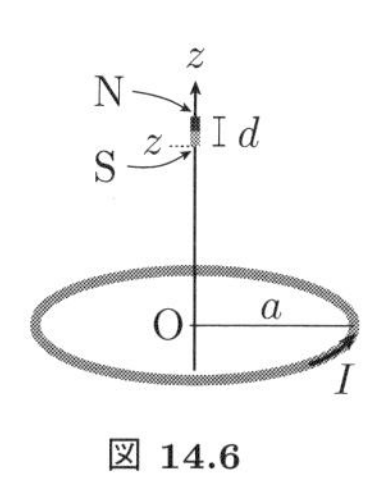


図 14.6

### 14.12 比電荷

(1) 磁束密度 $B$ で $z$ 軸の正方向を向いた一様磁場 $(B_x, B_y, B_z) = (0, 0, B)$ 中に，質量 $m$，電気量 $q$ の荷電粒子を初速度 $(v_x, v_y, v_z) = (v, 0, 0)$ で入射させると，荷電粒子は円運動をする．円運動の半径 $r$ を $q, m, v, B$ で表せ．

(2) 質量 $m$，電気量 $q$ の電荷粒子を電位差 $V$ で加速し，運動エネルギー $K = qV$ で (1) と同様に磁場中に入射させる．円運動の半径 $r$ を $q, m, B, V$ で表せ．

### 14.13 簡易モータ

図 14.7 のように，乾電池のマイナス極にネオジム磁石を N 極を電池側にして付け，太い導線をつなぐ．導線は電池のプラス極を支点にして自由に回転できる．導線のマイナス極側は磁石の側面に触れながら滑るようになっている．ネオジム磁石の表面はアルミメッキされているので電流が流れる．導線は図の (A), (B) どちらの向きに回転するか．

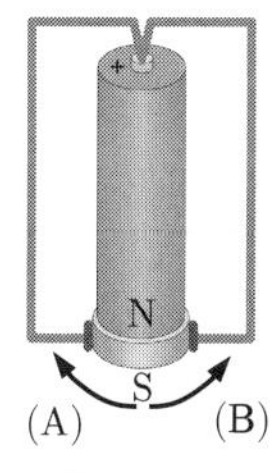


図 14.7

### 14.14 ヘルムホルツコイル

図 14.8 のように，2 つの半径 $a$ の 1 回巻コイルが，それぞれの中心が $x = -b/2$ と $b/2$ となるように，$x$ 軸に垂直に配置されている．これらのコイルに同方向に同じ大きさの電流 $I$ を流す．中心軸上の磁場を $x$ のマクローリン級数で表し，$x^2$ の項の係数が 0 となる $b$ を求めよ．また，このときの，中心軸上 $x = 0$ 付近の磁場を求めよ．

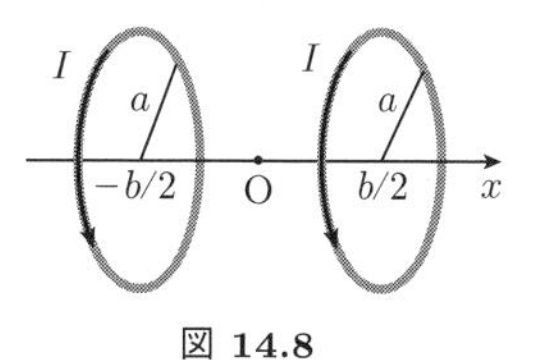


図 14.8

### 14.15 マクスウェルコイル

図 14.9 のように，2 つの半径 $a$ の 1 回巻コイルが，それぞれの中心が $x = -b/2$ と $b/2$ となるように，$x$ 軸に垂直に配置されている．これらのコイルに互いに反対方向に同じ大きさの電流 $I$ を流す．

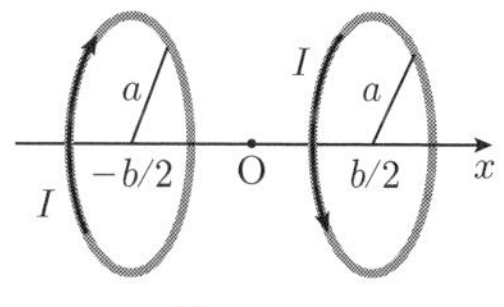


図 14.9

$b = \sqrt{3}a$ とすると，中心軸上の磁場を $x$ のマクローリン級数で表したとき，$x^0$, $x^2$, $x^3$ の項の係数が 0 となることを示せ．また，このとき，中心軸上 $x = 0$ 付近の磁場は

$$B(x) \approx \frac{48}{49}\sqrt{\frac{3}{7}}\frac{\mu_0 I}{a}\frac{x}{a}$$

と表せることを示せ．

# 15 電流磁場と電磁誘導

［A］

### 15.1 直線電流とアンペールの法則

図 15.1 のように，電流 $I$ が流れている無限に長い導線のまわりにつくられる磁場 $\vec{B}$ を，アンペールの法則を使って求めよ．

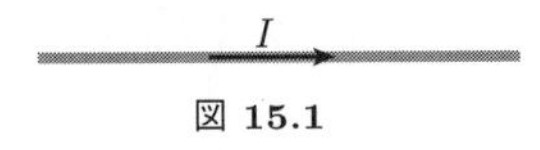


図 15.1

### 15.2 ループ電流と直線電流の磁場

図 15.2 のように，十分に長い直線導線の途中が半径 $a$ の輪になっている．この導線に電流 $I$ を流す．輪の中心での磁場 $\vec{B}$ を求めよ．

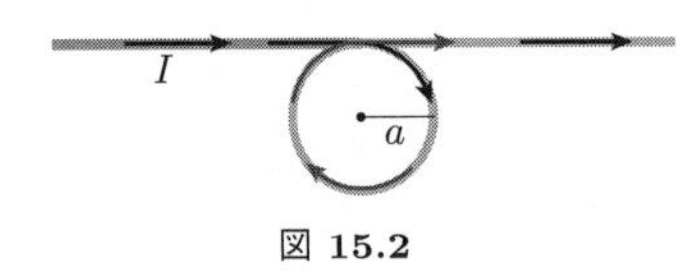


図 15.2

### 15.3 ヘアピンカーブした電流の磁場

図 15.3 のように，十分に長い平行導線の端が半径 $a$ の半円導線で閉じられた導線に電流 $I$ を流す．半円の中心 O での磁場 $\vec{B}$ を求めよ．

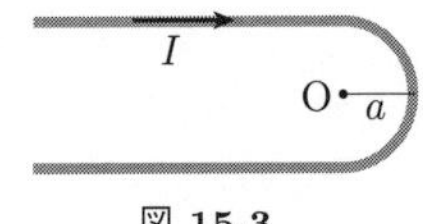


図 15.3

### 15.4 一様電流が流れている直線導線の内外の磁場

図 15.4 のように，無限に長い円柱導線の長さ方向に一様に電流を流す．導線の半径を $a$，電流量を $I$ として，導線の内外の磁場 $\vec{B}$ を求め，磁場の大きさを中心軸からの距離 $r$ の関数として表せ．

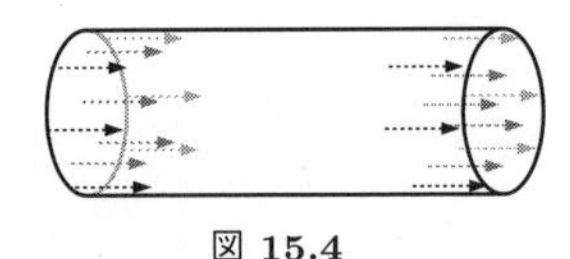

図 15.4

### 15.5 同軸ケーブルの内外の磁場

図 15.5 のように，無限に長い円筒導線と，円筒導線の中心軸上の無限に長い導線からなる同軸ケーブルがある．中心の導線と円筒導線に互いに反対方向に一様に同じ大きさの電流 $I$ を流す．円筒導線の半径を $a$ とする．同軸ケーブルの内外の磁場 $\vec{B}$ を求め，磁場の大きさを中心軸からの距離 $r$ の関数として表せ．

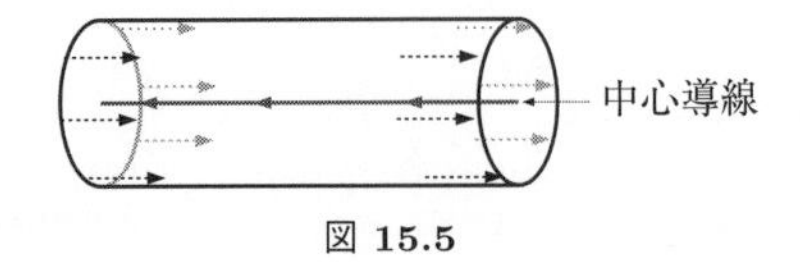


図 15.5

### 15.6 長いソレノイドコイルの磁場

単位長さあたり巻数が $n$，半径 $R$ の無限に長い中空ソレノイドコイルに電流 $I$ を流す．アンペールの法則を用い，ソレノイドコイルの内部および外部の磁場 $\vec{B}$ を求めよ．ソレノイドコイルは十分に細い円形導線が密に積み重なってできていると考えてよい．

### 15.7 円形コイルをくぐる棒磁石による起電力

図 15.6 のように，棒磁石を一定の速度で円形コイル内を通過させる．コイルに流れる電流量の変化はどのようになるか．電流量を時刻の関数としてグラフの概略を描け．図の(コイルに沿った) 矢印の方向の電流を正とする．

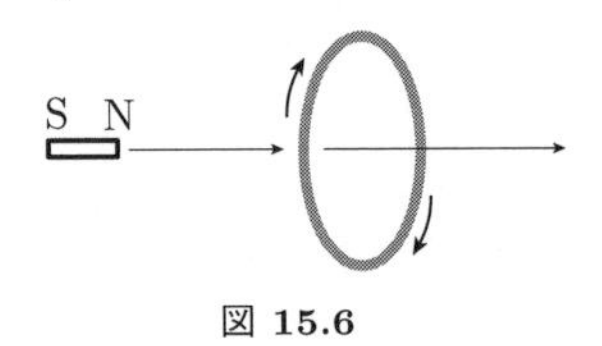


図 15.6

### 15.8 仕事の収支

図 15.7 のように，水平面内に互いに $d$ だけ離して平行におかれた 2 本の導体レールがある．導体レールの左端で抵抗値 $R$ の抵抗で 2 つのレールがつながれている．導体レールの上に導体棒をおき一定の速度 $\vec{v}$ で右方向へ移動させる．レール，抵抗，導体棒でできた回路は同一平面内にあって，一様磁場 $\vec{B}$ がその平面と垂直にかけられている．この回路に流れる電流 $I$，導体棒を移動させるのに必要な力 $\vec{F}$，抵抗で消費される電力 $W_{\mathrm{R}}$，導体棒を移動させるのに必要な力の仕事率 $W_{\mathrm{F}}$ を求めよ．回路に流れる電流がつくる磁場の効果は無視してよいとする．

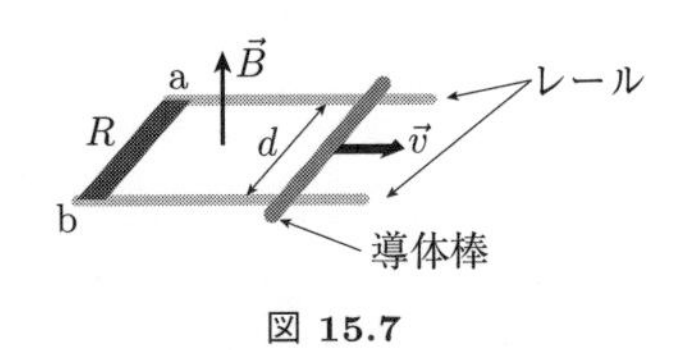


図 15.7

### 15.9 交流発電機の原理

図 15.8 のように，一様磁場 $\vec{B}$ 中で，1 辺の長さが $a$ の正方形 1 巻コイルを，その 1 辺を軸として角速度 $\omega$ で回転させる．回転軸は磁場と垂直とする．この回路に生じる起電力を時間の関数として表せ．

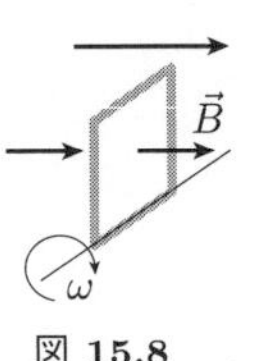


図 15.8

### 15.10　単極誘導

図 15.9 のように，一様磁場 $\vec{B}$ 中で，半径 $a$ の金属円板をその中心のまわりに磁場と垂直な面内で角速度 $\omega$ で回転させる．ローレンツ力によって，円板の中心と円周の間に生じる電位差 $V$ を求めよ．

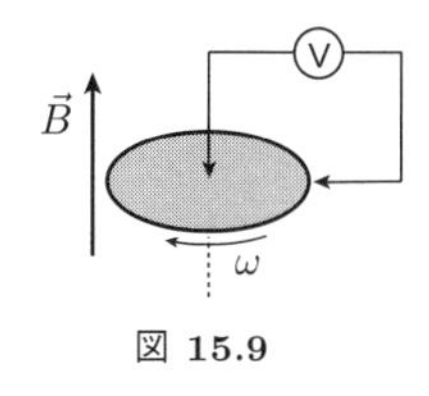

図 15.9

### 15.11　長いソレノイドコイルとの相互インダクタンス

図 15.10 のように，単位長さあたりの巻き数 $n$，半径 $a$ の無限に長いソレノイドコイルと，そのまわりを 1 周囲む閉じた導線がある．ソレノイドコイルと導線の相互インダクタンス $L$ を求めよ．

図 15.10

［**B**］

### 15.12　一様でない磁場による起電力

図 15.11 のように，十分に長い直線導線に一定の電流 $I_{\mathrm{L}}$ が流れている．1 辺の長さが $a$ の正方形の 1 巻コイルを速度 $\vec{v}$ で図のように動かす．直線導線と正方形の 1 巻コイルは同一平面にある．コイルに生じる起電力を求めよ．

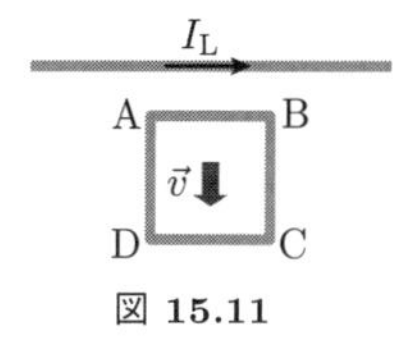

図 15.11

### 15.13　直線導線とコイルの相互インダクタンス

図 15.12 のように，十分に長い直線導線と正方形の 1 巻コイルが同一平面内に配置されている．相互インダクタンス $L$ を求めよ．

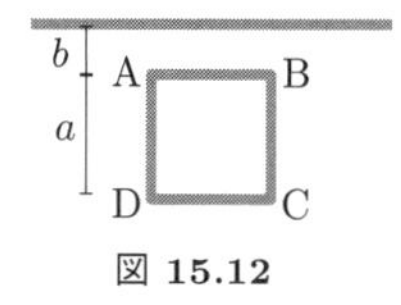

図 15.12

### 15.14　平面電流の磁場

図 15.13 のように，$xy$ 平面内に十分に広い金属板があり，それに $y$ 軸正方向へ一様電流が流れている．電流の大きさは $x$ 軸方向の単位長さあたり $\sigma$ とする．金属板のまわりの磁場 $\vec{B}$ を求めよ．

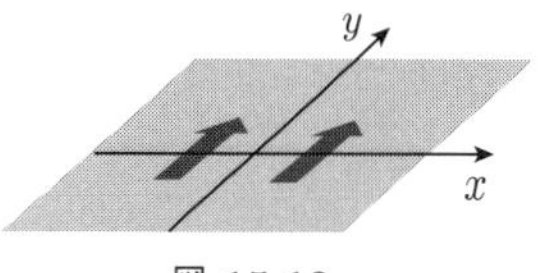

図 15.13

### 15.15　ソレノイドコイルの自己インダクタンス

単位長さあたりの巻数が $n$，半径が $R$ のソレノイドコイルの単位長さあたりの自己インダクタンス $L$ を求めよ．ソレノイドの長さはソレノイドの半径 $a$ に比べて十分に長いとする．また，電流 $I$ が流れているとき，コイルの単位長さあたりに蓄えられている磁場のエネルギー $U$ を，コイル内部の磁場を使って表せ．

### 15.16　トロイダルコイルの磁場

図 15.14 のようなトロイダルコイルの内外の磁場 $\vec{B}$ を求めよ．導線はドーナツリング状に全体に一様緻密に $N$ 回巻かれており，導線に電流 $I$ を流す．ドーナツリング内は真空とする．

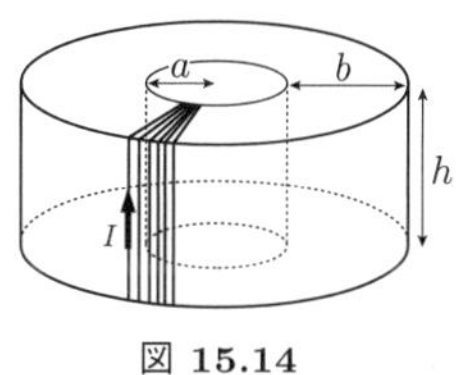

図 15.14

### 15.17　トロイダルコイルの自己インダクタンス

図 15.15 のようなトロイダルコイルの自己インダクタンスを求めよ．導線はドーナツリング状に一様緻密に $N$ 回巻かれているとする．ドーナツリング内は真空とする．

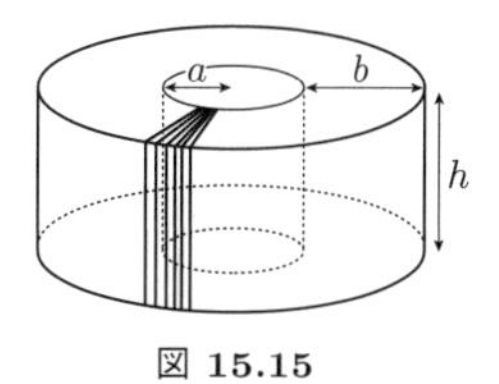

図 15.15

### 15.18　どちらがプラスでどちらがマイナス？

図 15.16 のように，円で囲まれた領域を貫く磁場 $\vec{B}$ が存在する．この領域を囲んで抵抗値が $r$ の 2 つの抵抗を含む閉じた回路をつくり，2 つの電圧計 L, R をつなぐ．磁場が紙面表向きに増加している間，2 つの電圧計の指針はプラス側，マイナス側のどちらに振れるか．2 つの電圧計は，どちらも，点 a とプラス端子，点 d とマイナス端子をつないでいるので，同じ指示になりそうだがそうはならない．キルヒホッフの法則と電磁誘導の法則を用いて議論せよ．電圧計の指示が $V$ [V] のとき，電圧計のプラス端子からマイナス端子に至る電圧計内部の回路に沿った電圧降下も $V$ [V] である．電圧計の内部抵抗は十分に大きいとして考えよ．

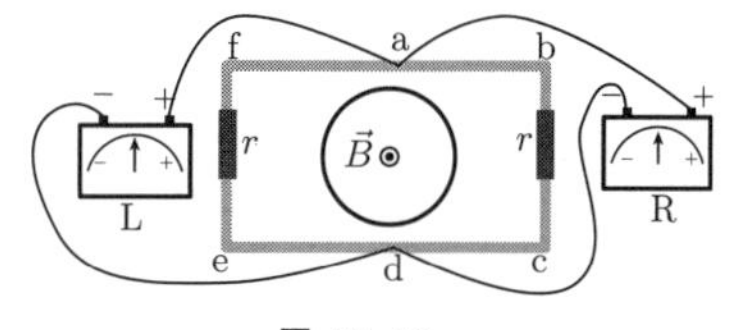

図 15.16

# 16 電流回路

［A］

### 16.1 抵抗の合成

(1) 2つの抵抗 $R_1$, $R_2$ を直列に接続した場合の合成抵抗を，キルヒホッフの法則第1 (電流則) および第2 (電圧則) を用いて求めよ．

(2) 同様にして，並列接続の場合について求めよ．

### 16.2 直流電流の測定

(1) 図16.1のように，永久磁石の磁極の間にコイルを配置して，そのコイルに直流電流を供給すると，どのような現象が発生するか．

(2) この現象を利用して，直流電流計を構成するには，この他にどのような部品を組み込めばよいか．このとき，直流電流をどのような物理量に変換しているか．

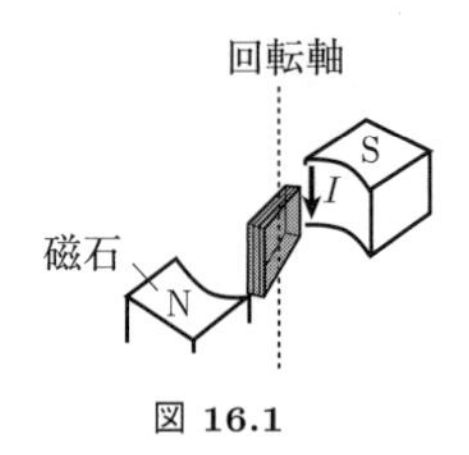


図 16.1

### 16.3 アナログテスターによる電流測定

1 mA 流れるとフルスケールを表示するようにつくられた電流計 (検流部抵抗 45 Ω) で最大で 10 mA を測定できるようにしたい．どのような工夫をすればよいか．

### 16.4 アナログテスターによる電圧測定

1 mA 流れるとフルスケールを表示する電流計を利用して，直流電圧を計りたい．

(1) この直流電流計自身の抵抗が50 Ω の場合，どのような電圧を計ると，表示がフルケールになるか．

(2) この直流電流計 (内部抵抗 50 Ω) の他に複数の抵抗を用いて，最大で 1 V，3 V，10 V，30 V の電圧をそれぞれ計れるようにしたい．どのような工夫をすればよいか．

### 16.5 直流電圧測定にともなう誤差

問16.4のように構成したテスターの 10 V レンジを用いて，図16.2の回路中の抵抗 a の電圧を計測したい．

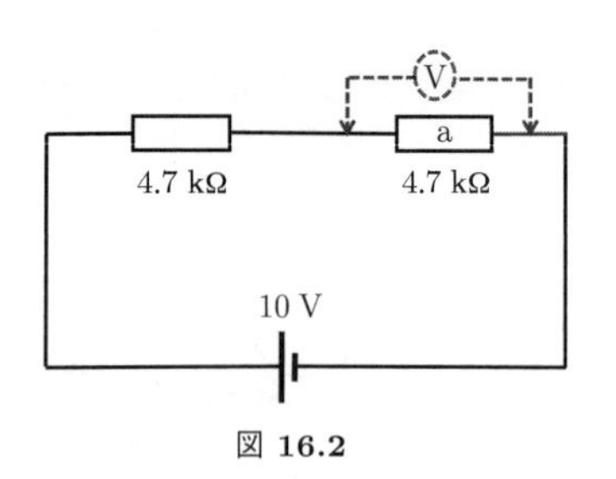


図 16.2

(1) テスターを接続しない場合の電位差を求めよ．

(2) テスターを接続したとき，表示される電圧値を求めよ．

(3) 内部抵抗 20 kΩ のテスターを用いて (2) の電圧測定するとき，何% の測定誤差が生じるか．

### 16.6 アナログテスターによる抵抗測定

内部抵抗 $r$ の直流電流計とテスター内部の定電圧源 $V$ を利用すると，抵抗測定が可能である．

(1) テスターのプローブどうしを短絡するとき，テスターの表示はフルスケールであり，これが 0 Ω に対応する．テスター内部に流れる電流を求めよ．ただし，プローブ自身の抵抗は無視できるものとする．

(2) 未知抵抗 $R_\mathrm{x}$ の両端にプローブを接続するとき，回路に流れる電流値を求めよ．

(3) テスターに抵抗値を表示させるには，どのような工夫が必要か．

(4) 抵抗測定は被測定試料に電流を供給することが必須であるので，耐電流以上の電流を供給しないように注意しなければならない．どのような工夫をすればよいか．

### 16.7 回路方程式

図16.3のように，各抵抗に流れる電流を未知量として (電流の正の向きは，暫定的に図のように指定する)，互いに独立な方程式を書き下し，行列を用いて解くことによって，各電流の表式を示せ．

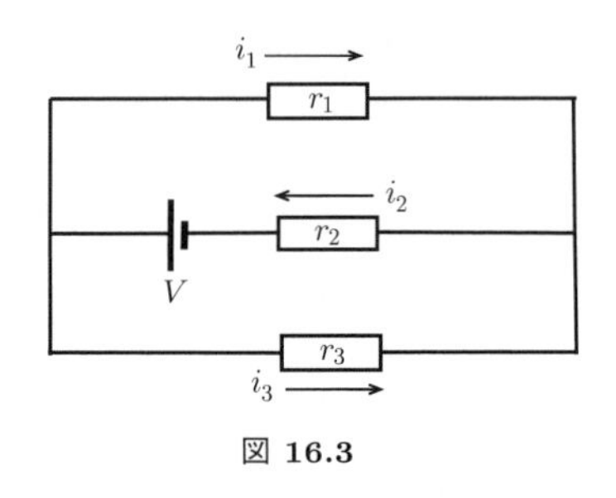


図 16.3

### 16.8 ホイートストンブリッジによる抵抗の精密測定

図16.4(a) に示す回路において，対角線方向に検流計を挿入したものがホイートストンブリッジであり，抵抗の精密測定に用いられる．

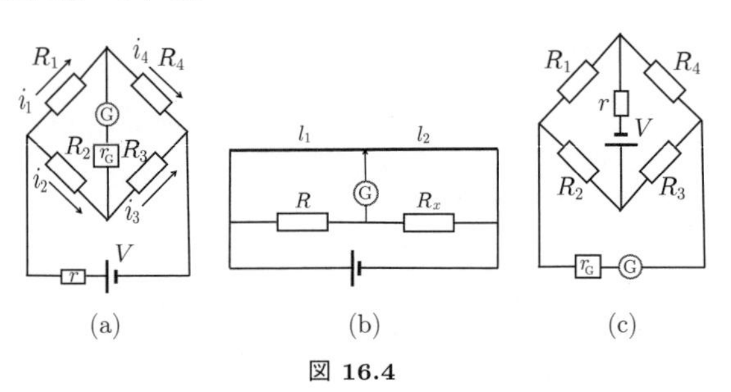


図 16.4

(1) 検流計Gの内部抵抗が$r_G$，電源Vの内部抵抗が$r$である．検流計に流れる電流値の表式を求めよ．

(2) 検流計Gに流れる電流が0になる条件を示せ．

(3) 図(b)のように，材質と太さが均一な導体(すべり線)を用いたホイートストンブリッジがある．検流計が0を示すときの，すべり線の分岐点がそれぞれ両端から$l_1, l_2$の長さであるとき，未知抵抗$R_x$の表式を求めよ．

(4) 図(c)のように，検流計G(内部抵抗$r_G$)と電源V(内部抵抗$r$)の位置を入れ替える．このときの検流計に流れる電流の表式を求めよ．

(5) 抵抗のわずかな変化に対して検流計の針の振れが大きいほど，抵抗を精度よく測定できる．問(1)と問(4)のどちらの感度がよいか，条件を設定して考察せよ．

### 16.9 直流電位差計(ポテンショメータ)による電圧計測

図16.5のようなポテンショメータを用いると，被測定対象($V_x$)に電流を流すことなく，電圧を測定できる．

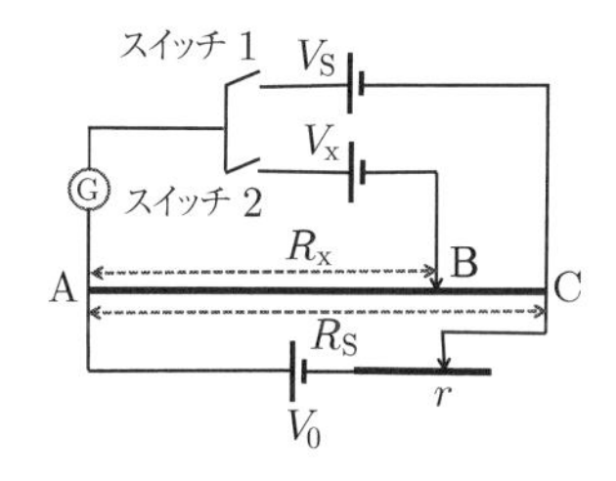


図 16.5

(1) スイッチを1にして，電源$V_0$に離接の抵抗$r$を調整して，検流計に電流を流さないようにする．このときのAC間電流値を求めよ．

(2) $r$をそのままにした状態で，スイッチを2にして，点Bの位置によって$R_x$値を調整して，検流計に電流が流れないようにする．このときのAC間電流値を求めよ．

(3) 未知電圧値$V_x$を求めよ．

### 16.10 ポテンショメータによる電流および抵抗の精密測定

(1) 既知の抵抗を用いて，電流測定をするには，ポテンショメータ中$V_x$の代わりにどのような回路を構成し，どのような実験を行えばよいか．

(2) 既知抵抗と適当な電池(正確な起電力は不明)を用いて未知抵抗を測定するには，ポテンショメータ中$V_x$の代わりにどのような回路を構成し，どのような実験を行えばよいか．

## [B]

### 16.11 ダブルブリッジによる低抵抗測定

測定機器の端子に金属線を締め付けて接続しても，接続部に0.01 Ω程度の接触抵抗が発生する．このため，ホイートストンブリッジを用いても1 Ω以下の電気抵抗を正確に測定するのは困難である．そこで使用されるのがダブルブリッジ(図16.6)である．

(1) 図中$R_L$が端子の接触抵抗に対応する．検流計に流れる電流を0にするには，$R_x$のはどのような条件が必要か．

(2) 接触抵抗$R_L$の値を知らなくても，$R_x$を測定するにはどうすればよいか．

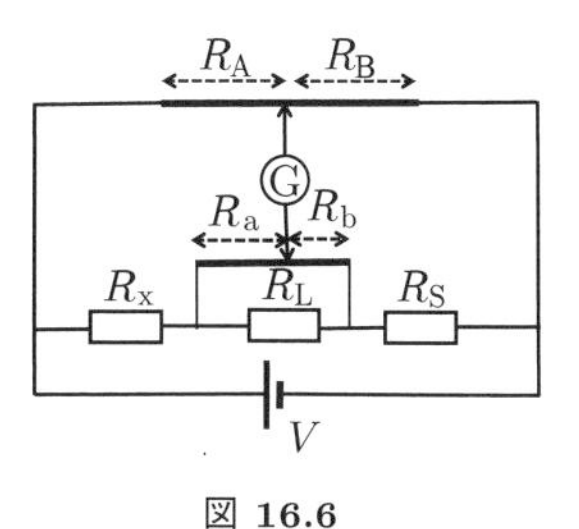


図 16.6

### 16.12 分圧器を組み込んだポテンショメータによる高電圧測定

図16.7のようなポテンショメータの標準電池の起電力$V_S$は通常1 V程度であり，しかも，$R_x$と$R_S$の比はそう大きくできないので，多くの電位差計で直接測定できるのは高々2 Vである．より高い電圧を測定するには，分圧器$R_1$と$R_2$を図のように組み込んで，被測定電圧を測定可能な電圧に分圧してから測定する．$R$は被測定対象の内部抵抗である．

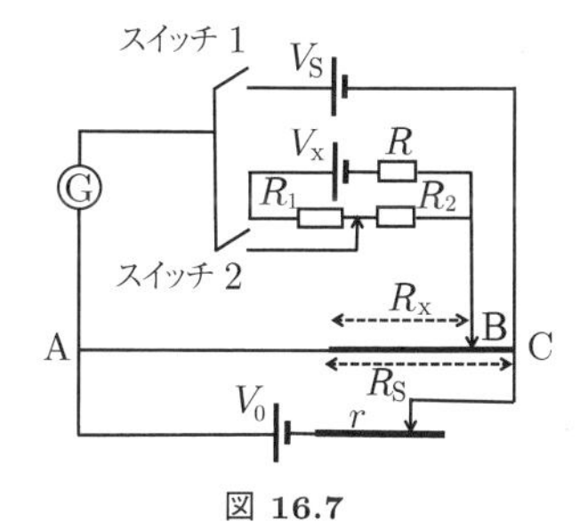


図 16.7

(1) スイッチ1および2ともにオフのとき，分圧器に流れる電流値を求めよ．ただし，$V_x$を用いてよい．

(2) スイッチを1にして抵抗$r$を調節して，検流計に電流を流さないようにしたうえで，次にスイッチを2にして，抵抗$R_x$を調節して，検流計に電流を流さないようにする．このときの未知電圧値$V_x$を求めよ．

### 16.13 互いに独立な回路方程式

図16.8のように，6個の抵抗から回路を構成するとき，以下の問に答えよ．

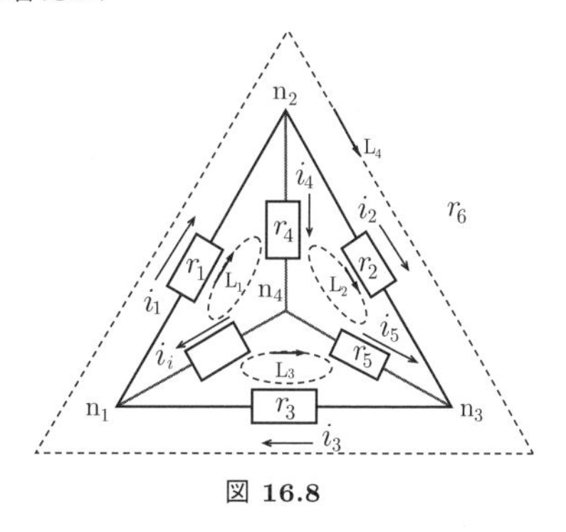


図 16.8

(1) 各抵抗に流れる電流の正の向きを図のようにとるとき，各節点$n_1$, $n_2$, $n_3$, $n_4$において成立する方程式を示せ．

(2) 問 (1) の結果から独立な方程式だけを残せ．

(3) 4 つの閉回路 $L_1, L_2, L_3, L_4$ に注目する．問 (1) で指定した電流の向きに沿った電位降下を $v_1$, $v_2$, $v_3$, $v_4$, $v_5$, $v_6$ とするとき，これらに対する方程式を示せ．

(4) 問 (3) の結果から独立な方程式だけを残せ．

(5) 電流に関する方程式を，行列を用いて表現せよ．

(6) 問 (5) で求めた係数行列について，その行列式を計算し，それが 0 になるかどうか判定せよ．

(7) 問 (6) の判定を行列式の計算に基づかないで行え．

### 16.14 問題 16.13 の回路に電源を加える

問 16.13 における回路ですべての抵抗が等しく，それを $r$ とする．また，電源 $V$ を節点 $n_1$ と $n_2$ の間に挿入する (図 16.9).

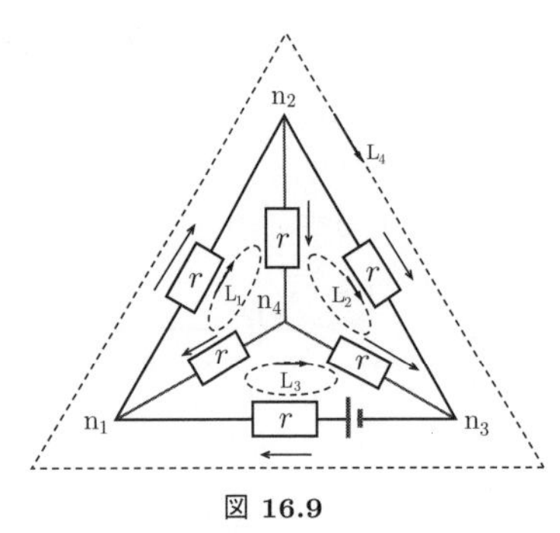


図 16.9

(1) 各抵抗に流れる電流値を計算せよ．

(2) 回路全体の消費電力値を求めよ．

### 16.15 円形状平板導体の電気抵抗

図 16.10 のように，半径 $L$，厚さ $D$ で空間的に一様な円形導電性材料 (比抵抗 $\rho$) の円中心 0 に正極，円周部に負極があって，電流 $I$ を中心から円周部に向かって放射状に流す．

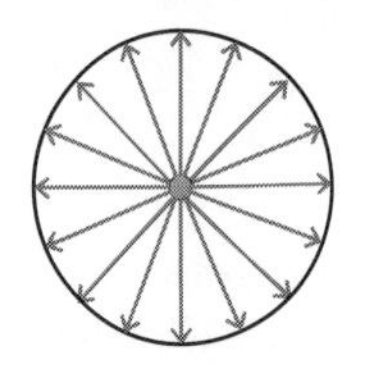

図 16.10

(1) 点 O から距離 $r$ での電流密度 $j(r)$ を求めよ．

(2) 点 O から距離 $r$ での電場 $E(r)$ を求めよ．

(3) 中心の電極と導体の縁との電位差 $V$ を求めよ．円中心の電極の半径を $\varepsilon$ とする．

(4) 中心の電極と導体の縁までの抵抗値を求めよ．

### 16.16 4 端子法による半無限平板状導体の比抵抗測定

正確な抵抗測定は，各種ブリッジやポテンショメータによって遂行できるが，物質定数である比抵抗測定には，以下の一般的性質を利用することができる (ファン・デル・パウ法).

図 16.11 のように，$xy$ 平面の半分 ($y > 0$) を導体が占有している．導体の厚さ $d$ は一様であり，比抵抗も場所によらず一定値 $\rho$ とする．$x$ 軸上 ($y = 0$) に 4 つの電極 P (座標 $x = 0$, $y = 0$), Q (座標 $x = a$, $y = 0$), R (座標 $x = a + b$, $y = 0$), S (座標 $x = a + b + c$, $y = 0$) が，それぞれ，$a$, $b$, $c$ という間隔でつけられている．電極はすべて半径 $\varepsilon$ の円筒形である．

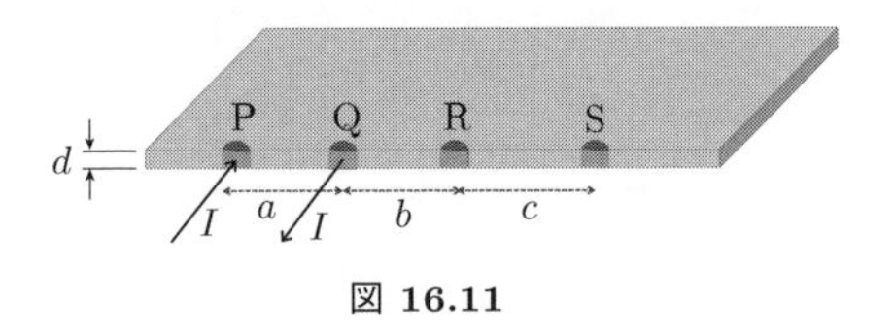


図 16.11

(1) 点 P から注入された電流 $I$ が導体中を流れて，点 Q から外部に流出するとき，2 点 R と S 間の電位差 $V_S - V_R$ を求めよ．問題 16.15 の結果を利用してよい．

(2) 点 Q から注入された電流 $I$ が導体に向かって発散し，点 R に流れ込んで外部に流出するとき，2 点 S と P 間の電位差 $V_P - V_S$ を求めよ．問 16.15 の結果を利用してよい．

(3) $R_{PQ,RS} = (V_S - V_R)/I$, $R_{QR,SP} = (V_P - V_S)/I$, 試料の厚さ $D$，比抵抗 $\rho$ の 4 つの量間に成立する恒等式 (1 つ) を導出せよ．この式には，電極間距離が一切含まれないはずである．すなわち，任意の $a, b, c$ について成り立つという特徴をもつ．

(4) 問 (3) の結果は何を意味するか．

# 17 準定常電流と交流回路

［A］

### 17.1 交流電圧と交流電流の位相の違いのベクトル表示

ある電気回路中の交流電圧 $V$ と交流電流 $I$ が同一の角周波数 $\omega$ で振動していても，位相は同じとは限らないので，一般に

$$V = a\sin\omega t + b\cos\omega t,$$

$$I = c\sin\omega t + d\cos\omega t$$

で示せる．

(1) 位相の違いをベクトルによって視覚化する方法について書かれた以下の文を読み，(ア)～(ク) ではカッコ内のどちらか適切な方を選べ．

便宜上，$\cos\omega$, $\sin\omega$, 1 という 3 つの要素によって，ベクトル $\vec{r} = (\cos\omega t, \sin\omega t, 1)$ を構成する．$\vec{r}$ は，ベクトル $(0, 0, 1)$ を軸として，時間 $t$ の経過とともに角周波数 $\omega$ で［(ア) 時計回り，反時計回り］に回転する．このように定義した $\vec{r}$ を用いると，$V$ は，ベクトル $\vec{v}_0 = (b, a, 0)$ と $\vec{r}$ との［(イ) 内積，外積］によって表現できる．したがって，$V = \vec{r}\cdot\vec{v}_0$．$I$ についても同様で $I = \vec{r}\cdot\vec{i}_0$．ここで，［(ウ) $\vec{i}_0 = (d, c, 0)$，$\vec{i}_0 = (c, d, 0)$］である．内積はベクトルどうしの相対角で決まるので，回転する $\vec{r}$ を止めた場合は，代わりにベクトル $\vec{v}_0$ と $\vec{i}_0$ が［(エ) 時計回り，反時計回り］に角周波数 $\omega$ で回転するとして考えてよいことがわかる．したがって，$V$ と $I$ の位相が異なるときは，ベクトル $\vec{v}_0$ と $\vec{i}_0$ の向きがずれたまま回転する．このときのベクトル $\vec{v}_0$ と $\vec{i}_0$ の相対角 $\theta$ が，位相差である．$I$ が $V$ に比べて位相が遅れている場合は，外積 $\vec{i}_0 \times \vec{v}_0$ の向きが，［(オ) $(0, 0, 1)$，$(0, 0, -1)$］であり，位相差 $\theta$ の符号は［(カ) 正，負］である．一方，$I$ が $V$ に比べて位相が進んでいる場合は，外積 $\vec{i}_0 \times \vec{v}_0$ の向きが，［(キ) $(0, 0, 1)$，$(0, 0, -1)$］であり，位相差 $\theta$ の符号は［(ク) 正，負］である．

(2) 位相差 $\theta$ の余弦 $(\cos\theta)$，正弦 $(\sin\theta)$，正接 $(\tan\theta)$ をそれぞれ求めよ．

### 17.2 LCR 直列回路のインピーダンス (複素数を用いない計算)

図 17.1 のような LCR 直列回路における，定常状態下での交流起電力 $\phi_{\mathrm{emf}}$ と交流電流との比を計算する．その比は，直流回路における抵抗に対応し，交流回路の場合はインピーダンスという．その計算を，ここでは複素数を用いずに行う．

(1) 任意の時刻で成立する回路方程式を示せ．

(2) 交流 (角周波数 $\omega$) なので，定常状態ではキャパシターに蓄積される電荷 $Q$ は

$$Q = a\sin\omega t + b\cos\omega t$$

と表せる．$\phi_{\mathrm{emf}}$ も同様に $\cos\omega t$ と $\sin\omega t$ の重ね合わせ

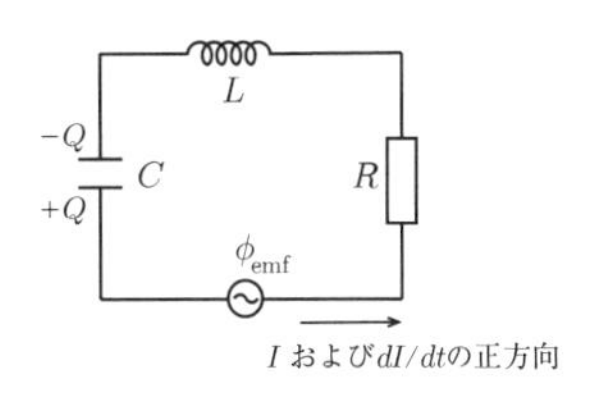


図 17.1

で表現できる．そのときの係数を $a$, $b$, $L$, $C$, $R$ を使って表せ．

(3) 問 17.1 で導入したベクトル $\vec{r}$ を用いると，キャパシター上の電荷 $Q$ は，ベクトル $\vec{r}$ とベクトル $\vec{Q} = (b, a, 0)$ との内積 (スカラー積) である．それでは，$\phi_{\mathrm{emf}}$ は，$\vec{r}$ とどのようなベクトル $\vec{\phi}_{\mathrm{emf}}$ との内積であるか．同様に，電流は，$\vec{r}$ とどのようなベクトル $\vec{I}$ との内積であるか．

(4) ベクトル $\vec{\phi}_{\mathrm{emf}}$ の大きさは，時間軸でみた電圧変化の振幅である．ベクトル $\vec{I}$ の大きさも同様である．これら振幅の比を求めよ．これをインピーダンスという．

(5) ベクトル $\vec{\phi}_{\mathrm{emf}}$ とベクトル $\vec{I}$ は，一般に方向が一致しない．すなわち，時間軸でみれば位相がずれている．そのずれ角 $\theta$ の正接 $(\tan\theta)$ を求めよ．

### 17.3 問 17.2 のつづき

交流起電力 $\phi_{\mathrm{emf}}$ を含んだ LCR 直列回路における抵抗，キャパシター，インダクターでのインピーダンスと位相を計算する．

(1) 抵抗 R の両端で発生する電位差 $V_{\mathrm{R}}$ の振幅と回路電流 $I$ のそれとの比 (抵抗のインピーダンス)，および位相差を求めよ．

(2) キャパシター C の両端で発生する電位差 $V_{\mathrm{C}}$ の振幅と回路電流 $I$ のそれとの比 (キャパシターのインピーダンス)，および位相差を求めよ．

(3) インダクター L の両端で発生する電位差 $V_{\mathrm{L}}$ の振幅と回路電流 $I$ のそれとの比 (インダクタのインピーダンス)，および位相差を求めよ．

(4) 問 17.1 で導入したベクトル $\vec{r}$ を用いると，$I = \vec{r}\cdot\vec{I}$, $V_{\mathrm{R}} = \vec{r}\cdot\vec{V}_{\mathrm{R}}$, $V_{\mathrm{C}} = \vec{r}\cdot\vec{V}_{\mathrm{C}}$, $V_{\mathrm{L}} = \vec{r}\cdot\vec{V}_{\mathrm{L}}$ となる．4 つのベクトル $\vec{I}$, $\vec{V}_{\mathrm{R}}$, $\vec{V}_{\mathrm{C}}$, $\vec{V}_{\mathrm{L}}$ との幾何学的関係を図示せよ．

(5) 交流起電力 $\phi_{\mathrm{emf}}$ の位相と電流 $I$ の位相とを比較せよ．

### 17.4 残留インダクタンスをなくす

市販の抵抗では，抵抗体が円筒の周囲にコイル状に形成されるものが多い．そのため，抵抗だけを使っているつもりでも，インダクタンス成分が混じってしまう．このような巻線抵抗器の残留インダクタンスをなくすにはどのような工夫をすればよいか，定性的に示せ．

**17.5 交流に対する自由電子の応答**

(1) 導線中の自由電子 (質量 $m$, 電荷 $q$, 密度 $n$) に対する運動方程式

$$m\frac{dv}{dt} = qE - m\gamma v$$

を用いることによって，交流電場の振幅と電流密度の振幅との比を求めよ．$\gamma$ は単位質量あたりの係数因子で正値である．

(2) 問 17.1 で導入したベクトル $\vec{r}$ を用いると，$E = \vec{r}\cdot\vec{E}$, $j = \vec{r}\cdot\vec{j}$ となる．ベクトル $\vec{E}$ とベクトル $\vec{j}$ との関係を図示し，$E$ と $j$ との位相差 $\theta$ の正接 $(\tan\theta)$ を求めよ．

(3) $j$ の位相は，$E$ に比べて進んでいるか，遅れているか．

**17.6 交流に対する束縛電子の応答**

絶縁体中の電子 (質量 $m$, 電荷 $-e$, 密度 $n$) に対しては，原子核にばね (ばね定数 $K$) によって束縛されているモデルを採用すると，その運動方程式は，

$$m\frac{dv}{dt} = -eE - Kx - m\gamma v$$

と書ける．$x$ は束縛電子の平衡位置からの変位である．ただし，原子核の質量は電子の質量より十分大きいので，原子核の運動は近似的に無視できる．$\gamma$ は単位質量あたりの係数因子で正値である．

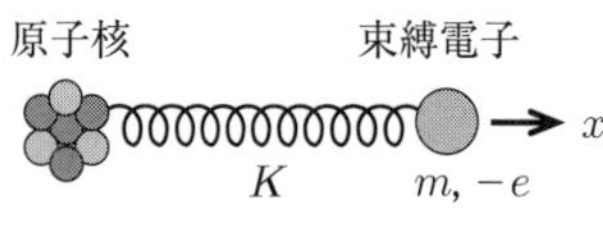


図 17.2

(1) $v = \dfrac{dx}{dt}$ に注意して，運動方程式を $x$ に対する方程式に書き直せ．

(2) 交流電場 $E$ のもとで，定常的に $x$ が単振動するとして，交流電場の振幅と電気分極の振幅との比を求めよ．ただし，電気分極 $P$ は $P = -nex$ である．

(3) 問 17.1 で導入したベクトル $\vec{r}$ を用いると，$E = \vec{r}\cdot\vec{E}$, $P = \vec{r}\cdot\vec{P}$ となる．ベクトル $\vec{E}$ とベクトル $\vec{P}$ との関係を図示し，$E$ と $P$ との位相差 $\theta$ の正接 $(\tan\theta)$ を求めよ．

(4) $P$ の位相は，$E$ に比べて進んでいるか，遅れているか．

**17.7 LCR 直列回路のインピーダンス (複素数を用いた計算)**

問 17.2 を，複素数のオイラー表示を用いて行う．すなわち，問 17.2 で扱った $Q$ と $\phi_{\mathrm{emf}}$ を，それぞれ $Q = Q_0 e^{i\omega t}$, $\phi_{\mathrm{emf}} = \phi_0 e^{i\omega t}$ と表示する．ここで，$i$ は虚数単位である．

(1) LCR 直列回路全体において，複素表示した $\phi_{\mathrm{emf}}$ と複素表示の電流 $I$ との比 $(\phi_{\mathrm{emf}}/I)$ を複素インピーダンスという．その実部と虚数部を示せ．

(2) $\phi_{\mathrm{emf}}$ と $I$ との位相差を求めよ．

**17.8 複素インピーダンスの合成**

交流回路の場合でも，変位電流を無視する近似のもとでは直流回路の場合と同様，キルヒホッフの電流則および電圧則が成り立つ．

(1) 2 つの複素インピーダンス $Z_1$ および $Z_2$ を直列接続するときの合成インピーダンスを求めよ．

(2) 並列接続するときの合成インピーダンスを求めよ．

(3) 電気容量 $C$ のキャパシターと自己インダクタンス $L$ を直列接続するときの合成インピーダンスを求めよ．

(4) 同様に，並列接続するときの合成インピーダンスを求めよ．

**［B］**

**17.9 電気的フィルタ**

図 17.3 は，低域フィルタ，高域フィルタ，帯域フィルタ，帯域除去フィルタのいずれかの回路を示したものである．

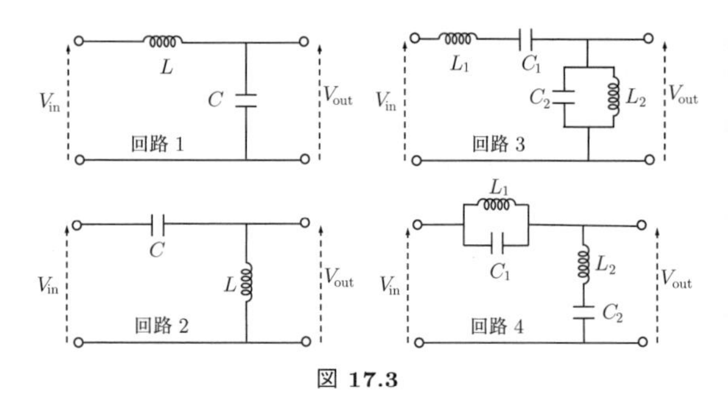


図 17.3

(1) それぞれの回路に対して，入力電圧 $V_{\mathrm{in}}$ と出力電圧 $V_{\mathrm{out}}$ との比 $\dfrac{V_{\mathrm{out}}}{V_{\mathrm{in}}}$ を求めよ．

(2) $LC = 1$, $L_1C_1 = L_2C_2 = 1$, $\dfrac{C_1}{C_2} = 4$ として，それぞれの回路について，$\dfrac{V_{\mathrm{out}}}{V_{\mathrm{in}}}$ のグラフを角周波数 $\omega$ の関数として，概形を示せ．

(3) それぞれ回路が，低域フィルタ，高域フィルタ，帯域フィルタ，帯域除去フィルタのどれに対応するか示せ．

**17.10 LCR 回路の Q 値**

図 17.4 のような電源を含まない LCR 回路において，キャパシターに初期電荷 $Q_0$ を蓄積した後，スイッチを閉じて，放電させる．

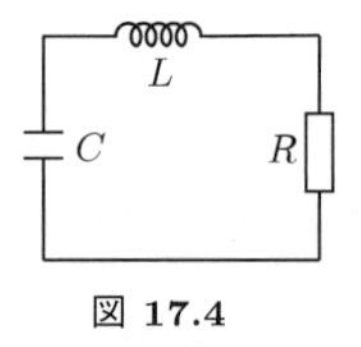


図 17.4

(1) キャパシター上の電荷の時間的振舞いを求め，そのグラフを示せ．ただし，$R < \sqrt{\dfrac{4L}{C}}$ とする．グラフを描くときは，$\dfrac{R}{2L} = 0.2$, $LC = 1$ とせよ．

(2) キャパシターに蓄積される静電エネルギーに関して，その 1 周期ごとの減少量 $\Delta E_{\mathrm{C}}$ および減少率 $\Delta E_{\mathrm{C}}/E_{\mathrm{C}}$ を求めよ．

(3) 問 (2) で求めた減少率の逆数に $2\pi$ を乗じた量を回路の Q 値 (Quality Factor) という．この場合の Q 値を求めよ．ただし，$\dfrac{R}{L} \ll \omega_0$ (LCR 回路の固有角周波数), $R \ll \sqrt{\dfrac{4L}{C}}$ とする．

### 17.11 電気的共振時におけるエネルギー状態

問 17.10 の回路に交流電源 $\phi_{\mathrm{emf}} = a \sin \omega t + b \cos \omega t$ を加える．

(1) 過渡的応答がなくなり，十分時間が経過した後の電流値を計算せよ．これは微分方程式の特解に対応する．

(2) 抵抗で発生するジュール熱の 1 周期分を計算し，それが最大となる周波数 ($\omega_0$ とする) および最大値を計算せよ．

(3) インダクターおよびキャパシターに蓄積されるエネルギーの和を，1 周期あたりの時間平均値として求め，$\omega_0$ に対する値を計算せよ．

(4) 回路に蓄積するエネルギーの 1 周期あたりの平均値 (問 (3) で求めた値) を抵抗で発生するジュール熱の 1 周期分 (問 (2) で求めた値) で除算した値を，$\omega_0$ に対する値として計算せよ．

(5) 問 (4) で求めた値に $2\pi$ を乗じた値を求め，問 17.10 の問 (3) の結果と比較せよ．

(6) 電気的共振をエネルギーの観点から特徴づけよ．

### 17.12 自由電子の交流電気伝導度 (複素数を用いる方法)

(1) 問 17.5 を複素数のオイラー表式を用いることによって計算する．交流電場に対する自由電子の電気伝導度を複素数の形で求め，その実部と虚部を示せ．

(2) 低周波領域 ($\omega \ll \gamma$) の電気伝導度を求めよ．

### 17.13 束縛電子の交流電場に対する電気感受率 (複素数を用いる方法)

(1) 束縛電子 (平衡位置からの変位が $x$) に対する運動方程式

$$m\frac{dv}{dt} = -eE - Kx - m\gamma v$$

を電気分極 $P = -nex$ に関する方程式に書き換えよ．

(2) 複素数のオイラー表式を用いることによって，交流電場に対する束縛電子の電気感受率を複素数の形で求め，その実部と虚部を示せ．

### 17.14 電子と正孔によるホール効果

グラファイト (C) やビスマス (Bi) では，電子 (電荷 $-e$) と正孔 ($e$) が同時に電気伝導に寄与し，半金属とよばれる．もし，電子密度=正孔密度，かつ，電子易動度の絶対値=正孔易動度の絶対値の場合には，ホール抵抗はどのような値を示すと考えられるか．定性的に考察して解答してよい．

### 17.15 運動する導体のホール効果

ホール効果の原因は，導体中のキャリヤに作用するローレンツ力である．図 17.5 のように，電流導線にローレンツ力 $f_{\mathrm{Lorentz}}$ が作用すれば，導線全体が加速運動するので，ホール効果を測定する際には，被測定対象が動かないように固定する必要がある．もし，被測定対象が自由に運動できるように固定しない場合には，ホール電場はどのような値を示すと考えられるか．導体を自由電子 (質量 $m$，密度 $n$，電荷 $-e$) とイオン (質量 $M$，密度 $n$，電荷 $e$) から構成して考察せよ．

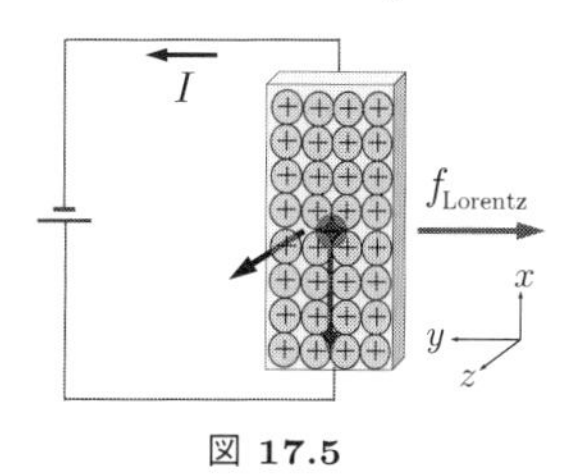


図 17.5

### 17.16 表皮効果

図 17.6 のように，導線をループ状にしない場合は，構造的インダクタンスが発生しないが，それでも電磁誘導則の影響から免れず，電流が導体表面近傍に集中するという現象 (表皮効果) が発生する．この現象は，電子に対する運動方程式 $m\frac{d\vec{v}}{dt} = -e\vec{E} - m\gamma\vec{v}$，アンペールの法則 $\frac{1}{\mu_0}\mathrm{rot}\vec{B} = \vec{j}$，電磁誘導則 $\mathrm{rot}\vec{E} = -\frac{\partial \vec{B}}{\partial t}$ を同時に考慮することによって，理解できる．

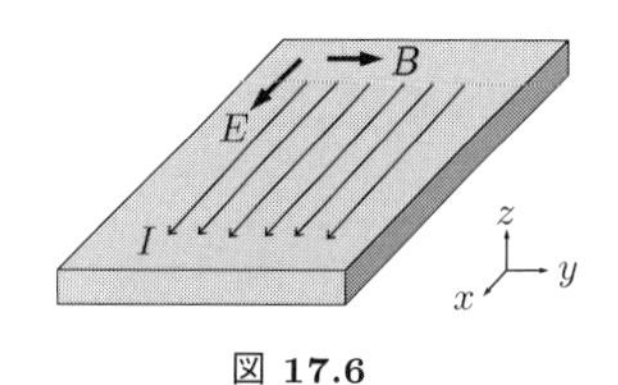


図 17.6

(1) 数式を用いて表皮効果を説明せよ．ただし，導体は，$z$ 方向に有限の厚さをもち，$xy$ 平面に無限の広がりをもつ形状とする．電流の方向を $x$ 方向とし，すなわち，電場は $x$ 成分のみ，磁場は $y$ 成分のみとする．低周波条件 $\omega \ll \gamma$ でよい．また，電流の空間分布は $xy$ 面内で一様であり，電子速度の $z$ 成分は 0 とせよ．

(2) 数式を用いることなく，この効果の発現機構を説明せよ．

(3) 表皮効果を利用した器具をあげよ．

# 18 電磁波

［A］

### 18.1 電磁波加熱

電子レンジは 2.45 GHz $(= 2.45 \times 10^9$ Hz) の電磁波により加熱する．この電磁波の波長はどれだけか．

### 18.2 熱放射

高温の物質からは熱放射 (黒体放射) があり，広い範囲の振動数にわたって光 (電磁波) が発せられる．この光のエネルギーの振動数分布 (光のスペクトル) で，最大となる振動数 $(\nu_{\max})$ は熱放射源の温度 $(T)$ に比例する．表面温度が約 6000 K である太陽からの熱放射光スペクトルは，振動数 $\nu_{\max} = 125$ THz $(= 1.25 \times 10^{14}$ Hz) にピークをもつ．一方，地上の動物の体温は約 300 K である．これらの動物から発せられる熱放射のエネルギースペクトルが最大となる光 (電磁波) の波長 (m) はどれだけか．

### 18.3 光のエネルギー

電力 2.0 W の光を放つ豆電球がある．この豆電球から発した光が等方的に広がると仮定する．豆電球から 1 m の距離にいる観測者が測定する，単位面積，単位時間あたりの光のエネルギー (J) はどれだけとなるか．また，距離が 5 m ではどれだけとなるか比較せよ．

### 18.4 変位電流

キャパシターに接続する導線に電流 $I$ が流れる．キャパシターは半径 $R$ の円盤極板からなり，導線の直径は $d$ $(\ll R)$ である．導線とキャパシター内外の磁場の大きさを距離 $r$ の関数としてその概要をグラフに示せ．

### 18.5 電磁波の伝播

平面電磁波の電場成分が，波数 $k$ $(>0)$ および角振動数 $\omega$ を用いて，$E_x = E_0 \sin(kz - \omega t)$ と与えられる．

(1) この電磁波を波長 $\lambda$ と周期 $T$ を使って表せ．

(2) 電磁波はどちらの向きに進んでいるか．

(3) 磁場成分はどのように表されるか．

(4) ポインティングベクトルはどのように表されるか．

### 18.6 電磁波の重ね合わせ

2 つの電磁波の電場成分が波数 $k$ $(>0)$ および角振動数 $\omega$ を用いて，それぞれ $E_y = E_0 \sin(kx - \omega t)$ と $E_y = E_0 \sin(kx + \omega t)$ と表される．これらの電磁波の波長と周期を $\lambda$ と $T$ とする．

(1) 2 つの電磁波はそれぞれどのような向きに振動しながら伝播するか．

(2) 時間 $t = 0$ および $t = T/4$ のとき，2 つの電磁波それぞれの空間分布をグラフに描け．また，これら 2 つの電磁波が重なった場合，時間 $t = 0$, $T/4$ における合成電磁波を求めよ．

### 18.7 レーザ光

レーザ光は光の位相がそろった集光力の高い電磁波である．1969 年にアポロ 11 号が人類を初めて月面に送り込んだとき，月面にレーザ光の反射鏡が設置された．地上から月面にめがけて $W_0$ [W] 出力のレーザ光を発した．このレーザ光が広がる角度は $10^{-4}$ rad である．地球と月との距離は約 38 万 km である．

(1) レーザ光が月面に広がる大きさはどれだけか．

(2) 月面では単位面積，単位時間あたりどれだけのレーザ光エネルギー (J) を受けるか．

(3) 月面で反射したレーザ光が地上に届くには，どれだけの時間 (s) がかかるか．

［B］

### 18.8 電磁波の振動パターン

電磁波の電場成分が次のように与えられたとき，電磁波の振動パターンを考察せよ．

(1) $E_y = E_0 \sin(kx - \omega t)$, $E_z = E_0 \sin(kx - \omega t)$ のとき

(2) $E_y = E_0 \sin(kx - \omega t)$, $E_z = E_0 \sin\left(kx - \omega t + \dfrac{\pi}{2}\right)$ のとき

(3) $E_y = E_0 \sin(kx - \omega t)$, $E_z = E_0 \sin\left(kx - \omega t - \dfrac{\pi}{2}\right)$ のとき

### 18.9 電磁波の表現

$(1, 1, 0)$ 方向へ伝わる平面波の電場の $z$ 成分，$(-1, -1, 0)$ 方向へ伝わる平面波の電場の $z$ 成分を表す式を書け．

### 18.10 電場と磁場

半径 $R$ の円柱内に一様な電場 $\vec{E}$ が閉じ込められている (図 18.1)．紙面の表から裏へ向く電場 $\vec{E}$ の強さが時間 $t$ とともに $E = E_0\sqrt{t}$ で増大するとき，円の外側 $(r > R)$ に生ずる磁場の向きと強さを求めよ．

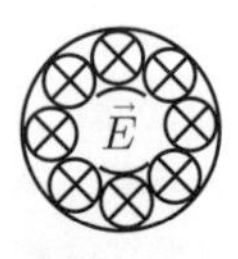


図 18.1

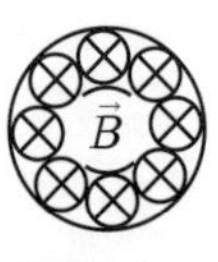


図 18.2

### 18.11 電場と磁場

半径 $R$ の円内に一様な磁場 $\vec{B}$ が閉じ込められている (図 18.2)．紙面の表から裏へ向く電場 $\vec{B}$ の強さが時間 $t$ とともに $B = B_0/\sqrt{t}$ で変化するとき，半径 $R$ の円周上に生じる電場の向きと強さを求めよ．

### 18.12 光の圧力

電磁波の運動量密度 $\vec{p}_{\mathrm{w}}$ は，ポインティングベクトル $\vec{S}$ を使って $\vec{p}_{\mathrm{w}} = \vec{S}/c^2$ と表される．ここで，$c$ は光速である．運動量をもった電磁波が壁 (鏡) に当たると壁は電磁波から力を受ける (図 18.3)．壁は電磁波をすべて反射するものとする．

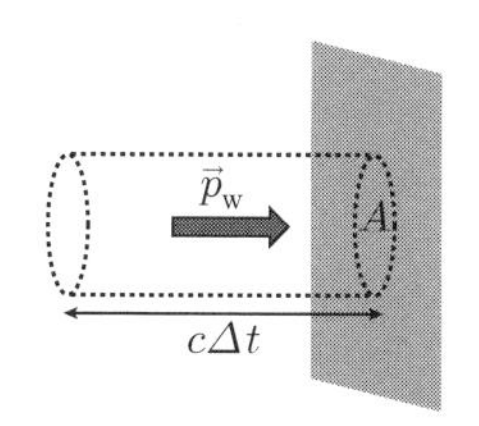


図 18.3

(1) 時間間隔 $\Delta t$ 間に面積 $A$ の壁面が受ける力はどれだけか.

(2) 単位時間あたり，単位面積の壁面が受ける力が電磁波による圧力 (輻射圧 $P_{\rm w}$) である．輻射圧 $P_{\rm w}$ をポインティングベクトルの大きさ $S$ を使って表せ.

### 18.13 電場の境界条件

図 18.4 のように，2 つの異なる誘電率をもつ媒質 A, B が接する境界前後の電場にはどのような条件が課せられるか．境界面に平行な成分についてその条件を示せ．磁気誘導の式

$$\oint_C \vec{E}\cdot d\vec{s} = -\frac{d\phi_{\rm B}}{dt}$$

に基づき，図中の経路 a,b,c,d,a に沿って積分し導出せよ.

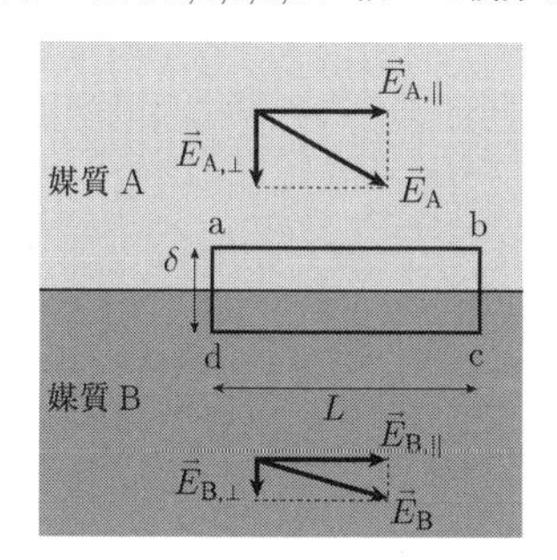


図 18.4

### 18.14 電磁波の反射と屈折

電磁波の反射と屈折について考える.

(1) 媒質 A, B の誘電率をそれぞれ $\varepsilon_{\rm A}, \varepsilon_{\rm B}$，透磁率を $\mu_{\rm A}, \mu_{\rm B}$ とする．各媒質中での電磁波の伝播速度 $v_{\rm A}, v_{\rm B}$ はどのように表されるか.

(2) 電磁波は平面波とする．図 18.5 のように，座標軸をとる．入射波，反射波，屈折波の電場をそれぞれ $\vec{E}_{\rm i}, \vec{E}_{\rm r}, \vec{E}_{\rm t}$ と表し，各成分は $z$ 成分のみを有するものとする．各々の波の電場が図のように $z$ 方向をとるとき，各々の磁場はどのような方向を向くか.

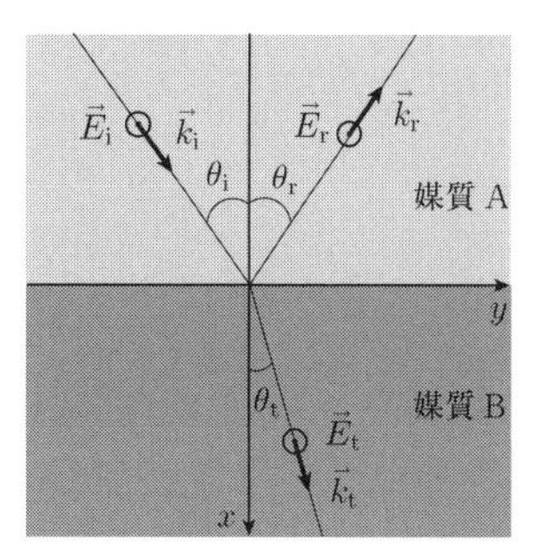


図 18.5

(3) 媒質中の伝播速度を $v$ として，入射波，反射波，屈折波の波数 ($k = \dfrac{\omega}{v}$) をそれぞれ $k_{\rm i}, k_{\rm r}, k_{\rm t}$ とする．境界面に対する波の入射角，反射角，屈折角を $\theta_{\rm i}, \theta_{\rm r}, \theta_{\rm t}$ とする．各波数ベクトル $\vec{k}_{\rm i}, \vec{k}_{\rm r}, \vec{k}_{\rm t}$ の $x, y, z$ 成分を表せ.

(4) 入射波，反射波，屈折波の振動数を $\omega_{\rm i}, \omega_{\rm r}, \omega_{\rm t}$ とする．入射波，反射波，屈折波の電場を波数と振動数を使って表せ.

(5) 境界面 ($x = 0$) で電場の $z$ 成分が連続となる条件を表せ.

(6) 入射角 $\theta_{\rm i}$，反射角 $\theta_{\rm r}$，屈折角 $\theta_{\rm t}$ のあいだにはどのような関係があるか.

(7) 真空中の光速を $c$ として，屈折率を $n \equiv \dfrac{c}{v}$ と定義する．媒質 A, B の屈折率 $n_{\rm A}, n_{\rm B}$ と入射角 $\theta_{\rm i}$，屈折角 $\theta_{\rm t}$ のあいだにはどのような関係が成り立つか.

(8) 屈折角 $\theta_{\rm t}$ が $90^\circ$ となる入射角 $\theta_{\rm i}$ を臨界角 $\theta_{\rm c}$ という．入射角 $\theta_{\rm i}$ が臨界角 $\theta_{\rm c}$ より大きいとき ($\theta_{\rm i} > \theta_{\rm c}$)，入射波は媒質 B に透過することなく，境界で反射され媒質 A 中に留まる．このときの反射を全反射という．臨界角 $\theta_{\rm c}$ を決定する表式を求めよ．また，全反射が起きるための必要条件を記せ.

### 18.15 光ファイバー

光ファイバーは，光波 (電磁波) が伝播するコア (芯) と光波を全反射させるクラッド (被覆) からなる (図 18.6)．全反射が起きるためには，コアとクラッドの屈折率にどのような条件が必要か．必要条件を示せ.

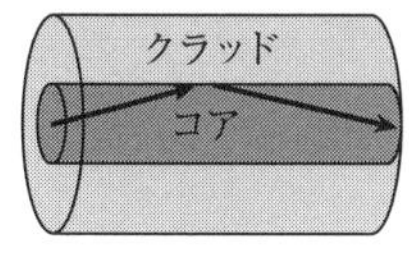


図 18.6

# 解　　答

## 1章

**1.1**　1年は $3.16 \times 10^7$ s である．したがって，ネズミ，犬，馬，ゾウは，総脈拍数をそれぞれ，8.8, 9.0, 8.9, 8.4 億回打つ．

**1.2**　地球，太陽，ヒトの密度は，5.5 g/cm$^3$, 1.4 g/cm$^3$, 1.1 g/cm$^3$ である．

**1.3**　水分子 ($H_2O$) の質量は，18 核子の合計質量，$1.66 \times 10^{-24} \times 18 = 2.99 \times 10^{-23}$ g と近似できる．水 1 g には，$1 \div (2.99 \times 10^{-23}) = 3.34 \times 10^{22}$ 個の水分子がある．水分子 1 個あたりの容積は，$1 \div (3.34 \times 10^{22}) = 2.99 \times 10^{-23}$ cm$^3$ となり，これは，1 辺 $3.10 \times 10^{-8}$ cm の立方体の体積である．したがって，水分子間の平均距離は $3.10 \times 10^{-8}$ cm.

**1.4**　$\pi^0$ 中間子の寿命 $= \dfrac{0.1\ \mu\text{m}}{3 \times 10^8\ \text{m/s}} = 3 \times 10^{-16}$ s

**1.5**　$2d = 3.00 \times 10^8 \times 268 = 8.04 \times 10^{10}$ m，したがって，$d = 4.02 \times 10^{10}$ m

**1.6**　$30 \pm 3$ mm

**1.7**　周期値と誤差は $30.20 \pm 0.04$ s.

**1.8**　(1) 質量 ($M$) は，密度 ($\rho$) と長さ ($L$) を用いて $M = \rho L^3$ と表される．したがって，あらゆる力学物理量は，質量 ($M$) に代わって，密度 ($\rho$)，長さ ($L$)，時間 ($T$) の 3 つの量の組合せで表すことができる．

(2) 基本量は不変かつ実用的でなければならない．密度 ($\rho$) は，構成物質の濃度や温度により変化しやすく，また，物質の入った容器の大きさを管理することも難しいことから，基本量としては不適格である．

**1.9**　(1) 天動説 (図 A1.1) では，日没時に西空に見える火星 a と，夜明け前に東の空に見える火星 b は，地球からの距離が同じなので明るさも同じになるはずである．これに反し，地動説 (図 A1.2) では火星と地球間の距離が異なるので，火星の明るさに違いが現れる．

(2) 天動説では，金星の半月，三日月は現れず，明るさも変化しない．地動説では，金星が地球に近い地点 (d) では，太陽が照らす金星面は地球から見ると，半月，三日月状態となり，近いために，遠方にある地点 (c) の満月状態の金星よりも大きく見える．

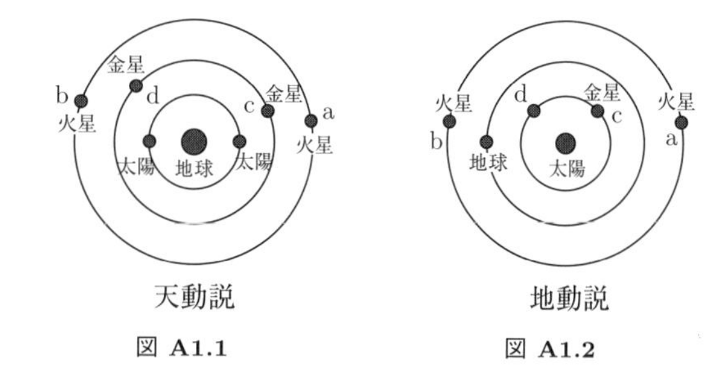


図 A1.1　　図 A1.2

**1.10**　海辺で太陽を見たときの視点と建物に上がったときに見たときの視点の高低差を $h$ とする．図 A1.3 の作図から，ピタゴラスの定理を使って

$$R^2 + d^2 = (R+h)^2 = R^2 + 2Rh + h^2$$

と書ける．地球の半径 ($R$) に比べ高低差 ($h$) は非常に小さいことから，$h^2$ を無視すると

$$d^2 = 2Rh$$

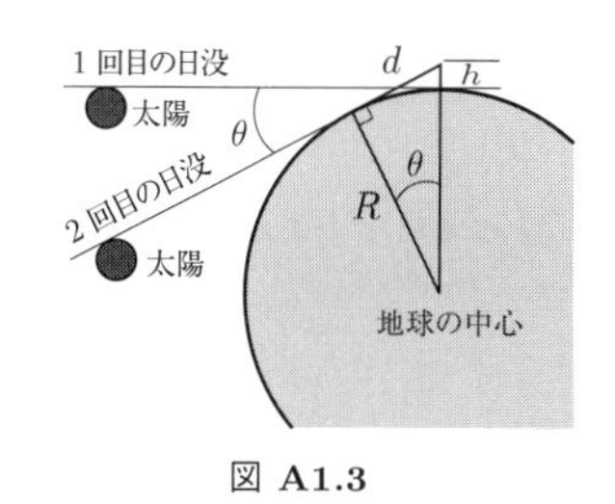


図 A1.3

の関係が得られる．時間 $t = 23$ 秒間に太陽が移動した角度を $\theta$ とする．1 日約 24 時間の間に太陽は 360° 動くので $\dfrac{\theta}{360} = \dfrac{t}{24h}$．これより，$\theta = \dfrac{360^\circ(23\ \text{s})}{24\ \text{h}\,(60\ \ \text{min}/h)(60\ \text{s}/\ \text{min})} = 0.096^\circ$．また，$d = R\tan\theta$ を使って，地球の半径は $R = \dfrac{2h}{\tan^2\theta} = \dfrac{2 \times 7.2\ \text{m}}{(\tan 0.096^\circ)^2} = 5.1 \times 10^6$ m と見積もられる．これは，実際の地球半径 ($6.4 \times 10^6$ m) より，約 20%だけ小さい．現代は正確な時計があることから，比較的簡単な方法で地球のおよその大きさを知ることができる．

**1.11**　(1) 150 億年後に地球と月間の距離は 2 倍になる．

(2) 地上で見る月の周期は $T = 29.53 \times 1.16\sqrt{1.16} = 36.9$ 日．

**1.12**　直径は $R = 3.00 \pm 0.02$ cm.

**1.13**　木炭に含まれる放射性炭素 ($^{14}$C) 量は，空気中にあるより 1/4 に減少している．1/2 になるのに約 5000 年経過し，さらにそれから 1/2 に減少したことになるので，計約 1 万年が経過したことになる．したがって，木炭となる原木は，約 1 万年前に伐採されたといえる.

**1.14**　$[c]=[\mathrm{M}][\mathrm{T}]^{-1}$,　　$[d]=[\mathrm{M}][\mathrm{L}]^{-1}$

**1.15**　$[E_0]=[\mathrm{M}][\mathrm{L}]^2[\mathrm{T}]^{-2}$, $[\rho_0]=[\mathrm{M}][\mathrm{L}]^{-3}$ なので [M] を消去するには, $\left[\dfrac{E_0}{\rho_0}\right]=\dfrac{[\mathrm{L}]^5}{[\mathrm{T}]^2}$ となる. そこで, $r, t$ を入れて無次元の組合せは $\dfrac{E_0 t^2}{\rho_0 r^5}$ となる. したがって, 衝撃波のおよその伝播は $r=k\left(\dfrac{E_0}{\rho_0}\right)^{1/5} t^{2/5}$ と表される. ここで, $k$ は無次元の定数である.

## 2 章

**2.1**　はじめに走っていた向きを正にとり, 計時点を原点にとる (図 A2.1, 図 A2.2).

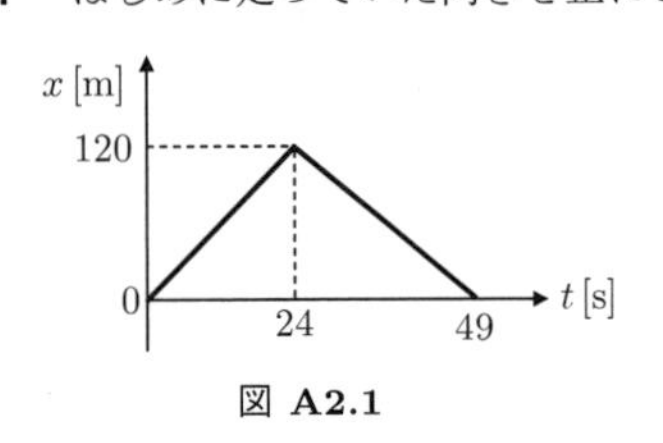


図 **A2.1**

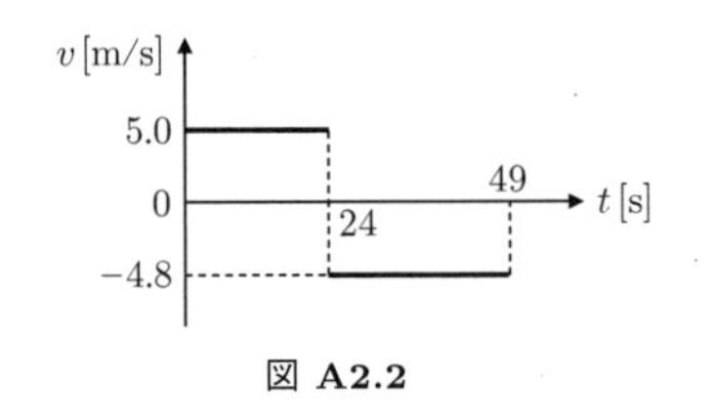


図 **A2.2**

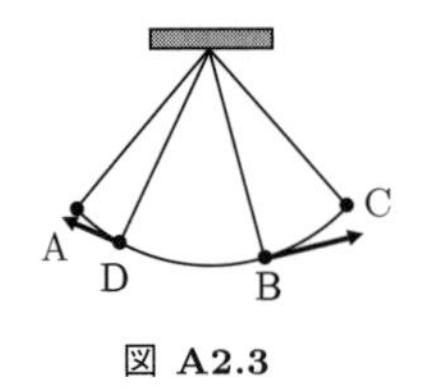


図 **A2.3**

**2.2**　図 A2.3 に示す.

**2.3**　加速度を $\vec{a}$ とすると, 時刻 $t=0$ s から 0.1 s の間の速度変化は $\vec{v}(0.1)-\vec{v}(0)=0.1\vec{a}$. また, $t=0.1$ s から 0.3 s までの速度変化は $\vec{v}(0.3)-\vec{v}(0.1)=0.2\vec{a}$. よって, $\vec{v}(0.1)$ に $\vec{v}(0.1)-\vec{v}(0)$ を 2 倍したベクトルを加えればよい (図 A2.4).

**2.4**　(1)　$-1.5\ \mathrm{m/s^2}$　　(2)　2.0 s　　(3)　9.0 m

**2.5**　0.5 秒後におもりは $x=0$ にあり, 高さは減少しつつある. したがって, $t$ 軸負の方向 (左方向) に 1/4 周期 (0.5 s) だけ平行移動したものになる (図 A2.5).

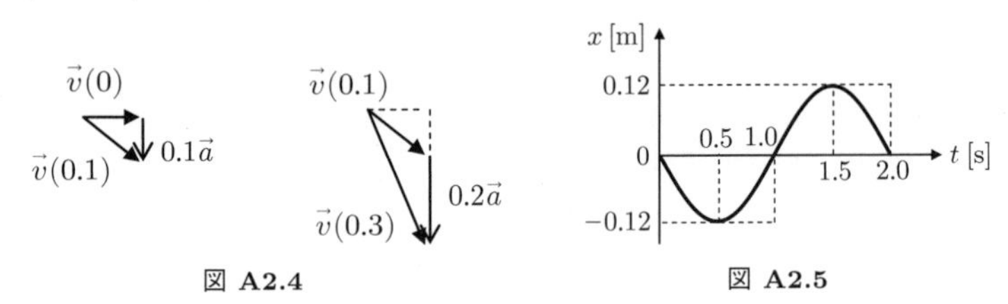


図 **A2.4**　　図 **A2.5**

**2.6**　内側では毎分 500 回転, 外側では毎分 200 回転.

**2.7**　直線運動の加速度は 26.5 m/s, 円運動の加速度は 22.2 $\mathrm{m/s^2}$.

**2.8**　時間 $t$ に軌道上を動く角度は $\omega t=2\pi t/10000$, A からの線分の長さは $2r\sin(\omega t/2)=20000\ \mathrm{km}\times\sin(\pi t/10000\ \mathrm{s})$, また円弧の長さは $r\omega t=10000\ \mathrm{km}\times(2\pi t/10000\ \mathrm{s})$. ここで, $t$ に 1 s, 1 分 = 60 s, 10 分 = 600 s を代入して表をつくる.

| 位置 | $t$ [s] | 線分の長さ $a$ [km] | 円弧の長さ $b$ [km] | 比 $a/b$ |
|---|---|---|---|---|
| B | 1 | 6.28318520··· | 6.28318530··· | 0.99999998 |
| C | 60 | 376.968··· | 376.991··· | 0.99994 |
| D | 600 | 3747.6··· | 3769.9··· | 0.994 |

これをもっと短い時間で比べたら, 違いはさらに小さくなる. 短い時間間隔では円弧とそれが張る弦とはほとんど一致することがわかる.

**2.9**　168 m

**2.10**　プロット結果は図 A2.6 のようになる. 近似直線は 2 点 (0.05, 0.8) と (0.25, 1.2) を通るから, 直線の傾きは $\dfrac{1.2-0.8}{0.25-0.05}=2$, 縦軸の切片は $1.2-2\times0.25=0.7$, よって, $\log_{10}h=2\log_{10}t+0.7$ の関係がある. したがって, $h=10^{0.7}t^2=5t^2$.

**2.11**　(1) $t=0$ で $x=2.2$ m, また $x(t)=-5.0(t-2.2)(t+0.2)$ と変形すると, $x=0$ となるのは $t=-0.2$ s と 2.2 s. よって, 2.2 秒後に地面に落下する. また, $x(t)=-5.0(t-1.0)^2+7.2$ と書くと, $t=1.0$ s で最大値 7.2 m. グラフは図 A2.7 のようになる.

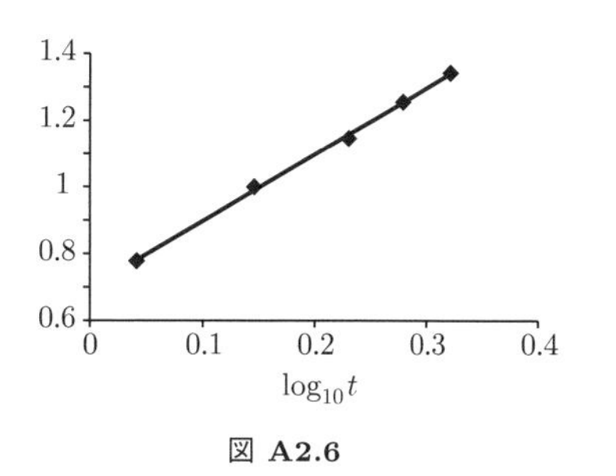

図 **A2.6**

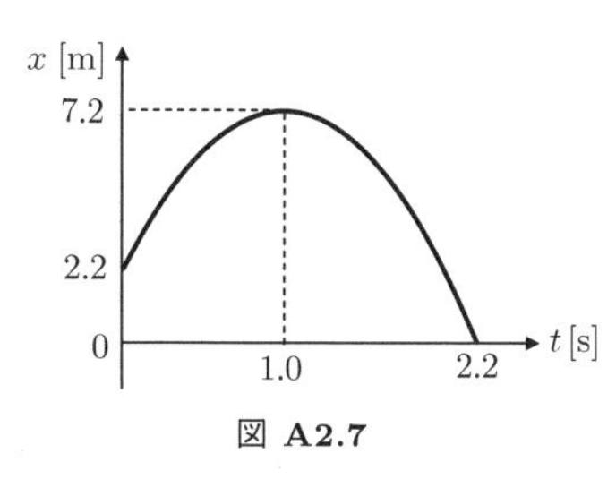

図 **A2.7**

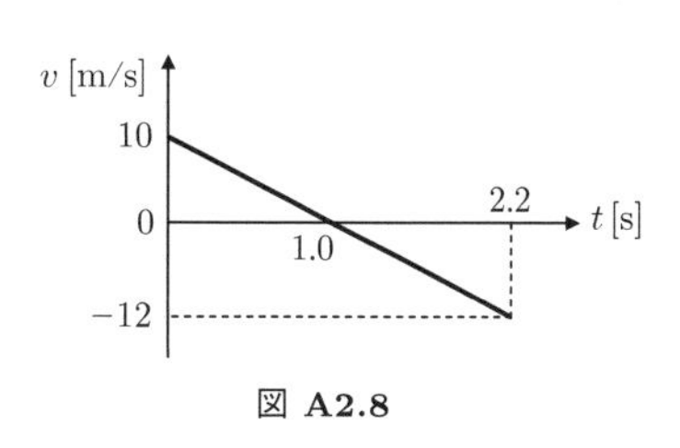

図 **A2.8**

(2) $v(t)=\dfrac{d}{dt}x(t)=10.0\ [\mathrm{m/s}]-10.0\ [\mathrm{m/s^2}]\,t.$

$t=0$ で $v=10.0$ m/s, $v=0$ となるのは $t=1.0$ s のとき，また，地面に落下する時刻 $t=2.2$ s で $v(2.2)=-12.0$ m/s．グラフは図 A2.8 のようになる．

(3) 加速度を計算すると $a(t)=\dfrac{d}{dt}v(t)=-10.0\ \mathrm{m/s^2}$ となって常に負 (下向き) である．速度のグラフから，時刻が $1.0<t\leq 2.0$ の範囲では $v<0$, $a<0$ なので速度も加速度も下向きで同じ向きである．このときは落下しながら加速している．また，$0\leq t<1.0$ の範囲では $v>0$, $a<0$ で速度と加速度は反対向きである．このときは上昇しつつ減速している．したがって，「…」の主張は正しい．

**2.12** (1) 7.5 m (2) 73°

**2.13** 地点 P から地点 Q を見た方角に月が見えたのだから，月は $\overrightarrow{\mathrm{PQ}}$ の方向にある．地点 R のときの運転士の視線方向は電車の進行方向 (速度ベクトルの方向) で，これは軌道の接線方向である．図 A2.9 のように軌道を描いてみると，点 R を通過するときの速度ベクトルは $\overrightarrow{\mathrm{PQ}}$ と平行になる．よって，これは Q に到着する前のことである．図からわかるように，Q を通過した後に接線ベクトルの方向が $\overrightarrow{\mathrm{PQ}}$ の方向と一致することはない．

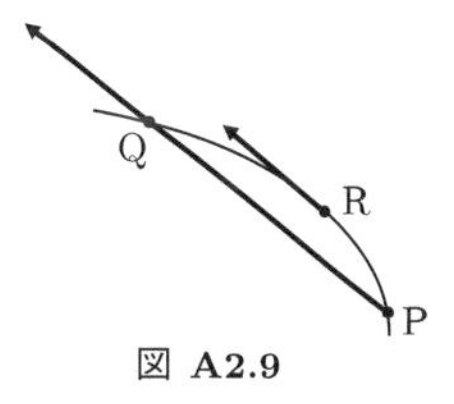

図 **A2.9**

**2.14** ひもが伸びきらない間のボールの運動は

$$\vec{r}=(x,y)=\left(v_0t\cos 75^\circ,\,-\frac{1}{2}gt^2+v_0t\sin 75^\circ\right),$$
$$\vec{v}=(v_x,v_y)=\left(v_0\cos 75^\circ,\,-gt+v_0\sin 75^\circ\right).$$

投げた人からボールまでの距離の 2 乗

$$|\vec{r}|^2=x^2+y^2=t^2\left(\frac{1}{4}g^2t^2-gv_0t\sin 75^\circ+{v_0}^2\right)$$

が最大となるのは $\vec{r}$ と $\vec{v}$ が直角になるとき，

$$\vec{r}\cdot\vec{v}=v_0t\cos 75^\circ\times v_0\cos 75^\circ+\left(-\frac{1}{2}gt^2+v_0t\sin 75^\circ\right)\times\left(-gt+v_0\sin 75^\circ\right)$$
$$=t\left(\frac{1}{2}g^2t^2-\frac{3}{2}gv_0t\sin 75^\circ+{v_0}^2\right)=0$$

である．これを解いて，$t=0$ 以外の解は

$$t=\frac{1}{2g^2}\left(3gv_0\sin 75^\circ\pm\sqrt{9g^2{v_0}^2\sin^2 75^\circ-8g^2{v_0}^2}\right)$$

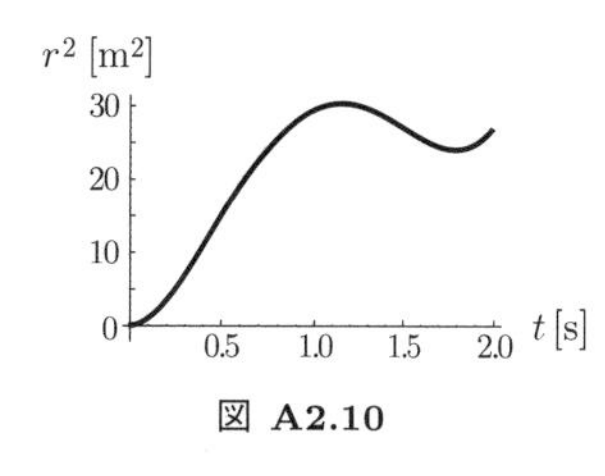

図 **A2.10**

数値を代入すると $t_1=1.2$ s, $t_2=1.8$ s となる．$r^2$ を $t$ の関数と考えたとき，グラフは図 A2.10 のようになる．

水平面に落下する時刻は $y=0$ を解いて $t=2.0$ s，グラフから考えて時刻が $t=t_1$ のとき $r^2$ が最大となる．よって，ひもはこのときの距離に等しい長さだけあればよい．よって，$t=t_1$ での $|\vec{r}|^2$ を計算すると

$$|\vec{r}|^2=1.2^2\left(\frac{9.8^2}{4}1.2^2-9.8\times 10\times 1.2\sin 75^\circ+10^2\right)=30\ \mathrm{m}^2.$$

したがって，平方根をとって 5.5 m となる．

**2.15** (1) (2) (3) (4)

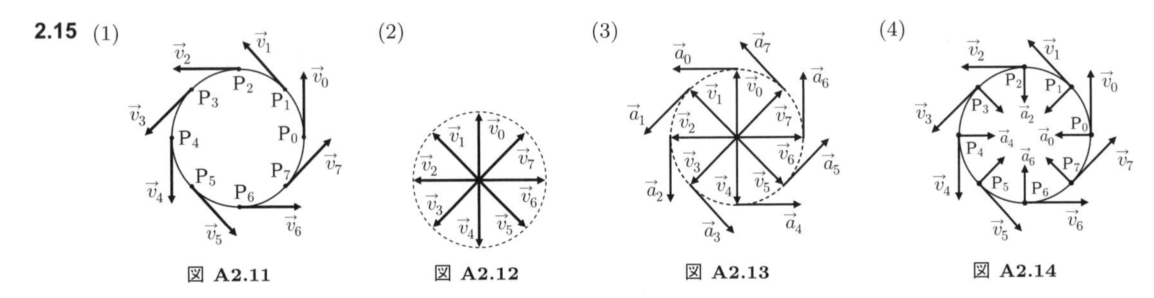


図 **A2.11**　図 **A2.12**　図 **A2.13**　図 **A2.14**

## 3章

**3.1**　図 A3.1 のような 2 方向から引っ張って持ち上げるときは，力が 150 N よりも大きくなる．

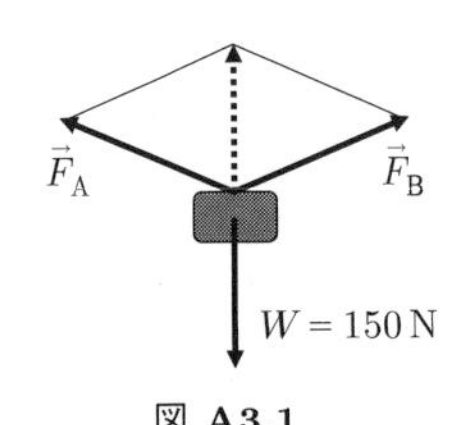


図 **A3.1**

**3.2**　本がずり落ちないでいるとき，力のつりあいを考える．

壁に平行な方向 (鉛直方向)： 本に働く重力 $W$ = 壁からの摩擦力 $f$,
壁に垂直な方向 (水平方向)： 手が本を押す $F$ = 壁からの垂直抗力 $N$

垂直抗力が $N$ のときに働く静止摩擦力の最大値が $\mu N$ と書けるとする．ただし，$\mu$ は面の摩擦を決める定数である．水平方向のつりあいから $N=F$ なので摩擦力の最大値は $\mu F$ である．もし，本を押しつける力 $F$ が小さくて $\mu F$ が $W$ より小さいと摩擦力は本の重力を支えることができず，ずり落ちてしまうことになる．

**3.3**　切れた瞬間の速度ベクトルの方向．

**3.4**　鉛直上向きを正として，荷物の加速度を $a$ とすれば，運動方程式は $ma=T-mg$，これを解いて $T=m(a+g)$．加速度は (1) $a=0$, (2) $a>0$, (3) $a=0$, (4) $a<0$, (5) $a=0$ であるから，張力が最大なのは (2)，最小なのは (4) である．

**3.5**　人が荷物を押すときに地面から足に摩擦力が作用する．これが荷物からの反作用よりも大きければ前進することができる．

**3.6**　おもりが最下点にあるとき．

**3.7**　頂点付近で半径 $r$ の円運動をしているとすれば，運動方程式から $m\dfrac{v^2}{r}=mg-N$，ここで，$N$ は面からの垂直抗力で，これは物体が面を押す力の反作用である．面から浮き上がるとすれば，物体が面を押すことはないから，その反作用も 0 となる．よって，$N=0$ とおいて $v=\sqrt{rg}=7.0$ m/s．これより速いと O に到達する前に台から浮き上がる．

**3.8**　(1) 0.045　　(2) 79%

**3.9**　(1) 運動方程式を書くと，糸の張力を $F$ として，鉛直方向：$F\cos\theta=mg$，水平方向：$F\sin\theta=m(r\sin\theta)\omega^2$．これらから $F$ を消去して $\dfrac{g}{r\sin\theta}\tan\theta$．数値を代入して $\omega=4.8\ \mathrm{s^{-1}}$．よって，周期は $T=2\pi/\omega=1.3$ s.

(2) 水平方向の力 $F\sin\theta$ が向心力 $f$ になっていて，これは円軌道の中心を向いている．垂直方向のつりあいから $F$ を求めて代入すると $f=F\sin\theta=mg\tan\theta$．よって，加速度は $a=g\tan\theta=5.7\ \mathrm{m/s^2}$.

**3.10**　運動は $v(t)=-9.8t+3$，$x(t)=-4.9t^2+3t+20$．地面に到達するときの速度は $-20$ m/s.

**3.11**　運動は $v_x(t)=4.0$, $v_y(t)=-gt$, $x(t)=4.0t$, $y(t)=-(g/2)t^2+1.2$．速度ベクトルと床の角度は 50°.

**3.12**　運動方程式は $m\dfrac{dv_x}{dt}=0$, $m\dfrac{dv_y}{dt}=-mg$．これらを不定積分すると $v_x=C_x$, $v_y=-gt+C_y$．$t=1.7$ s のとき最高高度に到達して $v_y=0$．よって，$0=-1.7g+C_y$ から $v_y(t)=-gt+1.7g$.

地面に対して落下するときの速さは初速に等しいから，$(20\ \mathrm{m/s})^2=(1.7g)^2+{C_x}^2$．よって，$C_x=11$ m/s となる．以上のことから $v_x(t)=11$ m/s，$v_y(t)=-9.8(t-1.7)$．これらを積分して初期条件 $x(t)=y(t)=0$ から積分定数を決めると $x=11t$, $y=-4.9t^2+17t$．したがって，これらの式から 3.4 秒後に落下する ($y=0$ となる) ので，水平飛距離は $x(3.4)=38$ m.

**3.13**　ボールと的の初速度ベクトルは，それぞれ $\vec{v}(0)=(12,5)$, $\vec{V}(0)=(0,0)$ と書ける．また，最初の位置は $\vec{r}(0)=(0,0)$, $\vec{R}(0)=(12,5)$．これらを初期条件として運動方程式を解くと

$$\text{ボール：}\ \vec{r}(t)=\left(12t,-\frac{g}{2}t^2+5t\right),\quad \text{的：}\ \vec{R}(t)=\left(12,-\frac{g}{2}t^2+5\right)$$

これらを比べると $t=1$ s のときに一致するから，この時刻にボールは的に当たる．

**3.14**　電場の方向を軸とする放物線軌道.

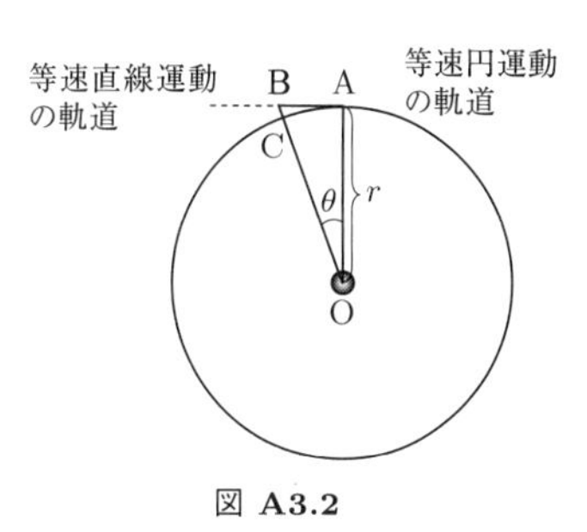

図 **A3.2**

**3.15**　(1) 図 A3.2 のような直線軌道 AB を進んだ場合と円軌道 AC を進んだ場合の地球 O からの距離の差 $s=\overline{\mathrm{BC}}$ は，1 秒間に月が進む角度を $\theta$ とすれば $s=\overline{\mathrm{BO}}-\overline{\mathrm{CO}}=\dfrac{r}{\cos\theta}-r$. したがって，数値 $r=384000$ km，$\theta=2\pi/(27.3\times24\times3600\ \mathrm{s})$ を代入すると $s=0.00136$ m.

(2) 月の距離での重力加速度は $g=9.8\ [\mathrm{m/s^2}]\times\left(\dfrac{6371}{784000}\right)^2=0.0027\ \mathrm{m/s^2}$，自由落下の距離は $s=\dfrac{g}{2}t^2=0.00135$ m となり，(1) の結果とほぼ一致する.

## 4 章

**4.1**

| | 速度 | 抵抗力 | 重力 |
|---|---|---|---|
| 上昇中 | **上向き** | 下向き | 下向き |
| 最高点 | **静止** | **作用しない** | 下向き |
| 下降中 | 下向き | 上向き | 下向き |

| | 速度 $v$ | 抵抗力 | 重力 $-mg$ |
|---|---|---|---|
| 上昇中 | 正 | 負 | 負 |
| 最高点 | 0 | 0 | 負 |
| 下降中 | 負 | 正 | 負 |

**4.2**

| | 変位 | 弾性力 | 重力 |
|---|---|---|---|
| 伸びているとき | **下向き** | 上向き | 下向き |
| 伸びがない | **0** | **作用しない** | 下向き |
| 縮んでいるとき | 上向き | 下向き | 下向き |

| | 変位 $x$ | 弾性力 $-kx$ | 重力 $-mg$ |
|---|---|---|---|
| 伸びているとき | 負 | 正 | 負 |
| 伸びがない | 0 | 0 | 負 |
| 縮んでいるとき | 正 | 負 | 負 |

**4.3**　重力 $(4\pi/3)a^3\rho_{\mathrm{o}}g$ より浮力 $(4\pi/3)a^3\rho_{\mathrm{w}}g$ の方が大きいから，合力は上向きで大きさを $f$ とすれば $f=\dfrac{4\pi a^3}{3}(\rho_{\mathrm{w}}-\rho_{\mathrm{o}})g=1.1\times10^{-7}$ N. 粘性抵抗力の大きさは $F=6\pi\eta av=v\times5.7\times10^{-6}$ N/(m/s). 終端速度は $F$ と $f$ がつりあうときだから，$F=f$ とおいて，$v=2.0$ cm/s となる.

**4.4**　棒は長さ $L$ で，一様な断面積 $S$ をもつものとし，先端に取り付けた質量 $m$ のおもりは小さくて体積は無視できるものとする. 棒の水面下にある長さを $x$，棒と水の密度をそれぞれ $\rho$, $\rho_0$ とすると，浮力は上向きで大きさは $(\rho_0-\rho)xSg$ だから，鉛直下向きを正として運動方程式は

$$(m+\rho LS)\frac{dv}{dt}=(m+\rho LS)g-(\rho_0-\rho)xSg \quad \cdots ①$$

となる. 右辺は $x=\dfrac{m+\rho LS}{(\rho_0-\rho)S}\equiv x_0$ で 0 になり，このときつりあう. ①で $x=y+x_0$ とおけば

$$\frac{dv}{dt}=-\frac{(\rho_0-\rho)Sg}{m+\rho LS}y$$

と書けるから，つりあいの位置から測った水面下の長さ $y$ は，角振動数

$$\omega=\sqrt{\frac{(\rho_0-\rho)Sg}{m+\rho LS}}$$

の単振動をすることがわかる.

**4.5**　距離 4.6 km，東の方角から南に 18°.

**4.6**　風向によって 980 km/h から 860 km/h の間の数値.

**4.7**　斜面に垂直な方向のつりあいは座標系 K と K′ で違いはない. K では重力の斜面に沿った成分 $mg\sin\alpha$ によって物体は加速度 $g\sin\alpha$ で降下する. このとき，座標系 K′ では K での力に加えて斜面を上向きに大きさ $mg\sin\alpha$ の慣性力 $F$ が働いている. $F$ は重力の斜面方向の成分とつりあっているから，K′ ではすべての力がつりあって物体は静止していることになる.

**4.8**　いずれの場合も変わらない.

**4.9**　(1) 静止状態から落下しはじめたとすると，$t=0$ で $v=0$. このとき，$a=g$ であるから，$a$-$v$ グラフの直線上で点 $(0, g)$ にある. 時間が経過するとともに $a$-$v$ グラフの直線に沿って移動する. 加速度 $a=dv/dt$ は $v$ の増加率を決めていて，$t=0$ では $a>0$ なので $v$ は増加. よって，直線上で $v$ が増加するように右斜め下に向かって移動しなければならない. 速度 $v$ が 0 から少し増えたとして，グラフからわかるように $v<v_\infty$ である限り $a=dv/dt>0$ なので，やはり $v$ は増加するよう右斜め下向きに動く. しかし，$a=dv/dt$ の値は $t=0$ $(v=0)$ のときの値 $g$ に比べると小さいので，それだけ直線上での動きは「ゆっくり」となる. さらに $v$ が増え，$v_\infty$ に近づくにつれて $a=dv/dt$ は 0 に近くなるので，よりいっそう動きは「ゆっくり」にな

る．したがって，最初の値 $v=0$ から単調に，しかも，徐々にゆっくりと $v_\infty$ に近づいていくことがわかる．このとき，$v$ は $v_\infty$ に到達するのには「無限」に時間がかかるから $v$ が $v_\infty$ を超えて大きくなってしまうことはない．

(2) 最初の速度が $v_0$ (ただし $v_\infty < v_0$) とする．これは，終端速度よりも大きな速さで下向きに投げたときにあたる．このときは，グラフから $a=dv/dt<0$ なので，$v$ が減少するよう直線を左斜め上向きに動きはじめる．時間が経過して $v_\infty$ に近づくにつれて $a=dv/dt$ は 0 に近くなるので，減少の割合は小さくなる．したがって，単調に，しかも徐々にゆっくりと $v_\infty$ へ近づいていくことがわかる．このときも，$v$ が $v_\infty$ を超えて小さくはならない．

**4.10** 1.4 s

**4.11** 床から測った高さを $y$ とする．下のばねは $h/2-y$ だけ縮み，上のばねは $h-y-h/2$ だけ伸びている．おもりに働く力は $k(h/2-y)+k(h/2-y)-mg=-2ky+kh-mg$ で，つりあいの位置の高さ $y_0$ ではこれが 0 となるので，$y_0=(1/2)/h-(km/2)g$ であることがわかる．そこで，$y_0$ から測った高さを改めて $x$ とすると，おもりの変位が $x$ のときの力は $-2k(x+y_0)+kh-mg=-2kx$，おもりの運動方程式は $m\dfrac{d^2x}{dt^2}=-2kx$，これは単振動の運動方程式で，角振動数は $\omega=\sqrt{\dfrac{2k}{m}}$．よって，高さ $y_0=(1/2)h-(km/2)g$ を中心として，周期 $T=2\pi\sqrt{\dfrac{m}{2k}}$ の単振動をする．

**4.12** 水平方向には角振動数 $\omega$ の単振動，鉛直方向には角振動数 $2\omega$ の単振動．

**4.13** 電車が減速すると車内の物体には進行方向に慣性力が作用する．すると風船も進行方向に移動しそうだが，風船は空中に浮いていて，まわりの空気も進行方向に力を受ける．そうすると，風船は進行方向とは逆向きに移動する．この状況は，水中で 1 より小さな比重の物体が鉛直上向きに浮力を受けることに似ている．この場合，物体にも水にも同じように鉛直下向きの重力が作用しているが，物体の上部と下部での水の圧力差が浮力となる．一方，ブレーキをかけた電車内では空気にも風船にも進行方向に慣性力が働くが，空気は車内に閉じ込められているものとすれば，風船の前部と後部での圧力の差によって慣性力とは反対向きに，したがって，進行方向とは反対向きに力を受ける．ただし，電車内で空気が移動して風が起きてしまえば，風船もそれに乗って動いてしまうので，窓などは閉じられていなければならない．

**4.14** 流れに対して $66^\circ$で漕ぐと 13 s で到達する．

**4.15** コップと一緒に回転する虫の立場 (座標系) で考えよう．等速円運動をしているので，この虫には見かけの力である遠心力 $F$ が働いており，ガラス面からの垂直抗力 $N$ とつりあっている．虫が止まっていられるためには，ガラス面に平行な方向 (鉛直方向) に，重力とつりあう大きさの摩擦力 $f$ が作用していなければならない．それには摩擦力の最大値 $\mu N$ が重力の大きさ $mg$ を超えていればよい $(\mu N \geq mg)$．よって，遠心力は $F \geq mg/\mu$ を満たしていなければならない．コップの半径を $r$，回転の角速度を $\omega$ とすれば $F=mr\omega^2$ だから $r\omega^2 \geq g/\mu$ を満たすように回転していればよいことになる．

## 5章

**5.1** (1) 9.2 s (2) 25 m

**5.2** 大きい方から (2), (1), (3) の順．

**5.3** 運動量ベクトルの向きは速度ベクトルの向きと同じで軌道の接線方向を向いている．地面に落下する直前の速度は水平に対して下向き $60^\circ$，大きさは初速度と同じなので図 A5.1 のようになる．

$\vec{p}_0$ と $\vec{p}_1$ の始点をそろえて描き，差をつくると図 A5.2 のようになる．

$\vec{p}_0$ と $\vec{p}_1$ の大きさは $m$ を ボールの質量としていずれも $m\times 15$ m/s． 図 A5.2 より $|\vec{p}_1-\vec{p}_0|=2|\vec{p}_0|\sin 60^\circ=m\times 26$ m/s．経過時間を $\Delta t$ とすれば，ボールに働く重力 $mg$ による力積は $m\times 9.8\ \mathrm{m/s^2}\times\Delta t$． 運動量変化と力積を等しくおき，$\Delta t$ について解くと $\Delta t=2.7$ s．

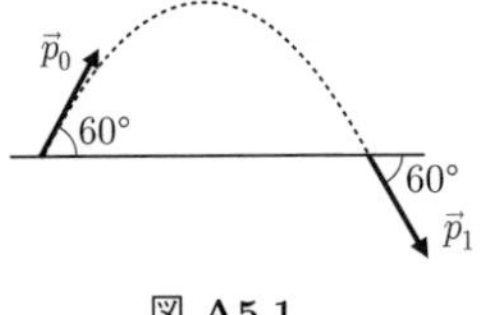

図 A5.1

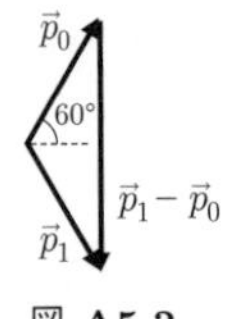

図 A5.2

**5.4** いずれも同じ．

**5.5** スキーヤーの質量を $m$，重力加速度を $g$ とする．高度差 $h$ を滑り降りた後，ポテンシャルエネルギーは $mgh$ だけ減少する．しかし，速さが変わらないので運動エネルギーは変化しない．したがって，力学的エネルギーは減少したことになる．

スキーヤーに作用する力は重力の他に斜面からの垂直抗力と摩擦力 $f$ である．このうち垂直抗力は運動方向と垂直なので仕事をしない．よって，仕事エネルギーの定理を書くと $\varDelta K = mgh - fs$ となる．これを $\varDelta K - mgh = -fs$ と書きなおすと，左辺は力学的エネルギーの変化で，これは摩擦力による仕事で減少することがわかる．

**5.6** いずれも $1.2 \times 10^2$ J.

**5.7** 初速を $v_0$ として高さ $h$ の天井に達したときの速さ $v$ は力学的エネルギー保存則から

$$\frac{1}{2}v^2 + gh = \frac{1}{2}v_0^2, \quad \therefore\ v = \sqrt{v_0^2 - 2gh}$$

衝突した後の速さ $v_1$ は $v$ の $e=0.6$ 倍になるので $v_1 = ev = e\sqrt{v_0^2 - 2gh}$. 再び床面に落下してきたときの速さ $v_2$ はやはり力学的エネルギー保存則から

$$\frac{1}{2}v_1^2 + gh = \frac{1}{2}v_2^2, \quad \therefore\ v_2 = \sqrt{v_1^2 + 2gh} = \sqrt{e^2(v_0^2 - 2gh) + 2gh} = \sqrt{e^2 v_0^2 + (1-e^2)2gh} > ev_0$$

よって，初速 $v_0$ の 60% よりも大きい．実際に重力加速度 $g$ の値として 9.8 m/s$^2$ を代入すると $v_2 = \sqrt{0.6^2 \times 15^2 + (1-0.6^2) \times 2 \times 9.8 \times 2.5} = 11$ m/s，これは初速の 70% 以上である．

**5.8** B と比べて D は下にある．

**5.9** (1) 力学的エネルギーを考える．ポテンシャルエネルギーは重力とばねの力によるもので $\frac{1}{2}mv_0^2 + 0 + 0 = 0 + \frac{1}{2}kh^2 + mgh$. これは $h$ についての 2 次方程式だから，$h_\pm = -\frac{mg}{k} \pm \sqrt{\left(\frac{mg}{k}\right)^2 + \frac{m}{k}v_0^2}$.

(2) 中点の高さは $\frac{h_+ + h_-}{2} = -\frac{mg}{k}$，これはつりあいの高さである．

**5.10** $1.8 \times 10^{11}$ kg m$^2$/s

**5.11** 最初の円運動の角速度を $\omega_0$ とする．円錐振り子の運動方程式から，糸の張力を $F$，重力加速度を $g$ として $ma_0 \sin 30^\circ \omega_0^2 = F\sin 30^\circ$，$mg = F\cos 30^\circ$ これを解いて $\omega_0^2 = \frac{g}{a_0 \cos 30^\circ}$.

円軌道の中心のまわりの角運動量は $L_0 = ma_0{}^2 \sin^2 30^\circ \sqrt{\frac{g}{a_0 \cos 30^\circ}} = ma_0{}^{3/2} g^{1/2} \sqrt{\frac{1/16}{\sqrt{3}/2}}$.

引き上げたために，ひもの長さが $a$ になったとして，角速度は $\omega^2 = \frac{g}{a\cos 45^\circ}$.

角運動量は $L = ma^2 \sin^2 45^\circ \sqrt{\frac{g}{a\cos 45^\circ}} = ma^{3/2} g^{1/2} \left(\frac{1}{\sqrt{2}}\right)^{3/2}$.

ひもの張力と重力の合力は円運動の中心を向いており，角運動量は変化しない．よって

$$L_0 = L, \qquad \therefore\ a_0^{3/2} \sqrt{\frac{1/16}{\sqrt{3}/2}} = a^{3/2} \left(\frac{1}{\sqrt{2}}\right)^{3/2}$$

数値を計算すると，$a = 0.59a_0$，角速度は $\frac{\omega}{\omega_0} = \sqrt{\frac{a_0 \cos 30^\circ}{a\cos 45^\circ}} = 1.4$．したがって，周期は $1/1.4 = 0.69$ 倍になる．

**5.12** (1) $5.7^\circ$ (2) 振れの角度が $0^\circ$ と $5.7^\circ$ の間で振動する．

**5.13** (1) 鉛直方向の運動について考える．高度差はいずれも $h=1$ m で初速度も同じなので，加速度が大きいほど速く到達する．B から C までは重力のみなので加速度は一定，これに対して A から B まで台に沿って運動するときは，重力以外に面からの垂直抗力が作用する．この抗力の鉛直方向成分は常に上向きで，重力と反対向き，また必ず重力よりも小さい．よって，鉛直方向の加速度は自由落下の加速度 $(g)$ よりも小さくなる．このため，A から B まで台に沿った運動の方が加速度は小さく，それだけ要する時間も長い．

(2) B から真下に距離 $h$ の点を D とし，D を中心に半径 $h$ の円を描く．これと直線 DC との交点を E とすると，円弧 AB は円弧 BE の長さに等しい．放物線の軌道の方程式は $y = -\frac{x^2}{4h} + h$ で，同じ $x$ のとき，円弧 BE 上の点との高さを比べると

$$-\frac{x^2}{4h} + h - \sqrt{h^2 - x^2} = \frac{\dfrac{x^4}{16h^2} + \dfrac{x^2}{2}}{-\dfrac{x^2}{4h} + h + \sqrt{h^2 - x^2}} > 0.$$

よって，常に放物線軌道の方が高く，円弧 BE よりも距離は長いことになる．

**5.14** 力学的エネルギー：$E = \frac{1}{2}mv^2 - \frac{GMm}{r} \cdots$ ①，角運動量：$L = mrv \cdots$ ② で，$r$ と $v$ は独立ではなく，運動方程式 $m\frac{v^2}{r} = \frac{GMm}{r^2}$ から，$v^2 = \frac{GM}{r} \cdots$ ③ あるいは $r = \frac{GM}{v^2} \cdots$ ③$'$ の関係がある．

(1) ①に③を代入して $v$ を消去すると $E=\dfrac{GMm}{2r}-\dfrac{GMm}{r}=-\dfrac{GMm}{2r}\cdots$ ④

②に③を代入して $v$ を消去すると $L=mr\sqrt{\dfrac{GM}{r}}=m\sqrt{GMr}\cdots$ ⑤

④，⑤より，軌道半径 $r$ が増えると，$E$ も $L$ も増加する ($E<0$ なので $r$ が増えたとき，$|E|$ は減少するが，符号まで含めて考えれば増加する).

(2) ①に③$'$ を代入して $r$ を消去すると $E=\dfrac{1}{2}mv^2-mv^2=-\dfrac{1}{2}mv^2\cdots$ ⑥

②に③$'$ を代入して $r$ を消去すると $L=m\dfrac{GM}{v^2}v=m\dfrac{GM}{v}\cdots$ ⑦

⑥，⑦より，速度 $v$ が増えると，$E$ も $L$ も減少する ($E<0$ なので $v$ が増えたとき，符号まで含めて考えれば減少する).

(3) ④と⑥から $T=\dfrac{v}{2\pi r}=-\dfrac{GMm}{2E}\sqrt{-\dfrac{2E}{m}}=-GM\sqrt{-\dfrac{2m}{E}}.\quad \therefore\ E=-\dfrac{2m(GM)^2}{T^2}$

⑤と⑦から $T=\dfrac{v}{2\pi r}=\dfrac{GMm}{2\pi L}\dfrac{GMm^2}{L^2}=\dfrac{(GM)^2m^3}{2\pi L^3}.\quad \therefore\ L=\sqrt[3]{\dfrac{(GM)^2m^3}{2\pi T}}$

よって，周期 $T$ が増えると，$E$ は増加し，$L$ は減少する.

**5.15**　電子の質量を $m$ として，$E=-\dfrac{1}{2}m\left(\dfrac{ke^2}{L}\right)^2$.

## 6章

**6.1**　太い方は質量中心Gとの距離が短いので，太い方が重い.

**6.2**　$x_{\mathrm{c}}=\dfrac{3}{4}h$

**6.3**　2つの垂線が交わる点が質量中心となる.

**6.4**　体の質量中心の運動は，地面を蹴る力の大きさと向きで決まるので，高跳バーを越える体が質量中心より高くなるようにするために体を前屈または反返って∩形にする．また，走り幅跳びで前屈して着地するのは，体の着地部分をできるだけ前方へもっていくために体の質量中心と体の最下部(着地する部分)との高さの差を小さくするためである.

**6.5**　$x_{\mathrm{c}}=-L/12$

**6.6**　$v_2=\dfrac{1-\mu}{1+\mu}v+\dfrac{2\mu}{1+\mu}V,\quad V_2=\dfrac{2}{1+\mu}v-\dfrac{1-\mu}{1+\mu}V,\quad \mu=\dfrac{M}{m}$

**6.7**　弓を引いたときは人は移動せず，矢が放されたとき，人は後方に速さ 33 cm/s で移動する.

**6.8**　人とボートの系には水平方向の外力が働かないので，この系の水平方向の総運動量は0のまま保存され，系の質量中心は不動である．したがって，人がボートの床を移動するとボートは逆向きに動く．図 A6.1 のように，岸に固定した座標を $x$，ボートに固定した座標を $x'$ とする．人がボート上で歩く速さを $v'$，ボートが岸に対して動く速さを $u$ とする．人の質量を $m$，ボートの質量を $M$ とする．岸に固定した座標系で運動量保存は

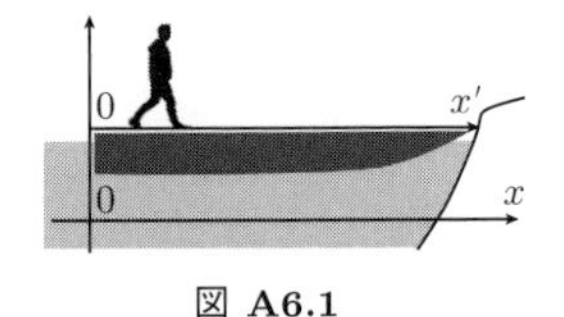

図 A6.1

$$m(v'+u)+Mu=0$$

と表される．よって，

$$u=-\frac{m}{m+M}v'.$$

この両辺を時間積分すると

$$\int u\,dt=\int\frac{dx}{dt}\,dt=\int dx=X=-\int\frac{m}{m+M}\frac{dx'}{dt}\,dt=-\frac{m}{m+M}\int dx'=-\frac{m}{m+M}L'.$$

$X=-1.94$，したがって，ボートは岸から 1.94 m 離れる.

**6.9**　進行方向に飛んだ2つの破片の速度を $\vec{v}_1,\vec{v}_2$，これらとは直交する方向に飛んだ破片を $\vec{v}_3,\vec{v}_4$ とする．質量 $m$ の砲弾が破裂する前後の運動量保存は

$$m\vec{v}=\frac{m}{4}(\vec{v}_1+\vec{v}_2+\vec{v}_3+\vec{v}_4)=\frac{m}{4}(\vec{v}_1+\vec{v}_2)=\frac{m}{4}\left(\frac{3}{2}\vec{v}+\vec{v}_2\right).$$

よって，$\vec{v}_2=\dfrac{5}{2}\vec{v}$ である．したがって，到達距離は $l=\dfrac{7}{4}L$ となる.

**6.10** (1) 弾性衝突直後のブロック 1, 2 の速度 $\vec{v}, \vec{V}$ は，$\vec{v}=\dfrac{m-M}{m+M}\vec{v}_0$，$\vec{V}=\dfrac{2m}{m+M}\vec{v}_0$.

(2) $m \ll M$ のとき，$|v| \to |v_0|$ となる.

(3) 衝突の位置を原点とし，$\vec{v}_0$の方向を正とするする $x$ 座標をとる．ばね振動の最大変位の大きさを $x_0$ とする．ばね振動運動のエネルギー保存より

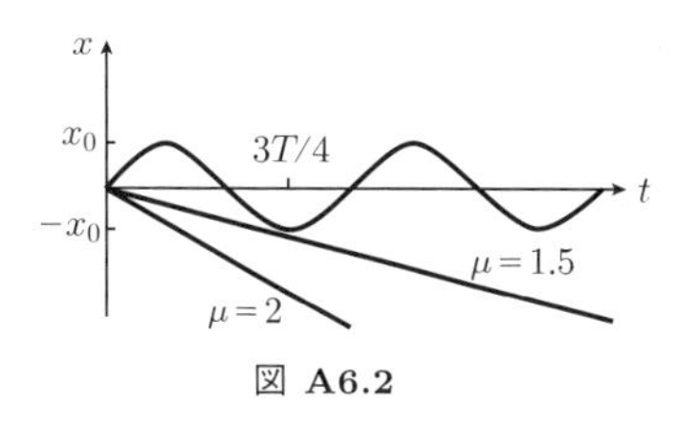

図 **A6.2**

$$\frac{1}{2}MV^2=\frac{1}{2}kx_0^2,\quad x_0=V\sqrt{\frac{M}{k}}=\frac{2}{1+\mu}v_0\sqrt{\frac{M}{k}}=\frac{v_0T}{\pi(1+\mu)},\quad T=2\pi\sqrt{\frac{M}{k}}.$$

ばね振動の変位 $x$ は，$x_{ばね}=x_0\sin\dfrac{2\pi t}{T}$．ブロック 1 の位置座標は $x_1=vt=-\dfrac{\mu-1}{\mu+1}v_0t$. $t=\dfrac{3}{4}T$ のとき，$\mu=2$ の場合 $x_{ばね}=-\dfrac{v_0T}{3\pi}, x_1=-\dfrac{v_0T}{4}$．$\mu=1.5$ の場合 $x_{ばね}=-\dfrac{2v_0T}{5\pi}$, $x_1=-\dfrac{3v_0T}{20}$．図 A6.2 に図示.

(4) ばね振動運動のエネルギーは $E=\dfrac{1}{2}kx_0^2=2mv_0^2\dfrac{\mu}{(1+\mu)^2}$ と表されるので，$\mu=1$ のとき，$E_{\max}=\dfrac{1}{2}mv_0^2$ である.

(5) 衝突直後のブロック 1 は静止し，ブロック 2 は速度 $v_0$ で動きはじめ，ばねの長さを $x_0=v_0\sqrt{\dfrac{m}{k}}$ だけ縮め静止する．その後，ばねの力で $x$ 座標の負の方向に加速し，$x=0$ でブロック 1 に衝突し静止する．ブロック 1 は $-v_0$ の速度で負の方向に移動する.

**6.11** (1) 速度 $\vec{v}$ の方向を正とする $x$ 座標をとる．ばねの長さの自然長からの変位を $x'$ として，ばねの力を $f=-kx'$ と表す．ブロック 1, 2 の運動方程式は $m\ddot{x}_1=-f$，$M\ddot{x}_2=f$．相対的な加速度を用いた運動方程式は $\eta\ddot{x}=f$，$\eta=mM/(m+M)$ となる.

(2) ばね運動の方程式は $\eta\ddot{x}'=-kx'$．この解を $x'=-x'_0\sin\omega t$，$\omega=\sqrt{k/\eta}$ と表す．$t=0$ のとき，$\dot{x}'=-v$ であるから，$v_{ばね}(t)=-v\cos\omega t$.

(3) 運動量保存と相対速度の関係から，$mv=m\dot{x}_1+M\dot{x}_2$，$\dot{x}_2-\dot{x}_1=-v\cos\omega t$．これらより，$\dot{x}_1=\dfrac{v(1+\mu\cos\omega t)}{1+\mu}$，$\dot{x}_2=\dfrac{v(1-\cos\omega t)}{1+\mu}$，$\mu=\dfrac{M}{m}$.

(4) ばねが最大に縮んだとき，$\omega t=\dfrac{\pi}{2}$．このとき，$\dot{x}_1=\dot{x}_2=\dfrac{v}{1+\mu}$.

(5) $t>\dfrac{\pi}{\omega}$ では，ばねからのブロック 1 は離れる．$t=\dfrac{\pi}{\omega}$ のとき，ブロック 1, 2 の速度は，$\dot{x}_1=\dfrac{v(1-\mu)}{1+\mu}$，$\dot{x}_2=\dfrac{2v}{1+\mu}$.

**6.12** (1) 壁が静止する座標系に移行すると，粒子の速度は $\vec{v}_{s1}=\vec{v}-\vec{V}$ となる．壁に正面弾性衝突したあとの粒子の速度は $\vec{v}_{s2}=-\vec{v}+\vec{V}$ となる．もとの座標系に戻ると，粒子速度は $\vec{v}_f=\vec{v}_{s2}+\vec{V}=-\vec{v}+2\vec{V}$ と表される．$\vec{v}$ と $\vec{V}$ のベクトルの向きが相互に逆向きとなっているとき，粒子は加速される.

(2) $x$ 軸を壁面に垂直にとり，$-\vec{V}$ の向きを正方向とする．粒子の速度を，$x$ 軸に平行な成分と垂直な成分に分けて表すと，$v_\parallel=v\cos\theta$，$v_\perp=v\sin\theta$ となる．壁が静止する座標系に移行すると，粒子速度の平行成分は $v'_\parallel=v\cos\theta+V$ となる．(1) より，衝突後の粒子速度は，最初に設定した座標系で，$v_\parallel=-v\cos\theta-2V$，$v_\perp=v\sin\theta$ となる.

(3) 壁と $n$ 回衝突後の粒子速度は $v_\parallel=-v\cos\theta-2nV$, $v_\perp=v\sin\theta$ となる．粒子の速さは $\left(1+4n\dfrac{V}{v}\cos\theta+4n^2\left(\dfrac{V}{v}\right)^2\right)^{1/2}$ 倍に増大する.

**6.13** 惑星の質量 $M$ は惑星探査機の質量 $m$ に比べて十分に大きいとみなし，惑星は惑星探査機からの重力作用を無視して一定の速度 $\vec{V}$ で動くとする．$x$ 軸を惑星の速度 $\vec{V}$ に平行にとり，$-\vec{V}$ 方向を正方向とする．惑星探査機の速度ベクトル $\vec{v}_\infty$ を $x$ 軸に平行な成分と垂直な成分に分けて，$v_\parallel=v_\infty\cos\theta$，$v_\perp=v_\infty\sin\theta$ と表す．そこで，惑星が静止する座標系に移行すると，平行成分は $v_\parallel=v_\infty\cos\theta+V$ となる．惑星探査機が惑星を通過する運動では，力学的エネルギーが失われないので，弾性衝突の式が適用できる．よって，惑星通過後，十分に遠方にある惑星探査機速度の平行成分は $v_\parallel=-v_\infty\cos\theta-V$ と表される．惑星が一定の速度 $\vec{V}$ で動くもとの座標系に戻ると，惑星探査機速度の平行成分は $v_\parallel=-v_\infty\cos\theta-2V$ となる．このとき，惑星探査機の速さは $v=\sqrt{v_\infty^2+4V^2+4Vv_\infty\cos\theta}$ となる．したがって，$V=30$ km/s，$v_\infty=12$ km/s，$\theta=30^\circ$ のとき，$v=71$ km/s となり，惑星探査機の速さは 5.9 倍に加速される.

## 7章

**7.1** (1) $V=5.2$ m/s, $T=0.4$ s, $L=2.1$ m

(2) (3) (4)

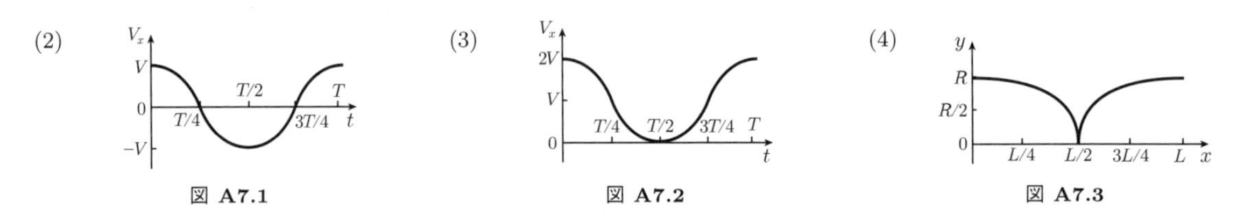


図 **A7.1** 図 **A7.2** 図 **A7.3**

**7.2** 磁気テープの回転とは逆向きに宇宙船は回転する.

**7.3** (1) $\dfrac{1}{12}ML^2$ (2) $\dfrac{2}{5}MR^2$ (3) $\dfrac{2}{3}MR^2$

**7.4** (1) リングの方が大きな運動エネルギーをもつ. (2) 球の方が早く転がり落ちる.

**7.5** (1) $I=\dfrac{1}{3}ML^2$ (2) $\dfrac{3}{2}g$ (3) $T=2\pi\sqrt{\dfrac{2L}{3g}}$

**7.6** (1) 剛体の軸を $z$ 軸にとり, これに平行で質量中心を通る軸を $z'$ 軸とする (図 A7.4).

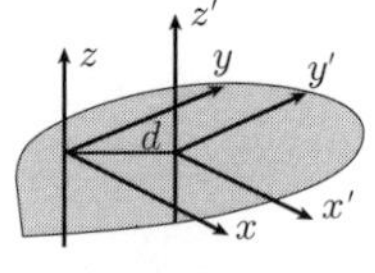


図 **A7.4**

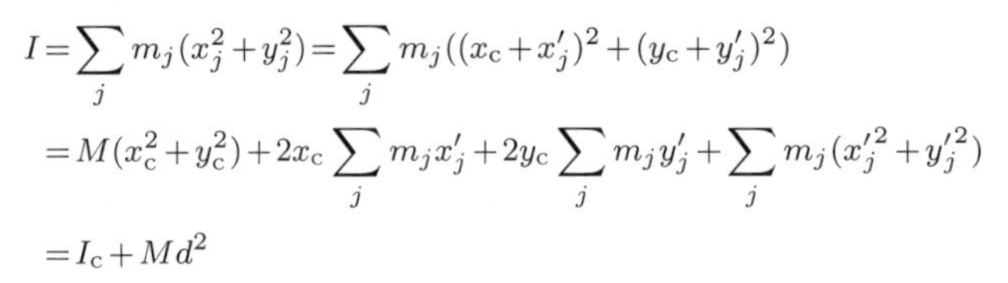

$$I=\sum_j m_j(x_j^2+y_j^2)=\sum_j m_j((x_c+x_j')^2+(y_c+y_j')^2)$$
$$=M(x_c^2+y_c^2)+2x_c\sum_j m_jx_j'+2y_c\sum_j m_jy_j'+\sum_j m_j(x_j'^2+y_j'^2)$$
$$=I_c+Md^2$$

(2) 長方形の中心を通る $x$ 座標をとる (図 A7.5). 微小な幅の短冊の質量を $dm=M\,dx/a$ とする.

$$I=\int_{-a/2}^{a/2}\frac{1}{12}dm\,b^2+\int_{-a/2}^{a/2}x^2\,dm=\frac{1}{12}M(a^2+b^2).$$

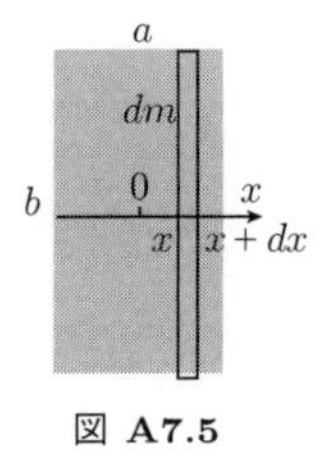


図 **A7.5**

(3) 質量 $M$ の円盤の円柱中心軸まわりの慣性モーメントは $I_0=I_c+Mr^2$, くり抜かれた半径 $r$ の円盤の慣性モーメントは $I_1=\dfrac{1}{2}M_1r^2=\dfrac{1}{2}M\left(\dfrac{r}{R}\right)^2r^2$. よって, $I=I_0-I_1=\dfrac{23}{32}MR^2$. 剛体の角運動量は $\vec{L}=\left(\dfrac{1}{2}mr^2+\dfrac{23}{32}MR^2\right)\vec{\omega}$.

**7.7** (1) カーブの先端でエネルギー保存は $mgh=mgR+\dfrac{1}{2}mv^2+\dfrac{1}{2}I\omega^2$ となる. 飛び出すには $mgh-mgR=\dfrac{1}{2}mv^2+\dfrac{1}{2}I\omega^2>0$. したがって, $h>R$.

(2) $I=\dfrac{2}{5}mr^2$, $v=r\omega$ であるので, カーブ先端での飛び出す速度は鉛直上向きに速さ $v=\sqrt{\dfrac{10}{7}(h-R)g}$ となる.

(3) 最高高度で球の回転運動エネルギーは $\dfrac{1}{2}I\omega^2=\dfrac{2}{7}mg(h-R)$ となる. したがって, 最高高度 $H_{\max}=\dfrac{1}{7}(5h+2R)$.

**7.8** (1) 撃力 $F$ を与えたときの球の水平方向と回転の運動方程式は $m\dfrac{dv}{dt}=F$, $I\dfrac{d\omega}{dt}=(h-r)F$ と表される. これら2つの式を撃力が働く短い時間内で積分すると $mv_0=J$, $I\omega_0=(h-r)J$, $J=\displaystyle\int F dt$ となり, 速度 $v_0$ と角速度 $\omega_0$ で動き出すことがわかる. このとき, 球が滑ることなく転がるには $v_0=r\omega_0$ とならなければならない. $I=\dfrac{2}{5}mr^2$ であることから, $h_0=\dfrac{7}{5}r$ となる.

(2) $h>h_0$ では, 大きな角速度 $\omega_0$ となるので, $v_0<r\omega_0$, 球が床面上を回転する速さが移動する速さを上まわり, 球は床面を滑りながら動く. 床面の摩擦力は球の移動を加速し, 回転を減速させる.

(3) $h<h_0$ では $v_0>r\omega_0$ となり, 球が移動する速さが回転する速さを上まわり, 球は床面を滑りながら動く. 床面の摩擦力は球の移動を減速し, 回転を加速させる.

**7.9** (1) 回転台と2人の系には回転方向の外力が働かないので, この系の総角運動量は保存される. したがって, 人が台の上を移動すると回転台は逆向きに動く. 回転台を支える地上の座標系で測った角度を $\theta$, その角速度を $\vec{\Omega}$, 回転台に固定した座標系で測った角度を $\theta'$, その角速度を $\vec{\omega}'$ とする. 質量 $M$, 半径 $R$ の円柱の慣性モーメントは $I=\dfrac{1}{2}MR^2$ であるので, 回転台の慣性モーメントは$I_{台}=3750\ \mathrm{kgm^2}$であり，半径$r$にいる質量$m$の人の慣性モーメントは$I=mr^2$であるので，$r=4$ mにいる2人の慣性モーメントは$I_{人}=1920\ \mathrm{kgm^2}$である．最初に静止していた人と台の状態から，2人が台の上を$\vec{\omega}'$の角速度で歩き，回転台が角速度$\vec{\Omega}$で回転するとき，この系の角運動量保存は，$I_{人}(\vec{\omega}'+\vec{\Omega})+I_{台}\vec{\Omega}=0$と表される．ゆえに，角速度の大きさは$\Omega=-\dfrac{I_{人}}{I_{人}+I_{台}}\omega'$．この両辺を時間積分する．

$$\int \Omega\, dt=\int \frac{d\theta}{dt}\, dt=\int d\theta=\theta=-\int \frac{I_{人}}{I_{人}+I_{台}}\frac{d\theta'}{dt}\, dt=-\frac{I_{人}}{I_{人}+I_{台}}\int d\theta'=-\frac{I_{人}}{I_{人}+I_{台}}\theta'.$$

したがって，回転台は人の回転方向と逆向きに角度$\theta=61^\circ$回転する．

(2) 人の角速度の大きさは，$\omega'=0.5$ rad/s であるので，台は人の回転方向と逆向きに角速度の大きさ$\Omega=0.17$ rad/s で回転する．

(3) この過程で系の角運動量は保存するので，$I_{人}=480\ \mathrm{kgm^2}$，$\omega'=1.0$ rad/s となり，回転台は$\Omega=0.11$ rad/s で人とは逆向き回転する．系の運動エネルギーは$E_K=\dfrac{1}{2}I_{人}(\omega'-\Omega)^2+\dfrac{1}{2}I_{台}\Omega^2$と表されるので，回転の運動エネルギーは$E_K=159$ J から$E_K=213$ J に変化する．

(4) 系の角運動量は保存するので，$\Omega=0$となり，地上に固定した座標系で回転台は静止する．

**7.10** (1) $\Delta L_z=-I\omega(1-\cos\Delta\theta)$, $\Delta L_{\parallel}=I\omega\sin\Delta\theta$

(2) 車輪にトルク$(\Delta N_z, \Delta N_{\parallel})$, $\Delta N_z=\dfrac{\Delta L_z}{\Delta t}=-I\omega\Delta\theta\dfrac{\Delta\theta}{\Delta t}$, $\Delta N_{\parallel}=\dfrac{\Delta L_{\parallel}}{\Delta t}=I\omega\dfrac{\Delta\theta}{\Delta t}$を作用させる必要がある．

(3) 水平方向のトルク$\Delta N_{g\parallel}=Mgr_{\mathrm{c}}\sin\Delta\theta$を作用する．ここで，$r_{\mathrm{c}}$は車輪の質量中心と支点(人が持つ手)との間の長さである．

(4) 人は両手で車輪の軸を傾けて回転する車輪に水平方向のトルク($\Delta N_{\parallel}$)を作用することができる．しかし，人は車輪の軸を傾けて鉛直方向のトルク($\Delta N_z<0$)を車輪に加える際の反作用を受けて，人は鉛直方向のトルク($\Delta N_z>0$)をもち反時計回りに回転する．

(5) 回転椅子および人と車輪の系における鉛直方向の角運動量が保存する．したがって，人の角運動量は$\vec{L}_{人}=2I\vec{\omega}\dfrac{I_{人}}{I_{人}+I_{回転椅子}}$となる．

## 8章

**8.1** (1) 華氏温度$t_{\mathrm{F}}$ [°F]，摂氏温度$t_{\mathrm{C}}$ [℃] の関係$t_{\mathrm{F}}=\dfrac{9}{5}t_{\mathrm{C}}+32$を使う．したがって，$t_{\mathrm{C}}=\dfrac{5}{9}(t_{\mathrm{F}}-32)=\dfrac{5}{9}(400-32)$ ℃$=$ 204 ℃.

(2) 摂氏温度$t_{\mathrm{C}}$ [℃] と絶対温度$T$ [K] の関係$t_{\mathrm{C}}=T-273.15$を使う．したがって，$-268.93$ ℃ (ヘリウム)，$-252.88$ ℃ (水素)，$-195.80$ ℃ (窒素)，$-182.96$ ℃ (酸素).

**8.2** (1) $1\ \mathrm{bar}=10^5\ \mathrm{Pa}$，$1\ \mathrm{atm}=101325\ \mathrm{Pa}$，$1\ \mathrm{Torr}=1\ \mathrm{mmHg}=\dfrac{101325}{760}\ \mathrm{Pa}$のように定義されている．

(2) 理想気体(1 mol)の状態方程式より

$$V=\frac{RT}{p}=(1\ \mathrm{mol})\times 8.314\frac{\mathrm{J}}{\mathrm{mol\cdot K}}\times\frac{273.15\ \mathrm{K}}{1.013\times 10^5\ \mathrm{Pa}}\approx 0.0224\frac{\mathrm{J}}{\mathrm{Pa}}=0.0224\frac{\mathrm{N\cdot m}}{\mathrm{N/m^2}}=0.0224\frac{\mathrm{m^3}}{\mathrm{L}}\mathrm{L}=22.4\ \mathrm{L}$$

(3) $R=8.314\dfrac{\mathrm{Pa\cdot m^3}}{\mathrm{mol\cdot K}}=8.314\dfrac{\mathrm{Pa}}{\mathrm{atm}}\dfrac{\mathrm{m^3}}{\mathrm{L}}\times\dfrac{\mathrm{atm\cdot L}}{\mathrm{mol\cdot K}}=8.314\dfrac{1}{101325}\dfrac{10^3}{1}\times\dfrac{\mathrm{atm\cdot L}}{\mathrm{mol\cdot K}}=8.205\times 10^{-2}\ \mathrm{atm\cdot L/(mol\cdot K)}$

**8.3** (1) ボンベは熱伝導性がよいので，ヘリウムガス，ボンベ，外気は常温で熱平衡状態になっていると考えてよい．A, B 内のヘリウムガスの温度は等しく常温である．1〜2気圧で常温のヘリウムガスは理想気体とみなしてよい．エネルギー等分配則，$\dfrac{1}{2}m\langle v^2\rangle=\dfrac{3}{2}k_{\mathrm{B}}T$より，ヘリウム原子の速さの2乗平均$\langle v^2\rangle$は圧力，体積によらず，温度だけで決まる．したがって，A, B 内のヘリウム原子の平均的な速さ(速さの2乗平均の平方根)は等しい．

(2) 圧力は$p=\dfrac{1}{3}\dfrac{N}{V}m\langle v^2\rangle$より，$N/V$に比例するので，温度が同じでも分子の個数密度に比例して圧力に違いが生じる．

**8.4** (1) 容器は$x, y, z$の各方向に長さ$L$の辺をもつ立方体とする．分子の質量を$m_\alpha$，ある分子の速度の$x$成分を$v_{\alpha x}$とすれば，この分子は$x$軸に垂直な1つの壁に単位時間に$|v_{\alpha x}|/(2L)$回衝突し，1回の衝突で壁に力積$2m_\alpha|v_{\alpha x}|$を与える．したがって，1分子が壁に与える力(単位時間に与える力積)は$m_\alpha v_{\alpha x}^2/L$に等しい．これを$n_\alpha$ [mol] の分子について合計すると，$F=n_\alpha M_\alpha\langle v_{\alpha x}^2\rangle/L$となる．ここで，$M_\alpha=N_{\mathrm{A}}m_\alpha$はモル質量，$\langle v_{\alpha x}^2\rangle$は$v_{\alpha x}^2$の平均値である．$x, y, z$の各方向は同等なので$\langle v_{\alpha x}^2\rangle=\langle v_{\alpha y}^2\rangle=\langle v_{\alpha z}^2\rangle=\dfrac{1}{3}(\langle v_{\alpha x}^2\rangle+\langle v_{\alpha y}^2\rangle+\langle v_{\alpha z}^2\rangle)=\dfrac{1}{3}\langle v_\alpha^2\rangle$．壁の面積は$L^2$なので，分圧は$p_\alpha=\dfrac{1}{3}n_\alpha M_\alpha\langle v_\alpha^2\rangle/V$となる．ここで，$V=L^3$は容器の体積である．

(2) エネルギー等分配則により，$\left\langle \frac{1}{2}m_\alpha v_{\alpha x}^2 \right\rangle = \left\langle \frac{1}{2}m_\alpha v_{\alpha y}^2 \right\rangle = \left\langle \frac{1}{2}m_\alpha v_{\alpha z}^2 \right\rangle = \frac{1}{2}k_\mathrm{B}T$ がいえる．よって，$\frac{1}{2}m_\alpha\langle v_\alpha^2\rangle = \frac{3}{2}k_\mathrm{B}T$ となり，$p_\alpha = \frac{1}{3}n_\alpha N_\mathrm{A} m_\alpha \langle v_\alpha^2\rangle/V = n_\alpha N_\mathrm{A} k_\mathrm{B}T/V = n_\alpha RT/V$ が成り立つ．ここで，$R = N_\mathrm{A}k_\mathrm{B}$ は気体定数である．

(3) すべての成分 $\alpha$ について $p_\alpha V = n_\alpha RT$ の和をとると，$pV = nRT$ を得る．ここで，$p = \sum_\alpha p_\alpha$ は全圧力，$n = \sum_\alpha n_\alpha$ は全モル数である．

**8.5** 約 $1\times 10^5$ cal となる．

**8.6** 2原子分子 (自由度5) 理想気体の定積モル比熱は，エネルギー等分配則から $\frac{5}{2}R$ ($R$ は気体定数) である．さらに，マイヤーの関係式から定圧モル比熱は $\frac{7}{2}R$ となる．圧力と温度が一定なら理想気体のモル数は分子の種類によらず体積に比例する (アボガドロの法則) ので，問題の空気は 1 mol あたり窒素 0.79 mol と酸素 0.21 mol を含む．この空気のモル質量は $M = (0.79\times 28.0 + 0.21\times 32.0)$ g/mol $= 28.8$ g/mol $= 0.0288$ kg/mol．よって，この空気の定圧比熱は $c = \frac{7}{2}R/M$ である．したがって，$c = \frac{7}{2}\frac{R}{M} = 3.5\times\frac{8.31\ \mathrm{J/(mol\cdot K)}}{0.0288\ \mathrm{kg/mol}} = 1.01\times 10^3\ \mathrm{J/(kg\cdot K)}$.

**8.7** (1) 1個の平均運動エネルギー $\varepsilon = \frac{1}{2}m\langle v^2\rangle$ は，エネルギー等分配則から $\varepsilon = \frac{3}{2}k_\mathrm{B}T$ である．$T = (25+273)$ K $= 298$ K，$k_\mathrm{B} = 1.38\times 10^{-23}$ J/K を使う．したがって，$\varepsilon = 1.5\times 1.38\times 10^{-23}\times 298$ J $= 617\times 10^{-23}$ J.

(2) 2乗平均速度の定義より，$v_\mathrm{rms} = \sqrt{\langle v^2\rangle} = \sqrt{2\varepsilon/m}$ である．酸素1分子の質量 $m$ は酸素分子のモル質量 0.0320 kg/mol をアボガドロ数 $N_\mathrm{A} = 6.02\times 10^{23}\ \mathrm{mol^{-1}}$ で割ったものであるから，$v_\mathrm{rms} = \sqrt{\frac{2\times(617\times 10^{-23}\ \mathrm{J})\times(6.02\times 10^{23}\ \mathrm{mol^{-1}})}{0.0320\ \mathrm{kg/mol}}} = 482$ m/s.

**8.8** $v_\mathrm{m} = \sqrt{\frac{2k_\mathrm{B}T}{m}}$，大小関係 $v_\mathrm{m} < \langle v\rangle < v_\mathrm{rms}$.

**8.9** (1) 一様で等方的な物質では $V = AL^3$ ($A$ は定数) と書けるので，$\beta = (AL^3)^{-1}(AdL^3/dT) = 3L^{-1}(dL/dT)$ となり，$\beta = 3\alpha$ の関係が成り立つ．

(2) 鉄：$3.54\times 10^{-5}\ \mathrm{K^{-1}}$，ニッケル：$4.02\times 10^{-5}\ \mathrm{K^{-1}}$，インバー：$0.36\times 10^{-5}\ \mathrm{K^{-1}}$.

**8.10** 図 A8.1 の右向きに，$\Delta x = (V_0/S)\Delta T/T_0$ だけ変位する．

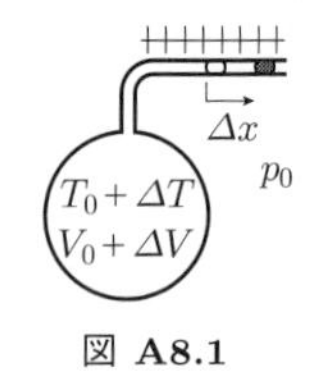

**図 A8.1**

**8.11** (1) $U = N\varepsilon$.

(2) 箱は $x, y, z$ の各方向に長さ $L$ の辺をもつ立方体とする．1個の光子が $x$ 軸に垂直な壁で反射するとき，壁に与える力積の大きさは $2p_x$ である．ただし，$p_x$ は光子の運動量の $x$ 成分を表す．この光子は，箱内を $x$ 方向の速さ $cp_x/p$ で往復運動するから，同じ壁に単位時間に $(cp_x/p)/(2L) = cp_x/(2Lp)$ 回衝突して力積を与える．$N$ 個の光子が壁に対してこのような衝突を行うので，壁が光子気体から受ける力は，$F = Nc\langle p_x^2\rangle/(Lp)$ である．ここで，$\langle p_x^2\rangle$ は $N$ 個の光子にわたる $p_x^2$ の平均値を表す．壁の面積は $L^2$ だから，光子気体の圧力は $P = F/L^2 = Nc(\langle p_x^2\rangle/p)/V$ となる．光子の運動方向はランダムだとすると，$\langle p_x^2\rangle = \langle p_y^2\rangle = \langle p_z^2\rangle$ としてよい．また，$p_x^2 + p_y^2 + p_z^2 = p^2$ なので，$\langle p_x^2\rangle = \langle p_y^2\rangle = \langle p_z^2\rangle = p^2/3$ としてよい．したがって，$P = Ncp/(3V)$ を得る．

(3) 光子のエネルギー $\varepsilon$ と運動量 $p$ の関係は，$U/V = 3P$ に (1), (2) の結果を代入すると，$N\varepsilon/V = Ncp/V$ なので $\varepsilon = cp$. 光子の運動量 $p$ と振動数 $\nu$ の関係は，光の波長 $\lambda = c/\nu$ を使うと $p = h/\lambda$.

**8.12** (1) 物体 A, B の表面原子どうしの衝突後の速度をそれぞれ $v'_\mathrm{A}, v'_\mathrm{B}$ とする．弾性衝突なので運動量保存則とエネルギー保存則より，$Mv_\mathrm{A} + Mv_\mathrm{B} = Mv'_\mathrm{A} + Mv'_\mathrm{B}$, $Mv_\mathrm{A}^2 + Mv_\mathrm{B}^2 = Mv'^2_\mathrm{A} + Mv'^2_\mathrm{B}$ が成立する．これらを解くと，$v'_\mathrm{A} = v_\mathrm{B}$, $v'_\mathrm{B} = v_\mathrm{A}$ となり，衝突で原子速度が相互に入れ替わる．したがって，物体 A の表面原子の運動エネルギーの変化は $\Delta K_\mathrm{A} = \frac{1}{2}Mv'^2_\mathrm{A} - \frac{1}{2}Mv_\mathrm{A}^2 = \frac{1}{2}Mv_\mathrm{B}^2 - \frac{1}{2}Mv_\mathrm{A}^2$ である．

(2) エネルギー等分配則によれば，温度 $T$ の熱平衡状態にある粒子系は運動の各自由度に平均の運動エネルギー $\frac{1}{2}k_\mathrm{B}T$ が等分配される．したがって，1回の衝突で物体 A の表面原子1個が物体 B から受け取る平均エネルギーは $\langle\Delta K_\mathrm{A}\rangle = \frac{1}{2}M\langle v_\mathrm{B}^2\rangle - \frac{1}{2}M\langle v_\mathrm{A}^2\rangle = \frac{1}{2}k_\mathrm{B}(T_\mathrm{B} - T_\mathrm{A})$ と書くことができる．$T_\mathrm{B} > T_\mathrm{A}$ の場合は $\langle\Delta K_\mathrm{A}\rangle > 0$ であり，熱エネルギーは B から A に移動する．すなわち，熱は高温部から低温部に移動する．$T_\mathrm{B} = T_\mathrm{A}$ の場合は $\langle\Delta K_\mathrm{A}\rangle = 0$ であり，熱移動はない (熱平衡状態).

**8.13** 熱平衡状態に達したとき氷が残っているならばその温度は0℃である．氷の単位質量あたりの融解熱を $L$，金属，水の比熱および質量をそれぞれ $c_{\mathrm{A}}, c_{\mathrm{B}}$，および $M_{\mathrm{A}}, M_{\mathrm{B}}$ とし，これらの最初の摂氏温度を $t$，各容器内で融けた氷の質量を $m_{\mathrm{A}}$, $m_{\mathrm{B}}$ とすると，$M_{\mathrm{A}}c_{\mathrm{A}}t = m_{\mathrm{A}}L$, $M_{\mathrm{B}}c_{\mathrm{B}}t = m_{\mathrm{B}}L$ が成り立つ．これらの式から $L$ を消去して，$c_{\mathrm{A}} = \dfrac{M_{\mathrm{B}}m_{\mathrm{A}}}{M_{\mathrm{A}}m_{\mathrm{B}}}c_{\mathrm{B}}$ を得る．数値を代入すると，$c_{\mathrm{A}} = \dfrac{10\ \mathrm{g}\times 6.2\ \mathrm{g}}{100\ \mathrm{g}\times 5.6\ \mathrm{g}}\times 4.2\ \mathrm{J/(g\cdot K)} = 0.46\ \mathrm{J/(g\cdot K)}$ となる．

**8.14** 壁面の一部の微小面積 $A$ に単位時間に衝突する粒子数を求める．$z$ 軸を微小面積の法線方向に，$x$ 軸，$y$ 軸を面内にとる．粒子の個数密度 (単位体積中の平均粒子数) $\rho$ は常に一様であるとする．ある粒子が単位時間のうちに微小面積 $A$ に衝突するためには，粒子の速度が $z$ 軸となす角度を $\theta$ とすると，$0\le\theta<\dfrac{\pi}{2}$ (すなわち $v_z>0$) であり，粒子の位置は図 A8.2(a) に示す微小面積を底面とし母線の長さが粒子の速さ $v$ に等しい斜柱体の内部になければならない．この斜柱体の体積は $Av\cos\theta$ であるから，その中に含まれる粒子数は $\rho Av\cos\theta$ である．ある粒子が，速度の大きさが $v\sim v+dv$ ($dv$ は微小量) で，速度の向きが図 A8.2(b) に示すように，$z$ 軸となす角が $\theta\sim\theta+d\theta$ ($d\theta$ は微小量)，$xy$ 平面内での偏角が $\phi\sim\phi+d\phi$ ($d\phi$ は微小量) の微小立体角 $\sin\theta\,d\theta d\phi$ の範囲内にある確率は，速度空間での体積素 $dv\times v\,d\theta\times v\sin\theta\,d\phi = v^2\sin\theta\,dvd\theta d\phi$ とマクスウェルの速度分布関数 $f(v)$ の積で与えられる．したがって，このような速度をもつ粒子が単位時間に微小面積 $A$ に衝突する回数は $dN_{\mathrm{c}} = \rho Av\cos\theta\times v^2\sin\theta\,dvd\theta d\phi\times f(v)$ となる．衝突が可能な向き $\left(0\le\theta<\dfrac{\pi}{2}\right)$ をもつすべての速度にわたって合計すると

$$N_c = \int_{0\le\theta<\frac{\pi}{2}} dN_c = \rho A\int_0^\infty v^3 f(v)\,dv\int_0^{\frac{\pi}{2}}\cos\theta\sin\theta\,d\theta\int_0^{2\pi}d\phi = \rho A\int_0^\infty vf(v)\pi v^2\,dv = \frac{1}{4}\rho A\langle v\rangle.$$

したがって，単位時間に壁の単位面積に衝突する回数は $n_{\mathrm{c}} = N_{\mathrm{c}}/A = \rho\langle v\rangle/4$ である．ここで，$\langle v\rangle = \displaystyle\int_0^\infty vf(v)4\pi v^2\,dv$ は気体分子の平均の速さである．

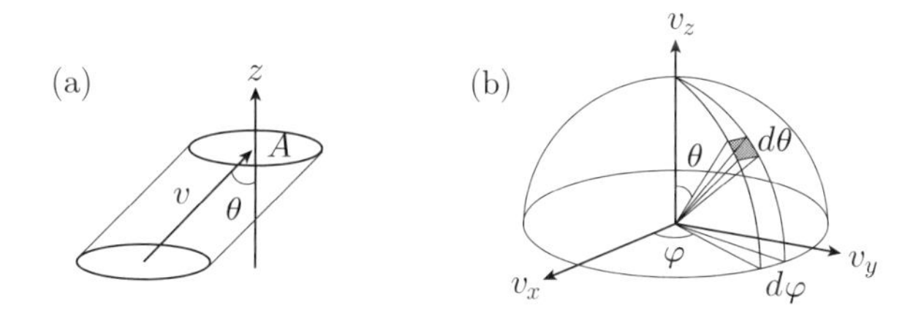


図 **A8.2**

**8.15** 前問と同様に，壁面の一部に微小面積 $A$ を考え，$z$ 軸を微小面積の法線方向にとる．速さ $v\sim v+dv$，向き $\theta\sim\theta+d\theta$, $\phi\sim\phi+d\phi$ の速度をもつ粒子が微小面積 $A$ に単位時間に衝突する回数は，前問の導出過程から，$dN_{\mathrm{c}} = \rho Av\cos\theta\times v^2\sin\theta\,dvd\theta d\phi$ である．このとき，1 回の弾性衝突において微小面積 $A$ に与える力積は，粒子の運動量の変化 $2mv\cos\theta$ に等しい．衝突の条件 $v_z>0$ $\left(0\le\theta<\dfrac{\pi}{2}\right)$ を満たすすべての速度にわたって合計すると，微小面積 $A$ が単位時間に気体から受ける力積，すなわち，力が得られる．

$$F = \int_{0\le\theta<\frac{\pi}{2}} 2mv\cos\theta\,dN_c = 2m\rho A\int_0^\infty v^4 f(v)\,dv\int_0^{\frac{\pi}{2}}\cos^2\theta\sin\theta\,d\theta\int_0^{2\pi}d\phi$$
$$= m\rho A\int_0^\infty v^2 f(v)\frac{4}{3}\pi v^2\,dv = m\rho A\frac{\langle v^2\rangle}{3}.$$

ここで，$\langle v^2\rangle$ は速度の 2 乗平均である．$F$ を $A$ で割れば気体の圧力 $p = \dfrac{F}{A} = \dfrac{1}{3}m\rho\langle v^2\rangle$ が得られる．気体の粒子数，体積をそれぞれ $N, V$ とすると，$\rho = N/V$ なので，$pV$ は $pV = \dfrac{1}{3}Nm\langle v^2\rangle$ のように速度の 2 乗平均に比例することがわかる．

## 9 章

**9.1** $W = p\varDelta V = 10^5\times 7.0\times 10^{-3}\ \mathrm{J} = 7.0\times 10^2\ \mathrm{J}$

**9.2** 水 1 kg について考えると，$\varDelta T = \dfrac{W}{C} = \dfrac{(1\times 9.8\times 56)\ \mathrm{J}}{10^3\ \mathrm{cal/K}} = \dfrac{(1\times 9.8\times 56)\ \mathrm{J}}{10^3(4.2\ \mathrm{J})/\mathrm{K}} = 0.13\ \mathrm{K}.$

**9.3** 図 A9.1 のように，高温熱源から吸収する熱 $Q_{\mathrm{H}}$ のうち $x$ の部分 ($xQ_{\mathrm{H}}$) が熱伝導により仕事をせずに低温熱源に逃げ，残りが可逆サイクル (R) の効率 $\eta_{\mathrm{R}} = 1-T_{\mathrm{L}}/T_{\mathrm{H}}$ で仕事に変換されるものと考える．すると，得られる仕事は $W = \eta_{\mathrm{R}}(1-x)Q_{\mathrm{H}}$ となるので，効率は $\eta = W/Q_{\mathrm{H}} = \eta_{\mathrm{R}}(1-x)$．したがって，可逆機関の $(1-x)$ 倍となる．

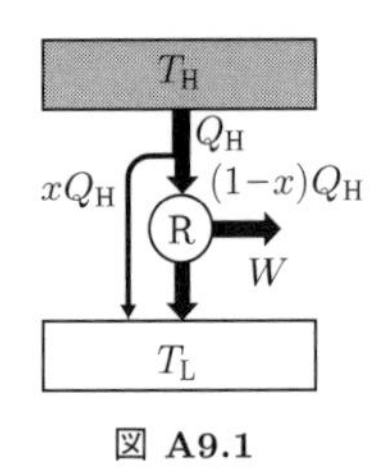

図 **A9.1**

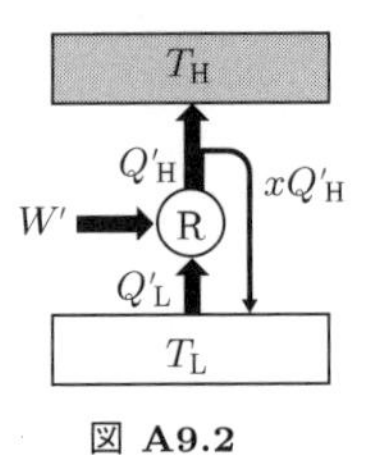

図 **A9.2**

**9.4** 暖房の成績係数 $(1-x)$ 倍，冷房の成績係数 $(1-xT_{\rm H}/T_{\rm L})$ 倍 (図 A9.2 参照)

**9.5** (1) クラウジウスの不等式に $T_1=T_{\rm H}$, $T_2=T_{\rm L}$, $Q_1=Q_{\rm H}$, $Q_2=-Q_{\rm L}=-(Q_{\rm H}-W)$ を代入し，$\dfrac{Q_{\rm H}}{T_{\rm H}}+\dfrac{-(Q_{\rm H}-W)}{T_{\rm L}}\leq 0.$ 両辺に $T_{\rm L}$ を掛けて $Q_{\rm H}$ を含む項を右辺に移項すれば $W\leq\left(1-\dfrac{T_{\rm L}}{T_{\rm H}}\right)Q_{\rm H}$ を得る．等号は可逆サイクルのときだけ成立する．したがって，効率 $\eta$ について，$\eta=W/Q_{\rm H}\leq 1-T_{\rm L}/T_{\rm H}$ が成り立つ．これは，すべての熱機関のなかで可逆機関の効率 $(1-T_{\rm L}/T_{\rm H})$ が最大であるというカルノーの原理と同等である．

(2) (1) において，$Q_{\rm H}=-Q'_{\rm H}$, $W=-W'$ とおけば，$-W'\leq\left(1-\dfrac{T_{\rm L}}{T_{\rm H}}\right)(-Q'_{\rm H})$ となる．$T_{\rm H}>T_{\rm L}$ なので $(1-T_{\rm L}/T_{\rm H})>0$ で両辺を割り，各辺を移項すると $Q'_{\rm H}\leq\dfrac{T_{\rm H}}{T_{\rm H}-T_{\rm L}}W'$ を得る．また，この式に $Q'_{\rm H}=Q'_{\rm L}+W'$ を入れて整理すると $Q'_{\rm L}\leq\dfrac{T_{\rm H}}{T_{\rm H}-T_{\rm L}}W'-W'=\dfrac{T_{\rm L}}{T_{\rm H}-T_{\rm L}}W'$ を得る．

(3) 気温 30°C ($T_{\rm H}=303$ K) の環境で，0°C ($T_{\rm L}=273$ K) の水 300 kg を全部氷にするためには，$Q'_{\rm L}=(300\ {\rm kg})\times(334\ {\rm kJ/kg})=1.00\times10^8$ J の熱を水から奪えばよい．(2) の結果から，$W'\geq\dfrac{T_{\rm H}-T_{\rm L}}{T_{\rm L}}Q'_{\rm L}=\dfrac{30}{273}\times(1.00\times10^8\ {\rm J})=1.10\times10^7$ J.

**9.6** 可逆変化では $dS=dQ/T$ である．等温変化では $dQ=p\,dV$，定積冷却および定圧膨張では，それぞれ，$dQ=c_V\,dT$, $dQ=c_p\,dT$ となることを使えば，経路によらず $\Delta S=\displaystyle\int_{S_{\rm A}}^{S_{\rm B}}dS=R\log\frac{V_2}{V_1}$ となることが示される．

**9.7** (1) 温度 $T$ の熱源に接する系が，何らかの状態変化 A→B を生じたとき，系が熱源から受け取る熱を $Q$ とすると，系のエントロピー変化 $\Delta S=S_{\rm B}-S_{\rm A}$ について $Q/T\leq\Delta S$．すなわち，$Q\leq T\Delta S$ が成り立つ (等号は可逆変化の場合)．熱力学の第 1 法則より $Q=\Delta U+W=U_{\rm B}-U_{\rm A}+W$ となる．これを上の不等式に代入し，$T_{\rm A}=T_{\rm B}=T$ に注意して整理すると，$W\leq T(S_{\rm B}-S_{\rm A})-(U_{\rm B}-U_{\rm A})=(U_{\rm A}-T_{\rm A}S_{\rm A})-(U_{\rm B}-T_{\rm B}S_{\rm B})=F_{\rm A}-F_{\rm B}=-\Delta F=W_{\rm max}$ を得る．この不等式の右辺が $W$ の上限を与える．

(2) 前問で $W\leq F_{\rm A}-F_{\rm B}$ が示された．また，状態 A で $F$ が最小であるならば，$F_{\rm A}\leq F_{\rm B}$ である．よって，$W\leq 0$ である．したがって，状態 A で $F$ が最小となっている場合，系は外部に正の仕事をしない．

(3) 1 次の微小変化の式，$d(pV)=p\,dV+V\,dp$ および $d(TS)=T\,dS+S\,dT$ を使う．$dU=T\,dS-p\,dV$ より

$$dH=d(U+pV)=dU+d(pV)=(T\,dS-p\,dV)+(p\,dV+V\,dp)=T\,dS+V\,dp,$$
$$dF=d(U-TS)=dU-d(TS)=(T\,dS-p\,dV)-(T\,dS+S\,dT)=-S\,dT-p\,dV,$$
$$dG=d(F+pV)=dF+d(pV)=(-S\,dT-p\,dV)+(p\,dV+V\,dp)=-S\,dT+V\,dp$$

**9.8** $C_p=C_V+[(\partial U/\partial V)_T+p](\partial V/\partial T)_p$ である．題意より $(\partial U/\partial V)_T=0$, $p(V-nb)=nRT$ より $(\partial V/\partial T)_p=nR T/p$ なので，$C_p=C_V+nR$ が示される．

**9.9** (1) 断熱変化なので，内部エネルギーの変化は気体になされた仕事に等しい．図に示す気体の変化において，$U_{\rm B}-U_{\rm A}=p_{\rm A}V_{\rm A}-p_{\rm B}V_{\rm B}$ となる．よって，$U_{\rm B}+p_{\rm B}V_{\rm B}=U_{\rm A}+p_{\rm A}V_{\rm A}$ が成り立ち，エンタルピーが一定に保たれる．

(2) 熱力学の第 1 法則から，$Q=dU+p\,dV$ となる．また，エンタルピーの定義から，$dH=dU+p\,dV+V\,dp$ である．よって，定圧変化 ($dp=0$) では $Q=dH$ となる．したがって，$C_p=(\partial H/\partial T)_p$ が一般に成立する．

(3) エンタルピー $H$ を温度 $T$ と圧力 $p$ の関数とみると，$dH=(\partial H/\partial T)_p\,dT+(\partial H/\partial p)_T\,dp$. $H$ を一定に保つ変化ではこれが 0 に等しいので $0=(\partial H/\partial T)_p(\partial T/\partial p)_H+(\partial H/\partial p)_T$ が成り立つ (※)．よって，$\mu_{\rm JT}=(\partial T/\partial p)_H=-\dfrac{(\partial H/\partial p)_T}{(\partial H/\partial T)_p}$ となる．この式に，与えられた公式と (2) を使うと $\mu_{\rm JT}=\left[T(\partial V/\partial T)_p-V\right]/C_p$ を得る．理想気体の場合，状態方程式 $V=RT/p$ を使うと，$T(\partial V/\partial T)_p=V$ により右辺は消え，$\mu_{\rm JT}=0$ となる．

※一般に，$z=z(x,y)$ のとき，$(\partial z/\partial x)_y(\partial x/\partial y)_z+(\partial z/\partial y)_x=0$ が成り立つ．

**9.10** 仕事 $R(T_{\rm H}-T_{\rm L})\log(V_2/V_1)$，効率 $\eta=1-T_{\rm L}/T_{\rm H}$.

**9.11** 作業物質を 1 mol の理想気体とし，サイクルを構成する 4 つの状態変化において気体が外部にする仕事 $W$，気体が吸収した熱 $Q$ を求める．

断熱圧縮：$\mathrm{A}(T_1, V_1) \to \mathrm{B}(T_2, V_2)$

断熱なので，$Q_{\mathrm{A}\to\mathrm{B}} = 0$．この場合，熱力学の第 1 法則より，気体が外部にする仕事 $W_{\mathrm{A}\to\mathrm{B}}$ と内部エネルギーの変化 $(\Delta U)_{\mathrm{A}\to\mathrm{B}} = c_V(T_2 - T_1)$ の和は 0 となる．したがって，$W_{\mathrm{A}\to\mathrm{B}} = -c_V(T_2 - T_1)$．

定圧加熱：$\mathrm{B}(T_2, V_2) \to \mathrm{C}(T_3, V_3)$

気体が吸収する熱は定義により定圧比熱と温度差の積に等しく，定圧変化における仕事は定義により圧力と体積差の積に等しい．$Q_{\mathrm{B}\to\mathrm{C}} = c_p(T_3 - T_2) > 0$, $W_{\mathrm{B}\to\mathrm{C}} = p_2(V_3 - V_2) = R(T_3 - T_2)$．ここで，仕事を温度で表すために理想気体の状態方程式を用いた．

断熱膨張：$\mathrm{C}(T_3, V_3) \to \mathrm{D}(T_4, V_1)$

$\mathrm{A}\to\mathrm{B}$ の断熱変化と同様に考える．$Q_{\mathrm{C}\to\mathrm{D}} = 0$, $W_{\mathrm{C}\to\mathrm{D}} = -c_V(T_4 - T_3)$．

定積冷却：$\mathrm{D}(T_4, V_1) \to \mathrm{A}(T_1, V_1)$

気体が吸収する熱は定義により定積比熱と温度差の積に等しく，体積変化がないので仕事は 0 である．$Q_{\mathrm{D}\to\mathrm{A}} = c_V(T_1 - T_4) < 0$, $W_{\mathrm{D}\to\mathrm{A}} = 0$．$Q_{\mathrm{D}\to\mathrm{A}}$ は負なので正の熱 $-Q_{\mathrm{D}\to\mathrm{A}}$ が外部に放出される．

以上より，ディーゼルサイクルが吸収する熱 $Q_{\mathrm{in}}$，放出する熱 $Q_{\mathrm{out}}$ および，外部にする仕事 $W$ は，次のようになる．

$$Q_{\mathrm{in}} = c_p(T_3 - T_2), \qquad Q_{\mathrm{out}} = c_V(T_4 - T_1),$$
$$W = -c_V(T_2 - T_1) + R(T_3 - T_2) + c_V(T_3 - T_4) = (c_V + R)(T_3 - T_2) - c_V(T_4 - T_1) = Q_{\mathrm{in}} - Q_{\mathrm{out}}$$

途中でマイヤーの関係式 $(c_p = c_V + R)$ を使った．したがって

$$\eta = \frac{W}{Q_{\mathrm{in}}} = 1 - \frac{Q_{\mathrm{out}}}{Q_{\mathrm{in}}} = 1 - \frac{c_V(T_4 - T_1)}{c_p(T_3 - T_2)} = 1 - \frac{T_4 - T_1}{\gamma(T_3 - T_2)}.$$

式を整理する途中で比熱比 $\gamma = c_p/c_V$ を用いた．温度比は，圧縮比 $\epsilon = V_2/V_1$，加熱による体積比 $\sigma = V_3/V_2$，理想気体の断熱変化に対するポアソンの関係式 $(TV^{\gamma-1} = \text{一定})$ を用いて

$$\frac{T_2}{T_1} = \frac{V_1^{\gamma-1}}{V_2^{\gamma-1}} = \epsilon^{\gamma-1}, \qquad \frac{T_3}{T_2} = \frac{V_3}{V_2} = \sigma, \qquad \frac{T_4}{T_3} = \left(\frac{V_3}{V_1}\right)^{\gamma-1} = \frac{\sigma^{\gamma-1}}{\epsilon^{\gamma-1}}$$

と表される．これらより

$$\frac{T_3}{T_1} = \frac{T_2}{T_1}\frac{T_3}{T_2} = \epsilon^{\gamma-1}\sigma, \qquad \frac{T_4}{T_1} = \frac{T_3}{T_1}\frac{T_4}{T_3} = \epsilon^{\gamma-1}\sigma\frac{\sigma^{\gamma-1}}{\epsilon^{\gamma-1}} = \sigma^{\gamma}$$

となる．したがって，効率は

$$\eta = 1 - \frac{\dfrac{T_4}{T_1} - 1}{\gamma\left(\dfrac{T_3}{T_1} - \dfrac{T_2}{T_1}\right)} = 1 - \frac{\sigma^{\gamma} - 1}{\gamma\epsilon^{\gamma-1}(\sigma - 1)}.$$

**9.12** (1) 図 A9.3(a) のように，可逆機関より高効率の熱機関 S のつくる仕事で可逆ヒートポンプ R を運転すると，$Q_{\mathrm{H}} = W/\eta_{\mathrm{S}}$，$Q'_{\mathrm{H}} = W/\eta_{\mathrm{R}}$ である．$W > 0$, $\eta_{\mathrm{S}} > \eta_{\mathrm{R}}$ より，$Q'_{\mathrm{H}} > Q_{\mathrm{H}}$ であるから，この複合機関は外部からの仕事を必要とせず低温から高温に熱を運ぶヒートポンプになっている．

(2) 図 A9.3(b) のように，外部からの仕事を必要としないヒートポンプによって可逆機関が低温に捨てた熱の一部 $q$ でも高温に戻すことができれば，同じ仕事 $W$ に対して，高温から吸収する正味の熱は $(Q_{\mathrm{H}} - q)$ になる．この複合機関の効率は $\eta_{\mathrm{C}} = W/(Q_{\mathrm{H}} - q)$ となり，可逆機関の効率 $\eta_{\mathrm{R}} = W/Q_{\mathrm{H}}$ より高いことになる．

**9.13** 2 つの熱平衡状態の間のエントロピーの差は，それらの状態間をつなぐ任意の可逆変化に沿って計算すればよい．A と B が熱平衡状態となったときの温度を $T'$ とすると，内部エネルギーの変化はそれぞれ $\Delta U_{\mathrm{A}} = C_{\mathrm{A}}(T' - T_{\mathrm{A}})$, $\Delta U_{\mathrm{B}} = C_{\mathrm{B}}(T' - T_{\mathrm{B}})$

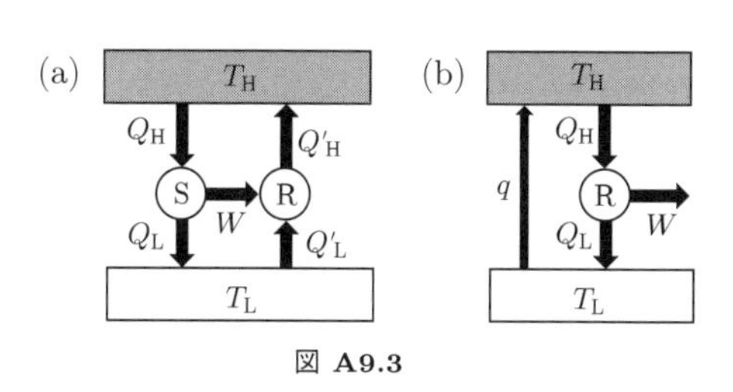

図 A9.3

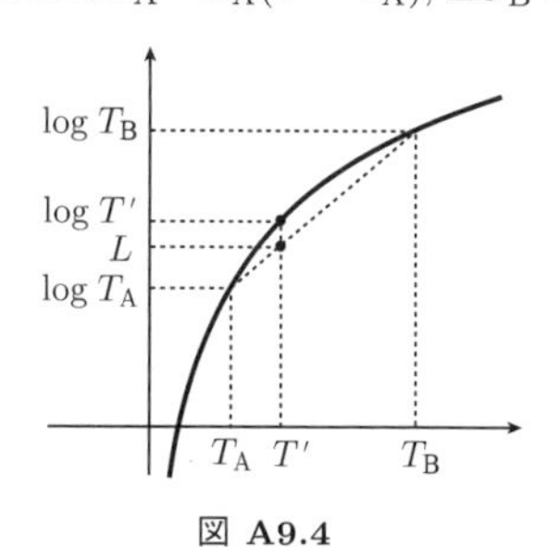

図 A9.4

となる．A から B に移動した熱を $\Delta Q$ とすると，熱力学の第 1 法則から $\Delta Q = \Delta U_{\mathrm{B}} = -\Delta U_{\mathrm{A}}$ でなければならない．したがって，$T' = (C_{\mathrm{A}}T_{\mathrm{A}} + C_{\mathrm{B}}T_{\mathrm{B}})/(C_{\mathrm{A}} + C_{\mathrm{B}})$ がわかる．各金属の温度をゆっくりと $T'$ まで変化させるときのエントロピー変化の合計が $\Delta S$ である．すなわち

$$\Delta S = \int_{T_{\mathrm{A}}}^{T'} \frac{C_{\mathrm{A}}}{T}\,dT + \int_{T_{\mathrm{B}}}^{T'} \frac{C_{\mathrm{B}}}{T}\,dT = C_{\mathrm{A}} \log\left(\frac{T'}{T_{\mathrm{A}}}\right) + C_{\mathrm{B}} \log\left(\frac{T'}{T_{\mathrm{B}}}\right) = (C_{\mathrm{A}} + C_{\mathrm{B}})(\log T' - L).$$

ただし，

$$L = \frac{C_{\mathrm{A}}}{C_{\mathrm{A}} + C_{\mathrm{B}}} \log T_{\mathrm{A}} + \frac{C_{\mathrm{B}}}{C_{\mathrm{A}} + C_{\mathrm{B}}} \log T_{\mathrm{B}}$$

となる．ここで，$L$ は $\log T_{\mathrm{A}}$ と $\log T_{\mathrm{B}}$ の間を，$T'$ が $T_{\mathrm{A}}$ と $T_{\mathrm{B}}$ の間を内分するのと同じ比率で内分する値

$$|L - \log T_{\mathrm{A}}| : |\log T_{\mathrm{B}} - L| = |T' - T_{\mathrm{A}}| : |T_B - T'|$$

であるから，図 A9.4 から明らかなように，対数関数が上に凸である性質により，$T_A \neq T_B$ ならば必ず $\log T' > L$ となる．よって，$\Delta S > 0$ であり，エントロピーは増大する．

**9.14** $\left(\frac{\partial T}{\partial V}\right)_S = -\left(\frac{\partial p}{\partial S}\right)_V$, $\left(\frac{\partial T}{\partial p}\right)_S = \left(\frac{\partial V}{\partial S}\right)_p$, $\left(\frac{\partial S}{\partial V}\right)_T = \left(\frac{\partial p}{\partial T}\right)_V$, $-\left(\frac{\partial S}{\partial p}\right)_T = \left(\frac{\partial V}{\partial T}\right)_p$.

**9.15** (1) 可逆変化においては $dS = dQ/T$ である．ここで，$dQ$ は系が外部から可逆的に吸収した熱である．これを，熱力学の第 1 法則 $dU = dQ - p\,dV$ に入れると，$dU = T\,dS - p\,dV$ を得る．両辺を $dV$ で割り，$dU/dV = T\,dS/dV - p$．無限小の等温変化を考えると，$\left(\frac{\partial U}{\partial V}\right)_T = T\left(\frac{\partial S}{\partial V}\right)_T - p$ を得る．

(2) マクスウェルの関係式 $\left(\frac{\partial S}{\partial V}\right)_T = \left(\frac{\partial p}{\partial T}\right)_V$ を前問 (1) の右辺に代入すると，$\left(\frac{\partial U}{\partial V}\right)_T = T\left(\frac{\partial p}{\partial T}\right)_V - p$ を得る．

(3) 理想気体の状態方程式 $p = nRT/V$ を前問 (2) の結果に代入する．$T\left(\frac{\partial p}{\partial T}\right)_V = p$ となるので右辺は消え，$\left(\frac{\partial U}{\partial V}\right)_T = 0$ となる．したがって，理想気体の内部エネルギー $U$ は体積に依存せず，温度 $T$ だけの関数である．

## 10 章

**10.1** 東日本 $1/50 = 0.02$ s，西日本 $1/60 \approx 0.017$ s.

**10.2** 振幅 2 cm，周期 2 s，振動数 0.5 Hz，角振動数 3.14 rad/s.

**10.3** おもりの振動の角振動数は $\omega = \sqrt{\frac{m}{k}}$ であることより，振動数は $f = \frac{1}{2\pi}\sqrt{\frac{k}{m}}$ となり，質量とばね定数の比，すなわち，慣性と復元力の効き方で定まることになる．また，この振動数の表式は，振動数が，おもりがどのような状況で振動をはじめたか，すなわち初期条件に依存しない．したがって，運動の開始時の状況によらない固有の値であることがわかる．

**10.4** (ア) $m\frac{d^2x}{dt^2}$ (イ) $-m\omega^2 a\sin(\omega t + \theta_0)$ (ウ) $-ka\sin(\omega t + \theta_0)$ (エ) $2\pi\sqrt{m/k}$ (オ) 1/s または $\mathrm{s}^{-1}$ (カ) $-a$ (キ) $a$ (A) 長く (B) 短く

**10.5** (1) ばね定数 $k$ は，$k = 1 \times 9.8/(2 \times 10^{-2}) = 4.9 \times 10^2$ N/m．よって，おもりの運動の角振動数は $\omega = \sqrt{(4.9 \times 10^2)/10} = 7.0$ rad/s．したがって，振動数は $f = \omega/(2\pi) \approx 1.1$ Hz．周期は $1/f \approx 0.90$ s.

(2) $\sqrt{2}$ 倍になる．

**10.6** (ア) $\lambda$ (イ) $\Delta x/\Delta t$ (ウ) $\lambda/T$ (エ) $1/T$ (オ) $f\lambda$ (A) 正の方向に (B) 負の方向に (C) 波の伝わる速さ (D) 振動数 (E) 波長

**10.7** (1) 右 (2) 点 B は下，点 C は上 (3) c または g

**10.8** 波の伝わる方向を $z$ 軸としよう．縦波は波の伝わる方向と媒質の振動方向 (変位の方向) が平行な波である．よって振動方向は波の伝わる方向，すなわち $z$ 軸方向しか許されない．一方，横波では振動方向は $z$ 軸に垂直であればよい．したがって，振動方向は $xy$ 平面上の任意の方向をとれるので無数の振動方向がある．

**10.9** (1) 振幅 4 cm， 周期 0.25 s， 波長 4 cm， 波の伝わる速さ 16 cm/s.

(2) 右に進む正弦波および左に進む正弦波は，それぞれ $u(x,t) = a\sin\left(8\pi t - \frac{\pi}{2}x + \frac{\pi}{2}\right)$，$u(x,t) = a\sin\left(8\pi t + \frac{\pi}{2}x + \frac{\pi}{2}\right)$．ただし，$a = 4$ cm である．

**10.10** A: $3.17 \times 10^2$ m， B: 61.9 cm， C: 14.3 cm， ナトリウムランプ: 509 THz

**10.11** (1) $u = 2\sin 2\pi\left(\frac{t}{1/6} - \frac{x}{8}\right)$ と書き換えられるから，振幅 2 cm，周期 $1/6 \approx 0.17$ s，波長 8 cm，波の伝わる速さ $8/(1/6) = 48$ cm/s.

(2)

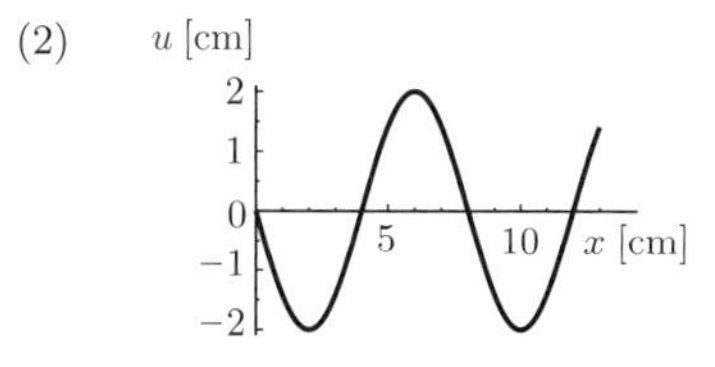


図 **A10.1** $t=0$ s のときの波形グラフ

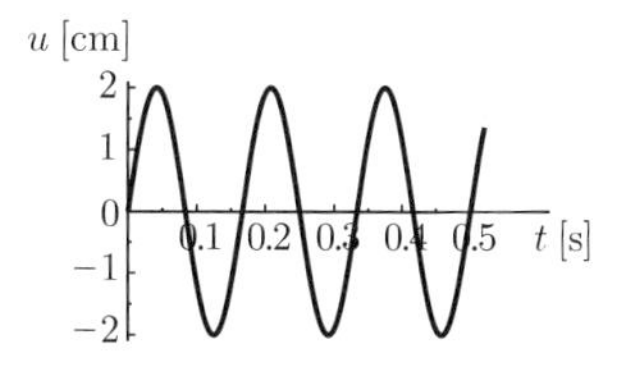


図 **A10.2** $x=0$ での振動の様子を示すグラフ

(3) 波の振動数は波源の振動数と同じになるが，波の伝わる速度は波源の振動数が変わっても変化しないので，波長は半分にならなければならない．したがって，振動数 12 Hz (つまり，周期 $\dfrac{1}{12}$ s)，波長 4 cm の正弦波の式のうち，$u(0,0)=0$ のものを書けばよい．例えば，$u=2\sin 2\pi\left(\dfrac{t}{1/12}-\dfrac{x}{4}\right)=2\sin\pi\left(24t-\dfrac{x}{2}\right)$.

**10.12** 速度は $\dfrac{dx}{dt}=-\dfrac{f_0\Omega}{\sqrt{(\omega^2-\Omega^2)^2+\gamma^2\Omega^2}}\sin(\Omega t-\phi)$ となるので，角振動数 $\Omega$ で振動していることがわかる．また，その振幅 $a_v$ は $a_v=\dfrac{f_0\Omega}{\sqrt{(\omega^2-\Omega^2)^2+\gamma^2\Omega^2}}=\dfrac{f_0}{\sqrt{\omega^2\left(\dfrac{\omega}{\Omega}-\dfrac{\Omega}{\omega}\right)^2+\gamma^2}}$ となるから，$\left(\dfrac{\omega}{\Omega}-\dfrac{\Omega}{\omega}\right)^2=0$ のとき，すなわち，$\Omega=\omega$ のとき最大になる．

運動エネルギーは $K=\dfrac{1}{2}m\left(\dfrac{dx}{dt}\right)^2=\dfrac{1}{4}mf_0^2\dfrac{\Omega^2}{(\omega^2-\Omega^2)^2+\gamma^2\Omega^2}[1-\cos(2\Omega t-2\phi)]$ となるから，角振動数 $2\Omega$ で振動していることがわかる．

**10.13** $-\dfrac{mf_0^2}{2}\dfrac{\gamma\Omega^2}{(\omega^2-\Omega^2)^2+\gamma^2\Omega^2}$

**10.14** 強制振動されている振動体の振幅の共振角振動数は $\Omega_{\max}=\sqrt{\omega^2-\dfrac{\gamma^2}{2}}$．ここで，ばね定数を $k$，摩擦係数を $\Gamma$，振動物体の質量を $m$ とすると，$\omega^2=k/m$, $\gamma=\Gamma/m$.

(1) 密度が大きくなることは図 10.3 の物体の質量 $m$ が増加することに相当する．つまり，慣性が増加するのであるから固有角振動数 $\omega$ は下がる．摩擦力が小さいとしているので共振角振動数は固有角振動数とほぼ同じと考えてよいから，共振角振動数も固有角振動数と同様に密度が大きくなると下がる．

より精密には次のように議論することができる．

$$\Omega_{\max}^2=\frac{k}{m}-\frac{\Gamma^2}{2m^2}=-\frac{\Gamma^2}{2}\left(\frac{k}{\Gamma^2}-\frac{1}{m}\right)^2+\frac{k^2}{2\Gamma^2}$$

摩擦力が小さいので $k/\Gamma^2$ は大きい，すなわち，$\dfrac{k}{\Gamma^2}-\dfrac{1}{m}>0$ と考えてよい．$m$ が増大すれば $\dfrac{k}{\Gamma^2}-\dfrac{1}{m}$ は増加し，$\Omega_{\max}$ は減少する．ゆえに，共振角振動数は下がる．

(2) 共振角振動数は下がる．表式 $\Omega_{\max}=\sqrt{\omega^2-\dfrac{\gamma^2}{2}}$ で，摩擦力の増加は $\gamma$ が増えることに相当するので，共振角振動数は下がる．

**10.15** (1) 振幅 $a$，波長 $2\pi/k$，周期 $2\pi/\omega$，伝わる速さ $\omega/k$.

(2) 式①を式②の左辺および右辺に代入して，任意の $t$ と $x$ で両辺が等しくなるための条件を求める．

## 11 章

**11.1** (1) $z=c$ (定数)　(2) (0,0,1)　(3) $2\pi$ m

**11.2** 波源からの距離を $r$ として，角振動数 $\omega$，波数 $k$ の球面波は $u(r,t)=\dfrac{a}{r}\sin(\omega t-kr)$ と書いてよい．波源から 20 m の点での振幅が 10 cm $=0.1$ m だから $\dfrac{a}{10\text{m}}=0.1$ m．よって，$a=1$ m$^2$．角振動数と波数はそれぞれ $\omega=2\pi\times(6/\pi)=12$ rad/s, $k=2\pi/(\pi/2)=4$ m$^{-1}$．したがって，球面波の式は $u(r,t)=\dfrac{1}{r}\sin(12t-4r)$ [m] となる．

**11.3** 球面波 $u(r,t)=\dfrac{a}{r}\sin(\omega t-kr)$ は，原点から十分離れた点 $r=r_0$ の近傍 $r=r_0+\Delta r$ で $u(\Delta r,t)\approx\dfrac{a}{r_0}\sin(\omega t-k\Delta r-kr_0)$ と書けるから，振幅 $a/r_0$，角振動数 $\omega$，波数 $k$ の正弦波である．

**11.4** 波面と波面の間隔が広いほどその場所での波の伝わる速さは速い．点 A, B, C では，波面と波面の間隔が最も狭いものは点 A，次が点 C，最も広いものが点 B である．求める順番は波の伝わる速さが遅い順であるので A, C, B となる．

**11.5** (1) 媒質 A における波の波長は $\lambda_A = 10\sin 30^\circ = 5$ cm，媒質 B における波の波長は $\lambda_B = 10\sin 45^\circ = 5\sqrt{2}$ cm．媒質 A における波の振動数は $f = 20$ Hz だから，媒質 A における波の伝わる速さは $v_A = f\lambda_A = 100$ cm/s．媒質が変わっても波の振動数は変わらないから媒質 B における波の振動数も $f$．したがって，媒質 B における波の伝わる速さは $v_B = f\lambda_B = 100\sqrt{2}$ cm/s．

(2) 媒質 A に対する媒質 B の屈折率は $v_A/v_B = \sqrt{2}/2$．

**11.6** 空気に対する水の屈折率は $340/1470 \approx 0.231$．水に対する空気の屈折率は $\dfrac{1470}{340} \approx 4.12$．入射角を $\theta_1$，屈折角を $\theta_2$ とすると，$0.231 = \dfrac{\sin\theta_1}{\sin\theta_2}$．よって，$\sin\theta_2 = \dfrac{1}{0.231} \times \sin\theta_1 > \sin\theta_1$．したがって，$\theta_2 > \theta_1$ となるので，水中での進行方向は，空気中の進行方向に対して水平面方向に折れ曲がる．

**11.7** (1) 屈折角が $90^\circ$ 以上になるとき全反射することになる．ガラスに対する空気の屈折率 $n$ は $n = \dfrac{1.0}{1.6} \approx 0.63$．

$$n = \frac{\sin\theta_C}{\sin 90^\circ} = \frac{\sin\theta_C}{1} \text{ より，} \theta_C = \sin^{-1} 0.63 \approx 39^\circ.$$

(2) ダイアモンドに対する空気の屈折率 $n$ は $n = \dfrac{1.0}{2.4} \approx 0.42$．

$$n = \frac{\sin\theta_C}{\sin 90^\circ} = \frac{\sin\theta_C}{1} \text{ より，} \theta_C = \sin^{-1} 0.42 \approx 25^\circ.$$

(3) ガラスに対するダイアモンドの屈折率 $n$ は $2.4/1.6 \approx 1.5$ で 1 より大きいので，屈折率と入射角および屈折角 $r$ の間の関係式 $n = \sin\theta/\sin r$ を満たす屈折角 $r$ は，いかなる $\theta$ に対しても存在する．したがって，入射角をいくつにとっても全反射が起こる条件を満たすことがないので全反射は起こらない．

**11.8** 波源 A の振動からみた波源 A から出た波による点 P の振動の位相の遅れは $\theta_A = kr$，波源 A の振動からみた波源 B から出た波による点 P の振動の位相の遅れは $\theta_B = kr' + \pi$．強め合う条件は位相差が $\pi$ の偶数倍になることだから，$\theta_B - \theta_A = k(r' - r) + \pi = 2m\pi$ $(m = 0, \pm 1, \pm 2, \pm 3, \cdots)$．したがって，

$$r' - r = \left(m - \frac{1}{2}\right)\lambda \quad (m = 0, \pm 1, \pm 2, \pm 3, \cdots) \qquad \text{または} \qquad |r' - r| = \left(m + \frac{1}{2}\right)\lambda \quad (m = 0, 1, 2, 3, \cdots)$$

**11.9** (1) 石けん膜の厚さ $d$ は，$d = \dfrac{7.0 \times 10^{-5}}{2 \times 1.3} \times \left(m + \dfrac{1}{2}\right) \approx 2.7 \times 10^{-5} \times \left(m + \dfrac{1}{2}\right)$ cm となる．$m$ は 0 以上の整数である．$m = 0$ として，$d = 1.3 \times 10^{-5}$ cm $= 0.13$ μm.

(2) まず屈折角の余弦 $\cos r$ を入射角から算出すると

$$\cos r = \sqrt{1 - \sin^2 r} = \sqrt{1 - \left(\frac{\sin 45^\circ}{n}\right)^2} = \sqrt{1 - \frac{1}{2 \times 1.3^2}} \approx 0.84$$

となる．よって，$\lambda = 4 \times 1.3 d\cos r = 5.7 \times 10^{-5}$ cm となる．したがって，オレンジ色の光が強くなることがわかる．

**11.10** (1) $x$ 軸上の変位は $\vec{r} = (x, 0, 0)$ を式①に代入することで得られる．したがって，$u(x,t) = a\sin(\omega t - k_x x)$ となる．この式から，正弦波の波長は $\lambda = 2\pi/|k_x|$ であることがわかる．また，$k_x > 0$ なら $x$ 軸の正の方向に伝わる波で，$k_x < 0$ なら $x$ 軸の負の方向に伝わる波となっていることもわかる．

(2) 波面の式 $\omega t_0 - \vec{k} \cdot \vec{r} = \theta_0$ は，

$$(\vec{r}_0 - \vec{r}) \cdot \vec{k} = 0 \qquad \cdots ②$$

と変形できる．ここで，$\vec{r}_0 = \dfrac{\omega t_0 - \theta_0}{|\vec{k}|^2}\vec{k}$．式②は点 $\vec{r}_0$ が波面上の点であり，波面上の任意の点 $\vec{r}$ を起点とし点 $\vec{r}_0$ を終点とするベクトルは，波数ベクトル $\vec{k}$ に垂直であることを示している．このことは，波面上の任意の点を結ぶ線分と $\vec{k}$ が垂直であることを意味する．したがって，波面は波数ベクトルを法線ベクトルとする平面であることがわかる．

(3) 波面 $\omega t_0 - \vec{k} \cdot \vec{r} = \theta_0$ を波面 0，波面 $\omega t_0 - \vec{k} \cdot \vec{r} = \theta_0 - 2\pi$ を波面 1 とする．波面 1 の式 $\omega t_0 - \vec{k} \cdot \vec{r} = \theta_0 - 2\pi$ は，$(\vec{r}_1 - \vec{r}) \cdot \vec{k} = 0$ と変形できる．ここで，$\vec{r}_1 = \dfrac{\omega t_0 - \theta_0 + 2\pi}{|\vec{k}|^2}\vec{k}$．$\vec{r}_1 - \vec{r}_0 = \dfrac{2\pi}{|\vec{k}|^2}\vec{k}$ は波面上の点を起点とし波面 1 上の点を終点にしているベクトルで，かつ，$\vec{k}$ に平行であることより 2 つの平面に垂直である．したがって，$|\vec{r}_1 - \vec{r}_0|$ は波面 0 と波面 1 の距離となり，その値は $|\vec{r}_1 - \vec{r}_0| = 2\pi/|\vec{k}|$ である．

**11.11** (ア) $a/r_0$ (イ) $\pi/2\omega$ (ウ) $2\pi/k$ (エ) $-a/{r_n}^2$

**11.12** (1) 式①より，$u(0,t) = a\sin\omega t + b\sin(\omega t + \theta) = (a + b\cos\theta)\sin\omega t + b\sin\theta\cos\omega t = 0$ が任意の $t$ について成り立たなければならない．そのためには，$\sin\omega t$ と $\cos\omega t$ の係数が 0 でなければならないので

$$\begin{cases} a+b\cos\theta=0 \\ b\sin\theta=0. \end{cases}$$

$a$ と $b$ が正である条件より，$\theta=\pi$, $a=b$.

(2) (1) の結果と式④より，$u(L,t)=a\sin(\omega t-kL)+a\sin(\omega t+kL+\pi)=2a\sin kL\sin\left(\omega t+\dfrac{\pi}{2}\right)=0$ が任意の $t$ について成り立たなければならない．したがって，$\sin kL=0$ で，$k>0$ であることより $kL=\pi n$ $(n=1,2,3,\cdots)$．よって，$k=k_n=\dfrac{\pi}{L}n$ $(n=1,2,3,\cdots)$.

(3) (2) と式②より，$\omega=\dfrac{\pi v}{L}n$. $f=\dfrac{\omega}{2\pi}$ だから，$f=f_n=\dfrac{v}{2L}n$.

(4) (ア) $2a\sin k_n x$　(イ) $f_n$　(ウ) $\dfrac{L}{n}m$　(エ) $\dfrac{L}{n}\left(m-\dfrac{1}{2}\right)$　(オ) $\dfrac{L}{2}$　(カ) $\dfrac{L}{2}$　(キ) $\dfrac{L}{4}$　(ク) $\dfrac{3}{4}L$

**11.13**　(1) $n=\sqrt{3}$　(2) 0.058 m　(3) 入射波 $\left(\dfrac{\pi}{\lambda},\dfrac{\pi\sqrt{3}}{\lambda},0\right)$，屈折波 $\left(\dfrac{3\pi}{\lambda},\dfrac{\pi\sqrt{3}}{\lambda},0\right)$　(4) 図は省略.

**11.14**　(ア) $\sqrt{D^2+\left(x-\dfrac{1}{2}d\right)^2}$　(イ) $\sqrt{D^2+\left(x+\dfrac{1}{2}d\right)^2}$　(ウ) $\dfrac{2a^2}{r^2}\dfrac{1+\cos k(r'-r)}{2}$　(エ) $2\pi\dfrac{d}{D\lambda}x$

(オ) $\dfrac{D}{d}\lambda m$　(カ) $\dfrac{D}{d}\lambda\left(m+\dfrac{1}{2}\right)$

$I$ と $x$ の関係を表すグラフは図 A11.1 のようになる.

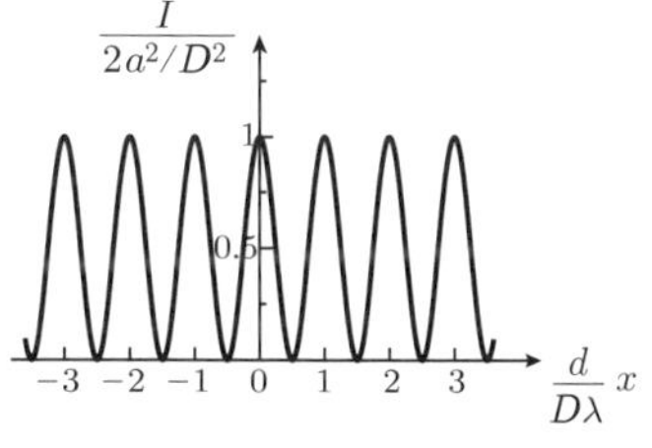


図 **A11.1**

## 12 章

**12.1**　$2.8\times10^{-3}$ μC

**12.2**　(1) $x$ 軸方向の負の向きに $3.5\times10^{-1}$ N.　(2) $x$ 軸方向の正の向きに $9.5\times10^{-2}$ N.

**12.3**　24 N

**12.4**

> 解法のポイント [ガウスの法則]
>
> 空間的に対称性のよい電荷分布 (球状，円柱状，平面，⋯) の場合は，ガウスの法則
>
> $$\int_S \vec{E}\cdot\vec{n}\,dS=\frac{Q}{\varepsilon_0}\qquad\cdots(*)$$
>
> を適用するとよい．ここで，$\vec{E}$ は閉曲面 S 上の座標 $\vec{r}$ における電場 $\vec{E}(\vec{r})$，$\vec{n}$ は座標 $\vec{r}$ における外向きの単位法線ベクトル，$Q$ は閉曲面 S の内部に含まれる全電荷である．閉曲面については
>
> - 電場 $\vec{E}(\vec{r})$ を求めたい点 $\vec{r}$ を通る.
> - 物体や電荷分布の形状に合わせる.
>
> という条件を同時に満たすように選ぶと，その後の計算が簡単になる.

上記の方針に従い，閉曲面 S は半径 $a$ の球と中心を共有する球として，電場を求めたい座標 $\vec{r}$ を通るために閉曲面 S の半径を $r$ とする (図 A12.1)． S 上で電場 $\vec{E}(\vec{r})$ は強さ一定で，球面に垂直なので，S 上の任意の点において $\vec{E}\cdot\vec{n}$ は $r$ のみの関数 $E(r)$ と表せる．したがって，ガウスの法則の左辺は

$$\int_S \vec{E}\cdot\vec{n}\;dS=4\pi r^2E(r)$$

となる．閉曲面 S 内部に含まれる全電荷 $Q$ は,

$$Q=\begin{cases}0 & (r\leq a)\\ Q_0 & (r>a)\end{cases}$$

となる．したがって，電場の強さ $E(r)$ はガウスの法則より

$$E(r)=\begin{cases}0 & (r\leq a)\\ \dfrac{Q_0}{4\pi\varepsilon_0 r^2} & (r>a)\end{cases}$$

と表される．$r>a$ においては，全電荷が球の中心に集まった点電荷の場合と同じ式になる．

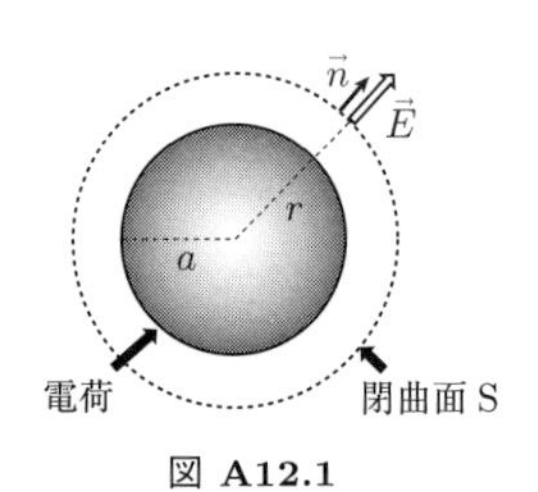


図 **A12.1**

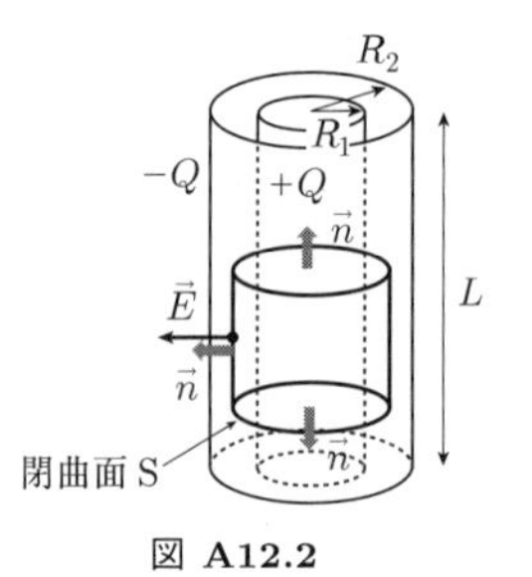


図 **A12.2**

**12.5** (1) 0 (2) $Q_0$ (3) 0 (4) 0 (5) $\dfrac{Q_0}{4\pi\varepsilon_0 r^2}$

(6) 0 (7) 0 (8) $\dfrac{Q_0}{4\pi\varepsilon_0 r^3}\vec{r}$ (電場の方向に対応する外向き単位ベクトルが，$\vec{r}/r$ であることを用いる)

(9) 0 (10) $-\dfrac{Q_0}{4\pi\varepsilon_0 r^3}\vec{r}$ (11) $\vec{E}_{\rm in}(\vec{r})+\vec{E}_{\rm out}(\vec{r})$

**12.6** $E(r)=\begin{cases}\dfrac{\rho r}{3\varepsilon_0} & (r\leq a)\\ \dfrac{\rho a^3}{3\varepsilon_0 r^2} & (r>a)\end{cases}$

**12.7** 対称性のよい電荷分布 (円筒状) がつくる電場を求める問題なので，ガウスの法則を用いる．閉曲面 S の選び方としては，問 12.4 解法のポイントの 2 つの条件を同時に満たすとよい．そのためには，閉曲面 S は円筒と軸を共有する仮想的な円柱として，円柱の側面が電場を求めたい座標 $\vec{r}$ を通るように選ぶ (図 A12.2)．具体的には，閉曲面 S の半径を $r$，高さを $h$ とする．

閉曲面 S を構成する円柱の上底を $\mathrm{S}_a$，側面を $\mathrm{S}_b$，下底を $\mathrm{S}_c$ とすると，ガウスの法則 (式 (*)) の左辺における面積分は

$$\int_{\mathrm{S}}\vec{E}\cdot\vec{n}\,dS=\int_{\mathrm{S}_a}\vec{E}\cdot\vec{n}\,dS+\int_{\mathrm{S}_b}\vec{E}\cdot\vec{n}\,dS+\int_{\mathrm{S}_c}\vec{E}\cdot\vec{n}\,dS$$

と書ける．ここで，右辺の各項に登場する法線ベクトル $\vec{n}$ の向きを，図 A12.2 に示す．この系における電場 $\vec{E}$ は，電荷分布の対称性より円筒の中心軸に対して垂直な方向を向いているので，右辺第 1 項と第 3 項の被積分関数 $\vec{E}\cdot\vec{n}$ は 0 となる．また，右辺第 2 項における面積分は，(積分区間である閉曲面 S の側面における任意の点において，被積分関数は一定の値となるので) 電場の強さと，円柱側面における面積との積に変形できることがわかる．

(i) $R_1\leq r<R_2$ の場合

閉曲面 S における側面の面積は $2\pi rh$，閉曲面 S に含まれる電荷の総和は $Q\times(h/L)$ であるので，ガウスの法則より

$$2\pi rhE(r)=\frac{Q\times(h/L)}{\varepsilon_0},\qquad \therefore\ E(r)=\frac{Q}{2\pi\varepsilon_0 Lr}$$

(ii) $r<R_1$，および $r\geq R_2$ の場合

閉曲面 S に含まれる電荷の総和は 0 なので，同様に計算すると $E(r)=0$ となる．

$$E(r)=\begin{cases}0 & (r<R_1)\\ \dfrac{Q}{2\pi\varepsilon_0 Lr} & (R_1\leq r<R_2)\\ 0 & (r\geq R_2)\end{cases}$$

**12.8**

解法のポイント [導体に関する問題]

導体を含む系における電場・電位を求める際には

- 導体の内部においては，電場 $\vec{E}=0$，電荷密度 $\rho=0$ である．
- 導体に電荷を与えた場合，電荷は導体表面のみに分布する．

という導体の静電誘導による性質を用いるとよい．具体的には，ガウスの法則 (式 (*)) を適用する際に閉曲面 S が導体内部を通過するようにとると，面積分における電場 $\vec{E}$ が恒等的に 0 になることを利用する．

まず内球について電荷分布を求める．導体球内部の電荷は 0 であり，電荷は導体表面のみに分布するので半径 $a$ の導体球の表面に電荷 $Q_1$ が分布する．また，外側導体球殻について，球殻の内側表面に分布する電荷を $Q_b$，外側表面の電荷を $Q_c$ とする．外側球殻においては，電荷は表面にのみ分布するので，題意より $Q_b+Q_c=Q_2$ となる．

中心を共有する半径 $r$ $(b<r<c)$ の球を閉曲面として，ガウスの法則を適用すると

$$\int_{\mathrm{S}} \vec{E}\cdot\vec{n}\,dS=\frac{Q_1+Q_b}{\varepsilon_0}.$$

ここで，「導体内部の任意の点において $\vec{E}=0$」という性質を用いると，(左辺)$=0$．したがって，$Q_b=-Q_1$．よって，$Q_c=Q_2-Q_b=Q_1+Q_2$ となる．

ここから，ガウスの法則を用いて電場の計算を行う．球の中心からの距離を $r$ とすると，半径 $r$ の球内に含まれる全電荷は

$$Q(r)=\begin{cases}0 & (r<a)\\ Q_1 & (a\leq r<b)\\ 0 & (b\leq r<c)\\ Q_1+Q_2 & (r\geq c).\end{cases}$$

$r<a$ および $b\leq r<c$ においては，導体内部のため $E(r)=0$ である．また，問 12.4，問 12.5 と同様の解法により

$$E(r)=\frac{Q_1}{4\pi\varepsilon_0 r^2}\qquad (a\leq r<b),\qquad E(r)=\frac{Q_1+Q_2}{4\pi\varepsilon_0 r^2}\qquad (r\geq c)$$

が得られる．したがって

$$E(r)=\begin{cases}0 & (r<a)\\ \dfrac{Q_1}{4\pi\varepsilon_0 r^2} & (a\leq r<b)\\ 0 & (b\leq r<c)\\ \dfrac{Q_1+Q_2}{4\pi\varepsilon_0 r^2} & (r\geq c).\end{cases}$$

**12.9** 図 A12.3 のように，地表 (導体表面) を貫く円柱を考えてガウスの法則を適用する．

この円柱形の閉曲面 S 上の点における電場ベクトルは，図 A12.3 で示すように地表に対して垂直である．題意より，円柱の上底 (地球の外側) における電場の強さは $E$ である．この問題においては，円柱の下底 (地球の内側) における電場の強さは静電誘導の性質より 0 である．上底および下底の面積を $S_0$ とする．閉曲面 S を構成する円柱の上底を $\mathrm{S}_a$，側面を $\mathrm{S}_b$，下底を $\mathrm{S}_c$ とすると，ガウスの法則 (式 $(*)$) の左辺における面積分は，

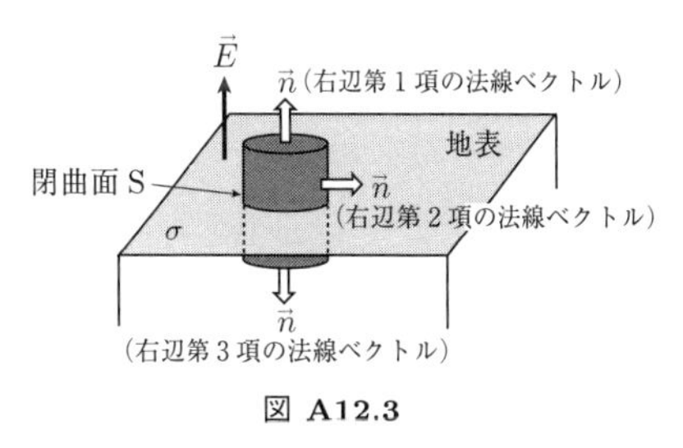

図 A12.3

$$\int_{\mathrm{S}} \vec{E}\cdot\vec{n}\,dS=\int_{\mathrm{S}_a} \vec{E}\cdot\vec{n}\,dS+\int_{\mathrm{S}_b} \vec{E}\cdot\vec{n}\,dS+\int_{\mathrm{S}_c} \vec{E}\cdot\vec{n}\,dS$$

と書ける．ここで，右辺の各項に登場する法線ベクトル $\vec{n}$ の向きを図 A12.3 に示す．右辺第 2 項と第 3 項の被積分関数 $\vec{E}\cdot\vec{n}$ は 0 となり，右辺第 1 項における面積分は，電場と積分区間である円柱上底における面積との積に変形できる．柱状の閉曲面 S に含まれる電荷の総和は $\sigma S_0$ であるので，ガウスの法則より $ES_0=\dfrac{\sigma S_0}{\varepsilon_0}$ となる．したがって，地面における表面電荷密度 $\sigma$ は $\sigma=\varepsilon_0 E$ となる．

大気中における電場の強さ $E$ がある値を超えると，絶縁破壊という現象により電気を通すようになり，雷雲の底部から大量の電子が地面に運ばれる．これが落雷 (放電) という現象である．

**12.10** (1) 以下では，電場の強さを $E$ $(\equiv|\vec{E}|)$ とする．荷電粒子の運動方程式は

$$m\frac{d}{dt}v_x(t)=qE\ ,\quad m\frac{d}{dt}v_y(t)=-mg$$

となる．上式を，初期条件

$$v_x(t=0)=v\cos\theta,\qquad v_y(t=0)=v\sin\theta,\qquad x(t=0)=y(t=0)=0$$

のもとで解くと

$$x(t)=(v\cos\theta)t+\frac{qE}{2m}t^2,\qquad y(t)=(v\sin\theta)t-\frac{1}{2}gt^2$$

となる．よって，地面に到達する時刻を $t_0$ とすると，$y(t_0)=0$ $(t_0>0)$ より $t_0=\dfrac{2v\sin\theta}{g}$ となる．したがって，

$$L=x(t_0)=\frac{2v^2\sin\theta\cos\theta}{g}+\frac{qE}{2m}\frac{4v^2\sin^2\theta}{g^2}=\frac{v^2}{g}\sin 2\theta+\frac{qEv^2}{mg^2}(1-\cos 2\theta).$$

(2) $L$ を $\theta$ の関数として，最大値をとる条件を求めればよい．$\dfrac{dL}{d\theta}=0$ より

$$\tan 2\theta=-\frac{mg}{qE}.$$

題意より $0<\theta<\pi/2$ であり，かつ上式より $\tan 2\theta<0$ なので，$L$ が最大値をとる発射角 $\theta$ は $\pi/4<\theta<\pi/2$ を満たすことがわかる．したがって

$$\cos 2\theta=-\frac{qE}{\sqrt{(qE)^2+(mg)^2}},\qquad \sin 2\theta=\frac{mg}{\sqrt{(qE)^2+(mg)^2}}.$$

(1) の結果と上式より

$$L_{\max}=\frac{v^2}{mg^2}\left[qE+\sqrt{(mg)^2+(qE)^2}\right].$$

**注意：** 電場がかかっていない場合 ($E=0$)，$L$ が最大値となる発射角は $\theta=\pi/4$ となるが，$E>0$ の場合は荷電粒子をより大きな角度で発射して，電場の効果で $x$ 軸方向に流されたほうが，出発点からより遠方まで到達することがわかる．

## 12.11

> 解法のポイント [連続的な電荷分布の系]
>
> 電荷の空間分布が連続的である系における，電場を求める際には
>
> (i) 電荷の一部 (微小部分) が，電場を求めたい場所につくる電場の寄与 $\Delta\vec{E}$ を求める．
>
> (ii) 系全体に分布している電荷に関して，(i) で求めた $\Delta\vec{E}$ を重ね合わせる (具体的には，積分を行って総和をとる)．
>
> その際，電場の強さだけではなく向きも注意する必要がある．

線電荷密度 (単位長さあたりの電荷) を $\lambda\equiv Q/L$ とする．座標 $x$ に位置する微小部分 $\Delta x$ の電荷が $x=L/2+a$ の点につくる電場は

$$\Delta E=\frac{1}{4\pi\varepsilon_0}\frac{\lambda\Delta x}{(L/2+a-x)^2}$$

となる．

この問題においては，微小部分がつくる電場の向きは微小部分の場所 $x$ によらない ($\lambda>0$ の場合は $x$ 軸正の向き，$\lambda<0$ の場合は $x$ 軸負の向き) ので，電場を求めるためには $\Delta E$ の寄与を単純に加え合わせればよい．$x=-L/2$ から $x=L/2$ まで積分を行うと，

$$\begin{aligned}E(a)&=\int_{-L/2}^{L/2}\frac{1}{4\pi\varepsilon_0}\frac{\lambda\,dx}{(L/2+a-x)^2}=\frac{\lambda}{4\pi\varepsilon_0}\left[-\frac{1}{x-(L/2+a)}\right]_{-L/2}^{L/2}\\&=\frac{\lambda}{4\pi\varepsilon_0}\left(\frac{1}{a}-\frac{1}{L+a}\right)=\frac{Q}{4\pi\varepsilon_0}\frac{1}{(L+a)a}.\end{aligned}$$

**注意：** 上で求めた解において，$L\ll a$ という極限をとると $\displaystyle\lim_{L\to 0}\frac{Q}{4\pi\varepsilon_0}\frac{1}{(L+a)a}=\frac{Q}{4\pi\varepsilon_0}\frac{1}{a^2}$ となる．これは，原点におかれた点電荷が $x=a$ の点につくる電場の式と一致する．

**12.12** 電場の向きは，半径 $R$ の円板に垂直な方向 ($\sigma>0$ では円板から外向き，$\sigma<0$ では円板への向き) で，電場の強さ $E(R)$ は $E(R)=\dfrac{\sigma}{2\varepsilon_0}\left(1-\dfrac{z}{\sqrt{R^2+z^2}}\right)$．無限に広い平面上に分布した電荷がつくる，電場の強さ $E$ は $E=\dfrac{\sigma}{2\varepsilon_0}$.

## 12.13

> 解法のポイント [一見複雑そうな形状の電荷分布]
>
> 空洞があるような複雑な電荷分布の問題でも，複数の単純な問題に分解することによって，より簡単な問題の「重ね合わせ」に帰着させることが可能となる場合がある (図 A12.4)．

半径 $R$ の球の中心 O を原点とし，点 O から距離 $R/2$ 離れたところに半径 $R/2$ の球状の空洞の中心 O′ があるとする．以下では，重ね合わせの原理を用いてこの問題を扱う．具体的には電場 $\vec{E}$ を，半径 $R$ で電荷密度 $\rho$ に一様に帯電した球がつくる電場 $\vec{E}_1$ と，半径 $R/2$ で電荷密度 $-\rho$ に一様に帯電した小球がつくる電場 $\vec{E}_2$ の重ね合わせとして求める．

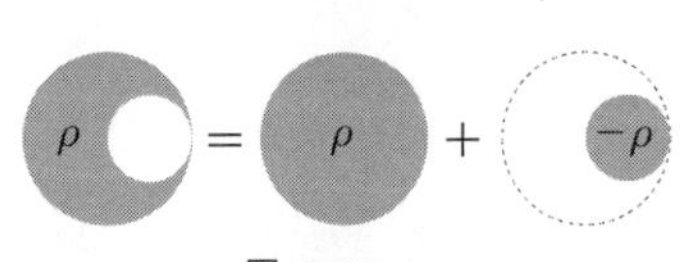


図 **A12.4**

問 12.6 より，$\vec{E}_1=\dfrac{\rho}{3\varepsilon_0}\vec{r}_{\rm P}$．同様に，$\vec{E}_2=\dfrac{-\rho}{3\varepsilon_0}(\vec{r}_{\rm P}-\vec{r}_0)$．したがって，

$$\vec{E}=\vec{E}_1+\vec{E}_2=\frac{\rho}{3\varepsilon_0}\vec{r}_0$$

となる．上式の結果より，空洞内部の任意の点において電場の強さと向きが一定であることがわかる．

**12.14**　図 12.9 は斥力，図 12.10 は引力となる．

## 13 章

**13.1**　$x=-2.0$ m,　0.4 m

**13.2**　座標 $x$ に位置する微小部分 $\Delta x$ の電荷が $x=L/2+a$ の点につくる電位への寄与 $\Delta\phi$ は，線電荷密度 (単位長さあたりの電荷) を $\lambda\equiv Q/L$ とすると $\Delta\phi=\dfrac{1}{4\pi\varepsilon_0}\dfrac{\lambda\Delta x}{(L/2+a)-x}$ として与えられる．電荷の寄与を，$x=-L/2$ から $x=L/2$ まで積分して重ね合わせると

$$\phi(a)=\int_{-L/2}^{L/2}\frac{1}{4\pi\varepsilon_0}\frac{\lambda\,dx}{(L/2+a)-x}=-\frac{\lambda}{4\pi\varepsilon_0}\int_{-L/2}^{L/2}\frac{dx}{x-(L/2+a)}$$
$$=-\frac{\lambda}{4\pi\varepsilon_0}\left[\log\left|x-\left(\frac{L}{2}+a\right)\right|\right]_{-L/2}^{L/2}=\frac{Q}{4\pi\varepsilon_0 L}\log\left|\frac{L+a}{a}\right|.$$

**注意：**　上で求めた解において，$L\ll a$ のとき，$L/a$ に関して 1 次の項までとると $\phi(a)=\dfrac{Q}{4\pi\varepsilon_0 L}\log\left(1+\dfrac{L}{a}\right)\approx\dfrac{Q}{4\pi\varepsilon_0 a}$ となる．これは，点電荷のつくる電位の式と一致する．ここで，対数関数に関する近似式 $\log(1+z)\approx z$ $(|z|\ll 1)$ を用いた (マクローリン展開から導出できる)．

**13.3**　$\phi(\vec{r})=\dfrac{\vec{p}\cdot\vec{r}}{4\pi\varepsilon_0 r^3}$

**13.4**　(1)　$\Delta\phi=1.0\times10^2$ V　　(2)　$v=5.9\times10^6$ m/s

**13.5**　$\phi(r)=\begin{cases}\dfrac{Q_0}{4\pi\varepsilon_0 a} & (r\le a)\\ \dfrac{Q_0}{4\pi\varepsilon_0 r} & (r>a)\end{cases}$

**13.6**

> **解法のポイント [コンデンサーの電気容量]**
>
> コンデンサーにおける電気容量 (キャパシタンス) を求めたいときは，コンデンサーの形状によらず，下記の方針に従えばよい．
>
> (i)　一対の極板に $+Q_0$, $-Q_0$ という電荷を与えて，極板間における電場 $\vec{E}(\vec{r})$ を求める．
>
> (ii)　(i) の結果より，極板間の電位差 $\Delta\phi$ を求める．
>
> (iii)　$Q_0=C\Delta\phi$ という関係式から，電気容量を求める．

(1)　内側の球殻に $Q_0$，外側の球殻に $-Q_0$ という電荷を与えて，球の中心から距離 $r$ $(a<r<b)$ の点 P における電場の強さ $E(r)$ を求める．ガウスの法則 (式 $(*)$) において，閉曲面 S が点 P を通るように，中心を共有する半径 $r$ の球とする．式 $(*)$ の右辺に登場する電荷 $Q$ は，閉曲面 S の内部に含まれる全電荷なので，ここでは内側の球殻における電荷のみが寄与する．問 12.5 の解より

$$E(r)=\frac{Q_0}{4\pi\varepsilon_0 r^2}\quad(a<r\le b).$$

次に，極板間の電位差を求める．電場を積分することにより，電位差 $\Delta\phi$ が求まる．したがって

$$\Delta\phi=-\int_b^a E(r)\,dr=\frac{Q_0}{4\pi\varepsilon_0}\left(\frac{1}{a}-\frac{1}{b}\right)=\frac{Q_0}{4\pi\varepsilon_0}\frac{b-a}{ab}.$$

最後に，上式で得られた電位差 $\Delta\phi$ から電気容量 $C$ を求める．$C=Q_0/\Delta\phi$ より，$C=\dfrac{4\pi\varepsilon_0 ab}{b-a}$ と求められる．

(2)　球殻の中心から，半径 $r$ から $r+dr$ の間の空間における単位体積あたりの電場のエネルギー $u(r)$ は

$$u(r)=\frac{1}{2}\varepsilon_0\{E(r)\}^2.$$

ただし，$E(r)=\dfrac{Q_0}{4\pi\varepsilon_0 r^2}$ である．また，半径 $r$ から $r+dr$ の間の空間の体積は $4\pi r^2\,dr$ と与えられるので，$4\pi r^2 u(r)$ を $r=a$ から $r=b$ までに関して総和をとればよい．すなわち，球形コンデンサーに蓄えられる電場のエネルギー $U$ は

$$U \equiv \int_a^b 4\pi r^2 u(r)\,dr = \int_a^b \frac{1}{2}\varepsilon_0\{E(r)\}^2 4\pi r^2\,dr = \int_a^b \frac{1}{2}\varepsilon_0\left(\frac{Q_0}{4\pi\varepsilon_0 r^2}\right)^2 4\pi r^2\,dr$$
$$= \frac{Q_0^2}{8\pi\varepsilon_0}\int_a^b \frac{1}{r^2}\,dr = \frac{Q_0^2}{8\pi\varepsilon_0}\left(\frac{1}{a}-\frac{1}{b}\right)$$

の積分によって得られる．

(2) の別解：この結果は，上の (1) で求めた球形コンデンサーの電気容量 $C$ を用いて，$U=\dfrac{1}{2C}Q_0^2$ とおいた結果と一致する．

**13.7** まず，球殻の中心から距離 $r$ の点での電場の強さ $E(r)$ を求める．ガウスの法則 (式 (*)) より

$$\int_S \vec{E}\cdot\vec{n}\,dS = \frac{Q(r)}{\varepsilon_0}, \qquad \therefore\ 4\pi r^2 E(r) = \frac{Q(r)}{\varepsilon_0}$$

$$Q(r) = \begin{cases} 0 & (r<r_1) \\ Q_1 & (r_1 \leq r < r_2) \\ Q_1+Q_2 & (r_2 \leq r < r_3) \\ Q_1+Q_2+Q_3 & (r \geq r_3) \end{cases} \quad \text{より} \quad E(r) = \begin{cases} 0 & (r<r_1) \\ \dfrac{1}{4\pi\varepsilon_0}\dfrac{Q_1}{r^2} & (r_1 \leq r < r_2) \\ \dfrac{1}{4\pi\varepsilon_0}\dfrac{Q_1+Q_2}{r^2} & (r_2 \leq r < r_3) \\ \dfrac{1}{4\pi\varepsilon_0}\dfrac{Q_1+Q_2+Q_3}{r^2} & (r \geq r_3) \end{cases}$$

となる．題意より，電位の基準は無限遠なので $\phi(r) = -\displaystyle\int_\infty^r E(r)\,dr$.

(ⅰ) $r=r_1$ における電位 $V_1$ は

$$V_1 = -\int_\infty^{r_1} E(r)\,dr = -\int_\infty^{r_3} E(r)\,dr - \int_{r_3}^{r_2} E(r)\,dr - \int_{r_2}^{r_1} E(r)\,dr = \frac{1}{4\pi\varepsilon_0}\left(\frac{Q_1}{r_1}+\frac{Q_2}{r_2}+\frac{Q_3}{r_3}\right).$$

(ⅱ) $r=r_2$ における電位 $V_2$ は

$$V_2 = -\int_\infty^{r_2} E(r)\,dr = -\int_\infty^{r_3} E(r)\,dr - \int_{r_3}^{r_2} E(r)\,dr = \frac{1}{4\pi\varepsilon_0}\left(\frac{Q_1+Q_2}{r_2}+\frac{Q_3}{r_3}\right).$$

(ⅲ) $r=r_3$ における電位 $V_3$ は

$$V_3 = -\int_\infty^{r_3} E(r)\,dr = \frac{1}{4\pi\varepsilon_0}\frac{Q_1+Q_2+Q_3}{r_3}.$$

**13.8** 与えられた電荷分布より電場を求める問題なので，問 12.4 解答のポイントにおける 2 つの条件に従って，ガウスの法則 (式 (*)) を適用する．そのために，電荷が分布している直線を軸とする，半径 $r$，長さ $h$ の円柱を閉曲面 S とする．問 12.7 と同様の解法により，電場の強さ $E(r)$ は

$$2\pi rhE(r) = \frac{\lambda h}{\varepsilon_0}, \qquad \therefore\ E(r) = \frac{\lambda}{2\pi\varepsilon_0 r}.$$

電場の向きは，直線から点 P に下ろした垂線の方向で外向きである．次に，上式の結果を用いて，電位 $\phi(r)$ を求める．題意より $\phi(a)=0$ であるので

$$\phi(r) = -\int_a^r E(r)\,dr = \frac{\lambda}{2\pi\varepsilon_0}\log\left(\frac{a}{r}\right).$$

**13.9** 内側円筒に電荷 $+Q$，外側円筒に電荷 $-Q$ を与える．軸から距離 $r$ $(R_1<r<R_2)$ における電場 $E(r)$ (円筒間における電場) は，ガウスの法則を用いて求められる．問 12.7 の解より，$E(r) = \dfrac{Q}{2\pi\varepsilon_0 Lr}$.

円筒間の電位差 $\Delta\phi$ は，電場 $E(r)$ と電位差 $\Delta\phi$ の関係式より

$$\Delta\phi = -\int_{R_2}^{R_1} E(r)\,dr = -\int_{R_2}^{R_1}\frac{Q}{2\pi\varepsilon_0 Lr}\,dr = -\frac{Q}{2\pi\varepsilon_0 L}\Big[\log r\Big]_{R_2}^{R_1} = \frac{Q}{2\pi\varepsilon_0 L}\log\left(\frac{R_2}{R_1}\right).$$

したがって，$Q=C\Delta\phi$ より，$C = \dfrac{Q}{\Delta\phi} = \dfrac{2\pi\varepsilon_0 L}{\log\left(\dfrac{R_2}{R_1}\right)}$.

**13.10** $Q_1 = 1.8\times10^{-5}$ C，$Q_2 = 3.9\times10^{-5}$ C，　電位差は 8.4 V.

**13.11** この問題は，誘電率 $\varepsilon_0$，厚さ $x$ のコンデンサー (電気容量 $C_1$)，誘電率 $\varepsilon$，厚さ $t$ のコンデンサー (電気容量 $C_2$)，誘電率 $\varepsilon_0$，厚さ $d-(x+t)$ のコンデンサー (電気容量 $C_3$) という，3 個のコンデンサーの直列接続とみなすことができる．したがって，

$$\frac{1}{C}=\frac{1}{C_1}+\frac{1}{C_2}+\frac{1}{C_3}=\frac{x}{\varepsilon_0 S}+\frac{t}{\varepsilon S}+\frac{d-(x+t)}{\varepsilon_0 S}=\frac{d-t}{\varepsilon_0 S}+\frac{t}{\varepsilon S},$$

$$\therefore\ C=\frac{1}{\dfrac{d-t}{\varepsilon_0 S}+\dfrac{t}{\varepsilon S}}=\varepsilon\frac{S}{t+(\varepsilon/\varepsilon_0)(d-t)}.$$

**13.12** $C=\varepsilon_0\dfrac{S}{d-t}$

**13.13** (1) $\phi(x,y,0)=\dfrac{\lambda}{4\pi\varepsilon_0}\log\dfrac{\left(x+\dfrac{d}{2}\right)^2+y^2}{\left(x-\dfrac{d}{2}\right)^2+y^2}$ (2) $\phi(x,0,0)\approx\dfrac{\lambda}{2\pi\varepsilon_0}\dfrac{d}{x}$

**13.14** 積層コンデンサー (図 A13.1(a)) における極板 2 を，2 枚に分けた (極板 2 と極板 2′) 回路を図 (b) に示す．極板 2 と極板 2′ は導線でつながっており等電位である．図 (a) の極板 $3,4,\cdots$ に関しても同様に考えると，図 (a) と図 (b) は等価な回路といえる．

したがって，この系は極板面積 $S$，間隔 $d$ の，$n-1$ 個のコンデンサーの並列接続とみなせるので，$C=(n-1)\varepsilon_0\dfrac{S}{d}$ が成り立つ．積層することの利点は，小型で大容量化が可能となることである．

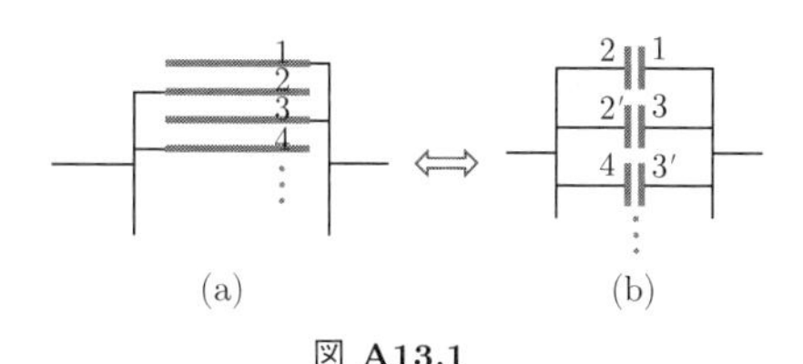

図 A13.1

**13.15** 電場 $\vec{E}_0$ 中に誘電体球をおくと，誘電分極がおこる．図 A13.2 のように，正負の電荷をもつ半径 $a$ の球が，本来の球の中心 O からそれぞれ $+\vec{u}/2$, $-\vec{u}/2$ だけずれて重なっていると考えよう ($\vec{u}$ は電場方向の微小ベクトルとする)．中心が $\pm\vec{u}/2$ に位置する，それぞれ一様な電荷密度 $\pm\rho$ で正負に帯電した球が，点 $\vec{r}$ (本来の球中心から測る) につくる電場は，問 12.6 より

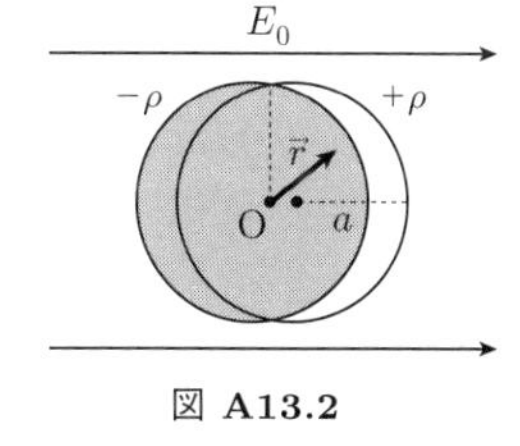

図 A13.2

$$\vec{E}_\pm(\vec{r})=\pm\frac{\rho}{3\varepsilon_0}\left(\vec{r}\mp\frac{\vec{u}}{2}\right)$$

となる．したがって，誘電分極によって球内部に生じる電場 $\vec{E}_\mathrm{p}$ は

$$\vec{E}_\mathrm{p}\equiv\vec{E}_++\vec{E}_-=-\frac{\rho}{3\varepsilon_0}\vec{u}\qquad\cdots①$$

となる．また，電気分極 $\vec{P}$ は単位体積あたりの双極子モーメントの和なので，$\vec{P}=\rho\vec{u}$ が成り立つ．誘電体球内の電場は，外部電場と分極による電場の重ね合わせで与えられるので，式①より

$$\vec{E}=\vec{E}_0+\vec{E}_\mathrm{p}=\vec{E}_0-\frac{\vec{P}}{3\varepsilon_0}\qquad\cdots②$$

と求められる．一方，電場 $\vec{E}$ と電気分極 $\vec{P}$ の間には

$$\varepsilon\vec{E}=\varepsilon_0\vec{E}+\vec{P}\qquad\cdots③$$

という関係式が成り立つので，式②と式③を連立させて解くことにより

$$\vec{E}=\frac{3\varepsilon_0}{\varepsilon+2\varepsilon_0}\vec{E}_0\qquad\cdots④$$

という結果が得られる．$\varepsilon>\varepsilon_0$ の場合，式④より誘電体内部の電場 $\vec{E}$ は，外部電場 $\vec{E}_0$ よりも弱くなっていることがわかる．

**13.16** 電場が強い方に引き寄せられる．

## 14 章

**14.1**
$$F=\frac{1}{4\pi\mu_0}\left(1\times10^{-4}\ \mathrm{Wb}\right)^2\left\{\frac{1}{(1\ \mathrm{cm})^2}+\frac{1}{(11\ \mathrm{cm})^2}-\frac{1}{(6\ \mathrm{cm})^2}-\frac{1}{(6\ \mathrm{cm})^2}\right\}$$
$$=\frac{10^7}{16\pi^2}\frac{\mathrm{Nm^2}}{\mathrm{Wb^2}}\times\left(1\times10^{-4}\ \mathrm{Wb}\right)^2\times\left\{\frac{1}{(1\times10^{-2}\ \mathrm{m})^2}+\frac{1}{(11\times10^{-2}\ \mathrm{m})^2}-\frac{1}{(6\times10^{-2}\ \mathrm{m})^2}-\frac{1}{(6\times10^{-2}\ \mathrm{m})^2}\right\}$$
$$=\frac{1}{16\pi^2}\times1\times\left\{\frac{1}{1}+\frac{1}{121}-\frac{1}{36}-\frac{1}{36}\right\}\times10^{7-8}\ \frac{\mathrm{Nm^2}}{\mathrm{Wb^2}}\mathrm{Wb^2}\frac{1}{10^{-4}\ \mathrm{m^2}}$$
$$\approx6.033\ \mathrm{N}$$

**14.2** $7.96\times 10^5$ N

**14.3** (a) N 極, (b) S 極, (c) S 極, (d) N 極.

**14.4** 図 A14.1 のように変数をとり，位置 $x_0$ から $r$ 離れた位置の磁場 $\vec{B}$ を計算する．

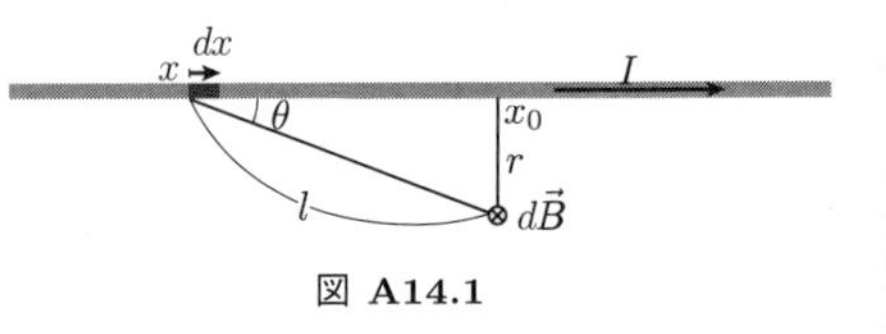

図 A14.1

ビオ-サバールの法則によれば，図に示された $x$ の位置にある電流素片 $I\,dx$ がつくる微小磁場 $d\vec{B}$ の大きさは

$$dB=\frac{\mu_0 I\,dx}{4\pi l^2}\sin\theta$$

であり，向きは電流が目に入る側から見て反時計回りの方向である (注意参照)．微小磁場をすべての電流素片について足し合わせれば求めたい磁場 $\vec{B}$ になる．$d\vec{B}$ の向きは電流素片の位置によらないので，$d\vec{B}$ の大きさ $dB$ を足し合わせれば $\vec{B}$ の大きさ $B$ になる．したがって

$$B=\frac{\mu_0 I}{4\pi}\int_{-\infty}^{\infty}\frac{\sin\theta}{l^2}\,dx$$

である．ここで，$\theta, l, x$ は互いに関連していることに注意し，$x$ と $l$ を $\theta$ で表し積分する．

$$l=\frac{r}{\sin\theta},\qquad x=x_0-r\frac{\cos\theta}{\sin\theta}$$

であり

$$dx=-r\frac{d}{d\theta}\left(\frac{\cos\theta}{\sin\theta}\right)d\theta=\frac{r}{\sin^2\theta}\,d\theta$$

である．$x$ と $\theta$ の積分範囲の対応は

| $x$ | $-\infty$ | $\to$ | $+\infty$ |
|---|---|---|---|
| $\theta$ | $0$ | $\to$ | $\pi$ |

となる．したがって

$$\begin{aligned}B&=\frac{\mu_0 I}{4\pi}\int_{-\infty}^{\infty}\frac{\sin\theta}{l^2}\,dx=\frac{\mu_0 I}{4\pi}\int_0^{\pi}\left(\frac{\sin\theta}{r}\right)^2\sin\theta\frac{r}{\sin^2\theta}\,d\theta=\frac{\mu_0 I}{4\pi r}\int_0^{\pi}\sin\theta\,d\theta\\&=\frac{\mu_0 I}{4\pi r}\left[-\cos\theta\right]_0^{\pi}=\frac{\mu_0 I}{4\pi r}\{[-(-1)]-[-(+1)]\}=\frac{\mu_0 I}{2\pi r}\end{aligned}$$

となる．よって，向きは電流が目に入る側から見て反時計回りの方向で，大きさは $B(r)=\dfrac{\mu_0 I}{2\pi r}$.

**注意：** 電流 $I$ の向きと磁場 $B$ の向きは，右手の規則に従う．図 A14.2 のようにすると記憶しやすい．

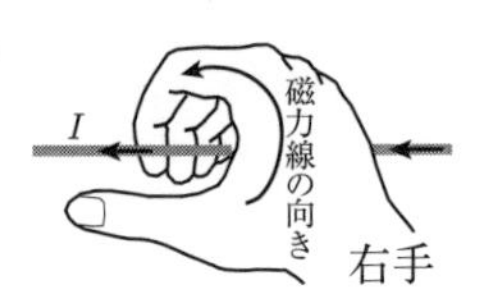

図 A14.2

**14.5** $B_x=B_y=0,\qquad B_z=\dfrac{\mu_0 I a^2}{2}\dfrac{1}{(a^2+z^2)^{3/2}}.$

**14.6** 図 A14.3 のように中心軸に沿って $z$ 軸をとる．$z$ から $z+dz$ の間の円電流の大きさは $In\,dz$ である．この円電流が $z_0$ につくる微小磁場 $d\vec{B}$ は $z$ 軸正方向で，その大きさは

$$dB=\frac{\mu_0 n I a^2\,dz}{2}\frac{1}{\left(a^2+(z_0-z)^2\right)^{3/2}}.$$

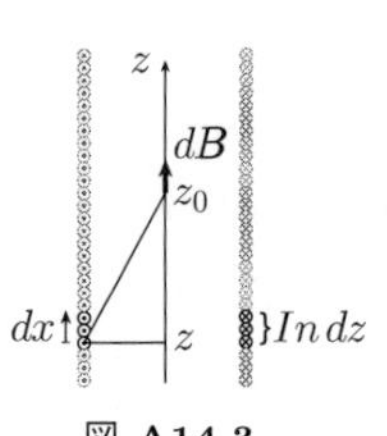

図 A14.3

$dB$ を $z=-\infty$ から $\infty$ までのすべての円電流について足し合わせれば求める磁場となる．

$$B=\frac{\mu_0 n I a^2}{2}\int_{-\infty}^{\infty}\frac{dz}{\left(a^2+(z_0-z)^2\right)^{3/2}}.$$

積分をしやくするために，$y=(z-z_0)/a$ とおいて，$dz=a\,dy$ に注意すると

$$B=\frac{\mu_0 n I}{2}\int_{-\infty}^{\infty}\frac{dy}{(1+y^2)^{3/2}}$$

と変形できる．さらに，$y=\tan\theta$ とすると，$dy=\dfrac{1}{\cos^2\theta}d\theta$ であり，積分範囲の対応は

| $y$ | $-\infty$ | $\to$ | $+\infty$ |
|---|---|---|---|
| $\theta$ | $-\frac{\pi}{2}$ | $\to$ | $\frac{\pi}{2}$ |

となる．$1+y^2=\dfrac{1}{\cos^2\theta}$ なので

$$B=\frac{\mu_0 nI}{2}\int_{-\pi/2}^{\pi/2}\cos\theta\,d\theta=\frac{\mu_0 nI}{2}\,[\sin\theta]_{-\pi/2}^{\pi/2}$$
$$=\frac{\mu_0 nI}{2}\left[\sin\left(\frac{\pi}{2}\right)-\sin\left(-\frac{\pi}{2}\right)\right]=\frac{\mu_0 nI}{2}\,[1-(-1)]=\mu_0 nI$$

となる．よって，磁場の向きは $z$ 正方向で，大きさは $\mu_0 nI$ である．したがって，$B_x=B_y=0$，$B_z=\mu_0 nI$ である．

**注意：** 中心軸以外の位置の磁場も，原理的にはビオ-サバールの法則を使って求めることができるが，その計算過程は大変複雑になる．しかし，アンペールの法則を併用すると，ソレノイドコイル内につくられる磁場は一様 (向きが $z$ 軸の正方向で，大きさが $\mu_0 nI$) で，外部には磁場はつくられないことが簡単にわかる (問 15.6 参照)．

**14.7** 向きは紙面に垂直で裏から表の方向で，大きさは $B=\dfrac{\mu_0 I}{4a}$.

**14.8** 950 A

**14.9** 電流 $I_{\mathrm{A}}$ が導線 B 上につくる磁場 $\vec{B}_{\mathrm{BA}}$ は図 A14.4 のような向きで，その大きさは

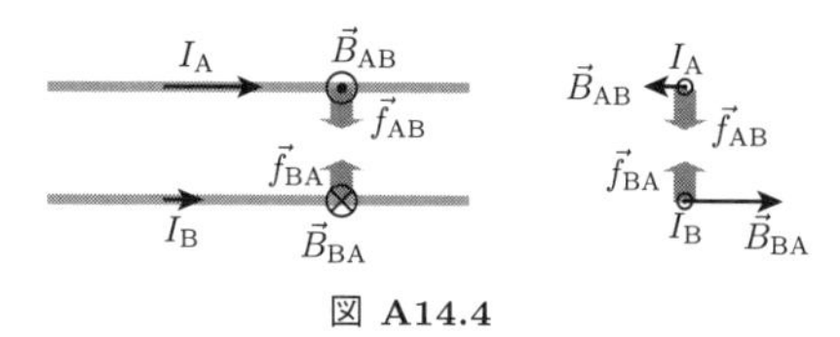


図 **A14.4**

$$B_{\mathrm{BA}}=\frac{\mu_0 I_{\mathrm{A}}}{2\pi a}$$

導線 B が磁場 $\vec{B}_{\mathrm{BA}}$ から受けるローレンツ力の単位長さあたりの大きさは

$$f_{\mathrm{BA}}=I_{\mathrm{B}}B_{\mathrm{BA}}=\frac{\mu_0 I_{\mathrm{A}}I_{\mathrm{B}}}{2\pi a}$$

で，向きは導線 A に近づく方向である．

反対に，電流 $I_{\mathrm{B}}$ が導線 A 上につくる磁場 $\vec{B}_{\mathrm{AB}}$ は $\vec{B}_{\mathrm{BA}}$ と反対向きで，その大きさは

$$B_{\mathrm{AB}}=\frac{\mu_0 I_{\mathrm{B}}}{2\pi a}$$

導線 A が磁場 $\vec{B}_{\mathrm{AB}}$ から受けるローレンツ力の単位長さあたりの大きさは

$$f_{\mathrm{AB}}=I_{\mathrm{A}}B_{\mathrm{AB}}=\frac{\mu_0 I_{\mathrm{A}}I_{\mathrm{B}}}{2\pi a}$$

で，向きは導線 B に近づく方向である．

**注意：** ローレンツ力 $\vec{f}_{\mathrm{AB}}$ と $\vec{f}_{\mathrm{BA}}$ は，電流 $I_{\mathrm{A}}$ と $I_{\mathrm{B}}$ が磁場を介して及ぼして合っている力であるが，作用反作用の関係と同等な関係が成り立っていることに注意しよう．一般に，定常電流が流れている導線どうしが及ぼして合っているローレンツ力の合力について作用反作用の関係が成り立つ．

**14.10** 正方形コイルが受けるローレンツ力の合力を求めるには，電流 $I_{\mathrm{L}}$ がつくる磁場から受けるローレンツ力の合力だけを考えればよい (注意参照)．

辺 AD が受けるローレンツ力の向きは電流 $I_{\mathrm{L}}$ の向きと反対であり，辺 BC が受けるローレンツ力の向きは電流 $I_{\mathrm{L}}$ の向きと同じである．これらの 2 つのローレンツ力の大きさは，電流 $I_{\mathrm{L}}$ からの距離によって変化するが，電流 $I_{\mathrm{L}}$ からの距離が同じ部分どうしでは，互いに大きさが等しい．したがって，辺 AD と辺 BC が受けるローレンツ力の合力は 0 である (図 A14.5)．

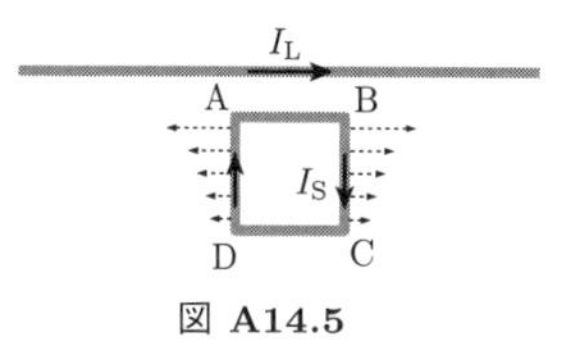


図 **A14.5**

辺 AB が電流 $I_{\mathrm{L}}$ がつくる磁場から受けるローレンツ力は電流 $I_{\mathrm{L}}$ に近づく向きで，その大きさは

$$F_{\mathrm{AB,L}}=aI_{\mathrm{S}}\times\text{電流 }I_{\mathrm{L}}\text{がつくる磁場}=aI_{\mathrm{S}}\times\frac{\mu_0 I_{\mathrm{L}}}{2\pi b}$$

であり，辺 CD が電流 $I_{\mathrm{L}}$ がつくる磁場から受けるローレンツ力は電流 $I_{\mathrm{L}}$ から遠ざかる向きで，その大きさは

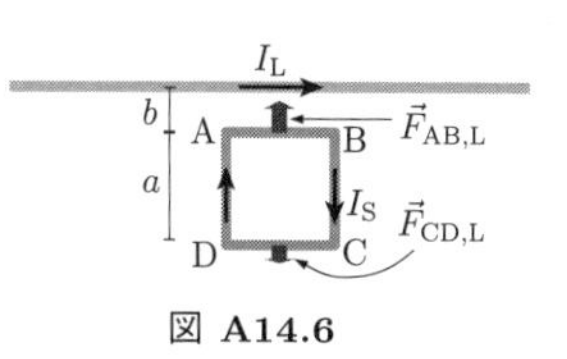


図 **A14.6**

$$F_{\mathrm{CD,L}}=aI_{\mathrm{S}}\times\text{電流 }I_{\mathrm{L}}\text{がつくる磁場}=aI_{\mathrm{S}}\times\frac{\mu_0 I_{\mathrm{L}}}{2\pi(a+b)}$$

である (図 A14.6).

したがって，正方形コイルが受ける合力は直線導線に近づく方向で，その大きさは

$$F_{\text{正方}} = F_{\mathrm{AB,L}} - F_{\mathrm{CD,L}} = \frac{\mu_0 I_{\mathrm{S}} I_{\mathrm{L}}}{2\pi} a \left( \frac{1}{b} - \frac{1}{a+b} \right)$$

となる．この力は，正方形コイルが直線導線から受ける力と考えることができる．直線導線全体が正方形コイルから受ける力の合力は，作用反作用の関係から，正方形コイルに近づく方向で，その大きさは

$$F_{\text{直線}} = \frac{\mu_0 I_{\mathrm{S}} I_{\mathrm{L}}}{2\pi} a \left( \frac{1}{b} - \frac{1}{a+b} \right)$$

である．

**注意：**

- 直線導線が正方形コイルから受ける力は，正方形コイルが直線導線上につくる磁場を求めて，その磁場から受けるローレンツ力を計算しても同じ結果が得られるが，その計算は大変複雑である．
- 「正方形コイルが正方形コイル上につくる磁場」から「正方形コイルが受けるローレンツ力」の合力は 0 となる．

**14.11** (1) $F_x = F_y = 0, \quad F_z(z) = -\dfrac{3}{2} q_{\mathrm{m}} d I a^2 \dfrac{z}{(a^2+z^2)^{5/2}}$ (2) $z = \pm \dfrac{a}{2}$

**14.12** (1) ローレンツ力の向きは $xy$ 平面と平行 ($z$ 軸に垂直) なので，粒子は $z$ 軸方向へは加速されない．さらに，初速度の $z$ 成分は 0 なので，速度の $z$ 成分は 0 のままである．したがって，粒子は，$xy$ 平面と平行な面内で運動する．

粒子に働く力はローレンツ力だけで，その向きは粒子の速度に垂直なので，ローレンツ力は仕事をしない．したがって，粒子の運動エネルギーは一定のままである．このことから，粒子の速さは一定であることがわかる．

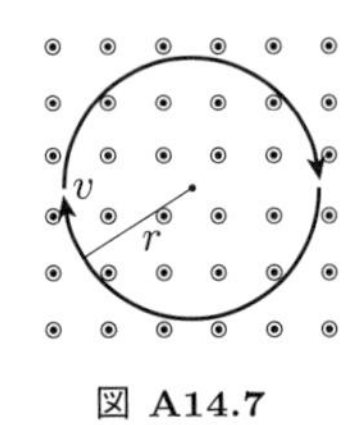

図 A14.7

つまり，粒子は $xy$ 平面と平行な面内でローレンツ力を向心力として一定の速さの円運動をする (図 A14.7)．ローレンツ力の大きさは $qvB$ で円運動の中心方向を向いている．半径が $r$ で速さが $v$ の等速円運動を続けるのに必要な向心力の大きさは $F = m\dfrac{v^2}{r}$ である．ローレンツ力が向心力の役割をするので $qvB = m\dfrac{v^2}{r}$ となる．したがって，$r = \dfrac{mv}{qB}$ である．

(2) 運動エネルギーが $K = qV$ と決まっているとき，粒子の速さは $v = \sqrt{\dfrac{2K}{m}} = \sqrt{\dfrac{2qV}{m}}$ なので $r = \dfrac{m}{qB}\sqrt{\dfrac{2qV}{m}} = \sqrt{\dfrac{m}{q}}\dfrac{\sqrt{2V}}{B}$ となる．

**注意：** $\dfrac{q}{m}$ を比電荷という．原子・分子の質量を測定することができる質量分析計は，比電荷よって軌道半径が変わることを利用している．

**14.13** (a) の向きに回転する．

**14.14** 中心軸上の磁場は $x$ 軸正方向を向いており，その大きさは，

$$B(x) = \frac{\mu_0 I a^2}{2} \left\{ \frac{1}{\left(a^2 + \left(x + \frac{b}{2}\right)^2\right)^{3/2}} + \frac{1}{\left(a^2 + \left(x - \frac{b}{2}\right)^2\right)^{3/2}} \right\}$$

となる．

$$f_{\pm}(x) = \frac{1}{\left(a^2 + \left(x \pm \frac{b}{2}\right)^2\right)^{3/2}}$$

の導関数を求めると

$$f'_{\pm}(x) = -3 \frac{x \pm \frac{b}{2}}{\left(a^2 + \left(x \pm \frac{b}{2}\right)^2\right)^{5/2}}, \qquad f''_{\pm}(x) = 15 \frac{\left(x \pm \frac{b}{2}\right)^2}{\left(a^2 + \left(x \pm \frac{b}{2}\right)^2\right)^{7/2}} - 3 \frac{1}{\left(a^2 + \left(x \pm \frac{b}{2}\right)^2\right)^{5/2}}$$

なので

$$f_\pm(0)=\frac{1}{\left(a^2+\left(\frac{b}{2}\right)^2\right)^{3/2}},\qquad f'_\pm(0)=\mp 3\frac{\frac{b}{2}}{\left(a^2+\left(\frac{b}{2}\right)^2\right)^{5/2}},$$

$$f''_\pm(0)=15\frac{\left(\frac{b}{2}\right)^2}{\left(a^2+\left(\frac{b}{2}\right)^2\right)^{7/2}}-3\frac{1}{\left(a^2+\left(\frac{b}{2}\right)^2\right)^{5/2}}=\frac{3\left(b^2-a^2\right)}{\left(a^2+\left(\frac{b}{2}\right)^2\right)^{7/2}}$$

である．したがって

$$F(x)=\frac{1}{\left(a^2+\left(x+\frac{b}{2}\right)^2\right)^{3/2}}+\frac{1}{\left(a^2+\left(x-\frac{b}{2}\right)^2\right)^{3/2}}=f_+(x)+f_-(x)$$

とすれば

$$F(0)=\frac{2}{\left(a^2+\left(\frac{b}{2}\right)^2\right)^{3/2}},\qquad F'(0)=0,\qquad F''(0)=\frac{6\left(b^2-a^2\right)}{\left(a^2+\left(\frac{b}{2}\right)^2\right)^{7/2}}$$

となる．$B(x)$ のマクローリン級数展開は

$$B(x)=\frac{\mu_0 I a^2}{2}\left(F(0)+\frac{1}{2}F''(0)x^2+\cdots\right)$$

と表せる．$x^2$ の係数が 0 になるためには，$b=a$ であればよい．このとき，$F(0)=\frac{1}{a^3}\frac{16}{\sqrt{125}}$ なので

$$B(x)\approx\frac{\mu_0 I a^2}{2}\frac{1}{a^3}\frac{16}{\sqrt{125}}=\frac{8}{\sqrt{125}}\frac{\mu_0 I}{a}$$

となる．

注意：

- このように $b=a$ として配置されたコイルをヘルムホルツコイルといい，一様な磁場をつくるのに用いられる．磁場の一様な部分が開いた空間になっており，実験試料の出し入れや観察が容易なので，物理実験で使われることが多い．
- 頑張って，$x^4$ の項までマクローリン展開を進めてみよう．関数 $f_\pm(x)$ の微分を続けると，

$$f_\pm^{(3)}(x)=-105\frac{\left(x\pm\frac{b}{2}\right)^3}{\left(a^2+\left(x\pm\frac{b}{2}\right)^2\right)^{9/2}}+45\frac{\left(x\pm\frac{b}{2}\right)}{\left(a^2+\left(x\pm\frac{b}{2}\right)^2\right)^{7/2}},$$

$$f_\pm^{(4)}(x)=945\frac{\left(x\pm\frac{b}{2}\right)^4}{\left(a^2+\left(x\pm\frac{b}{2}\right)^2\right)^{11/2}}-630\frac{\left(x\pm\frac{b}{2}\right)^2}{\left(a^2+\left(x\pm\frac{b}{2}\right)^2\right)^{9/2}}+45\frac{1}{\left(a^2+\left(x\pm\frac{b}{2}\right)^2\right)^{7/2}}$$

となる．

$$f_\pm^{(3)}(0)=-105\frac{\pm\left(\frac{b}{2}\right)^3}{\left(a^2+\left(\frac{b}{2}\right)^2\right)^{9/2}}+45\frac{\left(\pm\frac{b}{2}\right)}{\left(a^2+\left(\frac{b}{2}\right)^2\right)^{7/2}},$$

$$f_\pm^{(4)}(0)=945\frac{\left(\frac{b}{2}\right)^4}{\left(a^2+\left(\frac{b}{2}\right)^2\right)^{11/2}}-630\frac{\left(\frac{b}{2}\right)^2}{\left(a^2+\left(\frac{b}{2}\right)^2\right)^{9/2}}+45\frac{1}{\left(a^2+\left(\frac{b}{2}\right)^2\right)^{7/2}}$$

なので

$$F^{(3)}(0)=0,$$

$$F^{(4)}(0)=1890\frac{\left(\frac{b}{2}\right)^4}{\left(a^2+\left(\frac{b}{2}\right)^2\right)^{11/2}}-1260\frac{\left(\frac{b}{2}\right)^2}{\left(a^2+\left(\frac{b}{2}\right)^2\right)^{9/2}}+90\frac{1}{\left(a^2+\left(\frac{b}{2}\right)^2\right)^{7/2}}$$

となる．ここで，$b=a$ とすると

$$\begin{aligned}
F^{(4)}(0)&=1890\frac{\left(\frac{a}{2}\right)^4}{\left(a^2+\left(\frac{a}{2}\right)^2\right)^{11/2}}-1260\frac{\left(\frac{a}{2}\right)^2}{\left(a^2+\left(\frac{a}{2}\right)^2\right)^{9/2}}+90\frac{1}{\left(a^2+\left(\frac{a}{2}\right)^2\right)^{7/2}}\\
&=\frac{1890}{a^7}\frac{\left(\frac{1}{2}\right)^4}{(5/4)^{11/2}}-\frac{1260}{a^7}\frac{\left(\frac{1}{2}\right)^2}{(5/4)^{9/2}}+\frac{90}{a^7}\frac{1}{(5/4)^{7/2}}=\frac{1890}{a^7}\frac{2^7}{5^{11/2}}-\frac{1260}{a^7}\frac{2^7}{5^{9/2}}+\frac{90}{a^7}\frac{2^7}{5^{7/2}}\\
&=\frac{1}{a^3}\frac{16}{\sqrt{125}}\cdot\frac{2^3}{a^4}\left\{\frac{1890}{5^4}-\frac{1260}{5^3}+\frac{90}{5^2}\right\}=\frac{1}{a^3}\frac{16}{\sqrt{125}}\cdot\frac{2^3}{a^4}\left\{\frac{378}{125}-\frac{1260}{125}+\frac{450}{125}\right\}=-\frac{1}{a^3}\frac{16}{\sqrt{125}}\cdot\frac{8}{a^4}\cdot\frac{432}{125}.
\end{aligned}$$

$$\frac{F^{(4)}(0)}{4!}=-\frac{1}{a^3}\frac{16}{\sqrt{125}}\cdot\frac{1}{a^4}\cdot\frac{144}{125}$$

なので

$$B(x)=\frac{\mu_0Ia^2}{2}\left(F(0)+\frac{1}{4!}F^{(4)}(0)x^4+\cdots\right)=\frac{\mu_0Ia^2}{2}\frac{1}{a^3}\frac{16}{\sqrt{125}}\left(1-\frac{144}{125}\frac{x^4}{a^4}+\cdots\right)=\frac{8}{\sqrt{125}}\frac{\mu_0I}{a}\left(1-\frac{144}{125}\frac{x^4}{a^4}+\cdots\right)$$

となる．

- $x$ の奇数次の項は $b$ の値によらず消える．これは

$$\begin{aligned}
B(-x)&=\frac{\mu_0Ia^2}{2}\left\{\frac{1}{\left(a^2+\left(-x+\frac{b}{2}\right)^2\right)^{3/2}}+\frac{1}{\left(a^2+\left(-x-\frac{b}{2}\right)^2\right)^{3/2}}\right\}\\
&=\frac{\mu_0Ia^2}{2}\left\{\frac{1}{\left(a^2+\left(x-\frac{b}{2}\right)^2\right)^{3/2}}+\frac{1}{\left(a^2+\left(x+\frac{b}{2}\right)^2\right)^{3/2}}\right\}\\
&=\frac{\mu_0Ia^2}{2}\left\{\frac{1}{\left(a^2+\left(x+\frac{b}{2}\right)^2\right)^{3/2}}+\frac{1}{\left(a^2+\left(x-\frac{b}{2}\right)^2\right)^{3/2}}\right\}=B(x)
\end{aligned}$$

なので，$B(x)$ が $x$ の偶関数であるからである．

- $\frac{144}{125}\cdot\left(\frac{1}{3}\right)^4\approx0.01$ なので，$x=a/3$ であっても，$x=0$ の磁場とのずれは1% にすぎない．

**14.15** $x$ 軸上の磁場は

$$B(x)=\frac{\mu_0Ia^2}{2}\left\{-\frac{1}{\left(a^2+\left(x+\frac{b}{2}\right)^2\right)^{3/2}}+\frac{1}{\left(a^2+\left(x-\frac{b}{2}\right)^2\right)^{3/2}}\right\}$$

となる．前問と同様にして

$$F(x)=-\frac{1}{\left(a^2+\left(x+\frac{b}{2}\right)^2\right)^{3/2}}+\frac{1}{\left(a^2+\left(x-\frac{b}{2}\right)^2\right)^{3/2}}$$

とおくと

$$F(0)=0,\qquad F'(0)=6\frac{\frac{b}{2}}{\left(a^2+\left(\frac{b}{2}\right)^2\right)^{5/2}},\qquad F''(0)=0,$$

$$F^{(3)}(0)=210\frac{\left(\frac{b}{2}\right)^3}{\left(a^2+\left(\frac{b}{2}\right)^2\right)^{9/2}}-90\frac{\left(\frac{b}{2}\right)}{\left(a^2+\left(\frac{b}{2}\right)^2\right)^{7/2}}, \qquad F^{(4)}(0)=0.$$

$F^{(3)}(0)$ を整理すると，

$$F^{(3)}(0)=30\cdot\left(\frac{b}{2}\right)\cdot\frac{b^2-3a^2}{\left(a^2+\left(\frac{b}{2}\right)^2\right)^{9/2}}$$

なので，$b=\sqrt{3}a$ であれば，$F^{(3)}(0)=0$ となる．このとき，$F'(0)=\frac{96}{49}\sqrt{\frac{3}{7}}\frac{1}{a^4}$ なので

$$B(x)\approx\frac{\mu_0 Ia^2}{2}F'(0)x=\frac{48}{49}\sqrt{\frac{3}{7}}\frac{\mu_0 I}{a}\frac{x}{a}$$

となる．

## 15 章

**15.1** $B(r)=\frac{\mu_0 I}{2\pi r}$

**15.2** この電流は円電流と直線電流の組合せと考えることができる．中心の磁場は，円電流と直線電流がつくる磁場の和である．したがって，紙面に垂直で表から裏への方向で，図 A15.1 と考えると

$$B=\frac{\mu_0 I}{2a}+\frac{\mu_0 I}{2\pi a}=\frac{\mu_0 I}{2a}\left(1+\frac{1}{\pi}\right).$$

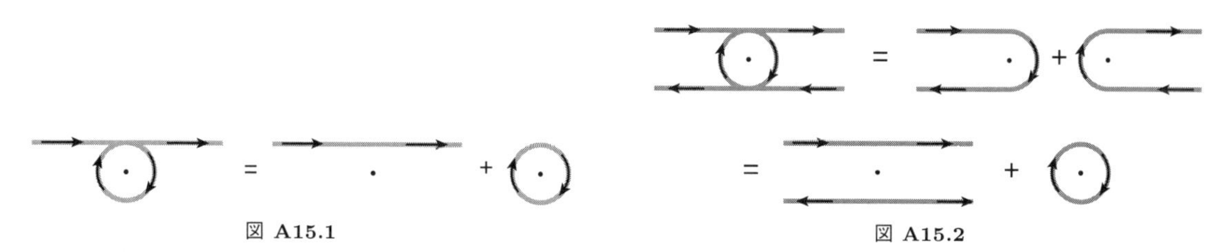

図 A15.1

図 A15.2

**15.3** 図 A15.2 のように考えると，紙面に垂直で表から裏の方向で，

$$B=\frac{\mu_0 I}{4a}\left(1+\frac{2}{\pi}\right).$$

**15.4** 電流が目に入る側から見て反時計回りの方向で

$$B(r)=\begin{cases}\dfrac{\mu_0 I}{2\pi r} & (r>a)\\ \dfrac{\mu_0 Ir}{2\pi a^2} & (r<a).\end{cases}$$

**15.5** 対称性から，磁場は導線からの距離 $r$ だけの関数である．また，磁場は中心導線を軸とした同心円の接線方向を向く．図 A15.3 のように，中心軸に垂直な面内に，中心が軸に一致した半径 $r$ の円をアンペールの法則の積分経路にとる．この積分経路に沿って，磁場はいつも接線方向に向いており大きさは一定であるから

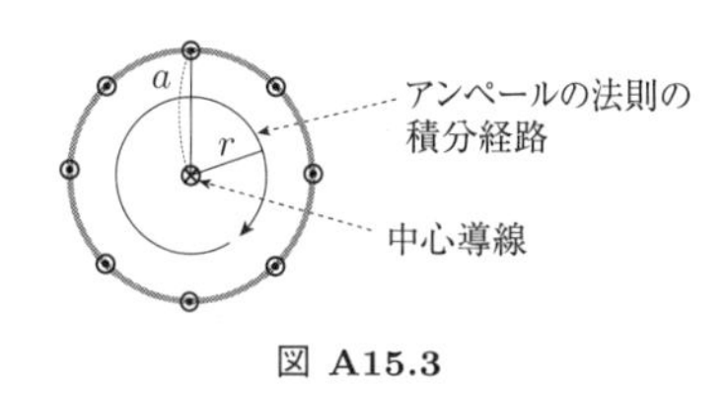


図 A15.3

$$\int\vec{B}(r)\cdot\vec{t}\,ds=B(r)\int ds=B(r)2\pi r$$

である．

一方，アンペールの法則より

$$\int\vec{B}(r)\cdot\vec{t}\,ds=\begin{cases}\mu_0 I & (0<r<a)\\ 0 & (a<r)\end{cases}$$

である．したがって

$$B(r)=\begin{cases}\dfrac{\mu_0 I}{2\pi r} & (0<r<a)\\ 0 & (a<r)\end{cases}$$

となる．$0<r<a$ の磁場の向きは，円筒導線を流れる電流が目に入る側から見て時計回りの方向である．

**15.6** ソレノイドコイルは無限に長いので，磁場はソレノイドの軸に平行と考えてよい．ソレノイドの軸を中心として回転対称なので，磁場の大きさは中心からの距離 $r$ だけの関数である．ソレノイドの軸を $z$ 軸とし，図 A15.4，図 A15.5，図 A15.6 のように，$xz$ 平面内に，長方形経路 $\mathrm{A}(x_a,0,z_a)\to\mathrm{B}(x_a,0,z_c)\to\mathrm{C}(x_c,0,z_c)\to\mathrm{D}(x_c,0,z_a)\to\mathrm{A}(x_a,0,z_a)$ をとり，アンペールの法則の積分経路とする．

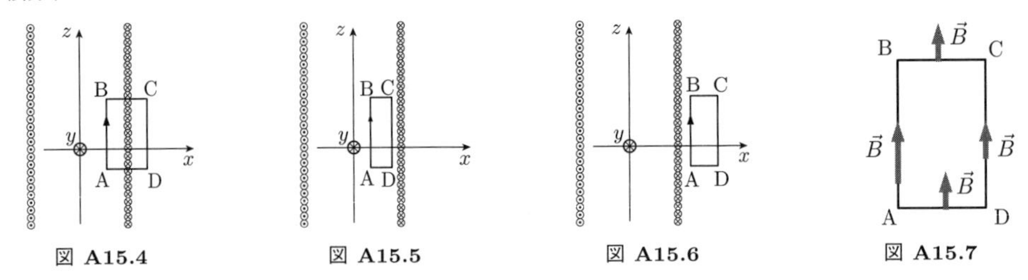


図 A15.4　図 A15.5　図 A15.6　図 A15.7

磁場は $\vec{B}=B(r)\vec{z}$ ($\vec{z}$ は $z$ 軸正方向の単位ベクトル) と表せる．経路 $\mathrm{B}\to\mathrm{C}$，$\mathrm{D}\to\mathrm{A}$ 上では経路と磁場が互いに垂直なので経路積分に寄与しない．経路 $\mathrm{A}\to\mathrm{B}$，経路 $\mathrm{C}\to\mathrm{D}$ 上では磁場は一定で，経路と磁場が平行である．経路積分は

$$\int \vec{B}\cdot\vec{t}\,ds=\vec{B}(x_a)\cdot\overrightarrow{\mathrm{AB}}+\vec{B}(x_c)\cdot\overrightarrow{\mathrm{CD}}=(z_c-z_a)\left(B(x_a)-B(x_c)\right)$$

となる．一方，アンペールの法則より，

$$\int \vec{B}\cdot\vec{t}\,ds=\mu_0\times(\text{長方形内を } y \text{ 正方向へ貫く電流量})$$

である．

図 A15.5，図 A15.6 のように，長方形経路がコイルの導線を囲んでいない場合，(長方形内を $y$ 正方向へ貫く電流量)$=0$ なので，$B(x_a)-B(x_c)=0$ である．したがって，コイルの内部および外部の磁場はそれぞれ一定である．コイルの内部の磁場を $B_{内}$，外部の磁場を $B_{外}$ としよう．図 A15.4 のように，経路 $\mathrm{A}\to\mathrm{B}$ がソレノイドの内部，$\mathrm{C}\to\mathrm{D}$ がソレノイドの外側になるようにとると $(z_c-z_a)\left(B_{内}-B_{外}\right)=(z_c-z_a)\mu_0 nI$ となる．したがって，$B_{内}-B_{外}=\mu_0 nI$ である．

問 14.6 の結果から，中心軸上の磁場は $\mu_0 nI$ であることがわかっている．したがって，ソレノイドの内部および外部の磁場は，それぞれ一定で $B_{内}=\mu_0 nI$，$B_{外}=0$ となる．ソレノイドの内部の磁場の向きは，円電流にあわせて右ねじを回したときにねじが進む方向である．

注意：

- 上記の解答では，中心軸上の磁場を既知としたが，ソレノイドコイルから無限遠方の磁場が 0 であるとしても，$B_{内}=\mu_0 nI, B_{外}=0$ を結論できる．
- ソレノイドコイルに流れ込む電流の入り口が $z=-\infty$，出口が $z=+\infty$ の場合，円電流がつくる磁場の他に，円筒面上を $z$ 軸の正方向へ大きさ $I$ で流れる電流がつくる磁場が加わる．この磁場はソレノイドコイルの内部では 0，外部では $z$ 軸上を $z$ 軸の正方向に流れる大きさ $I$ の電流がつくる磁場と同じである．

**15.7** 棒磁石がコイルに左側からコイルに近づく間，磁場が 0 の状態からコイルを右へ貫く磁束が増えていく．この変化を打ち消すように，コイルに電流が流れるので，電流の向きは図 A15.8 の矢印の方向になる．棒磁石がコイルを通過し右側へ遠ざかる間，コイルを右へ貫く磁束は徐々に減っていく．この変化を打ち消すようにコイルに電流が流れるので，電流の向きは図 A15.8 の矢印とは逆になる．

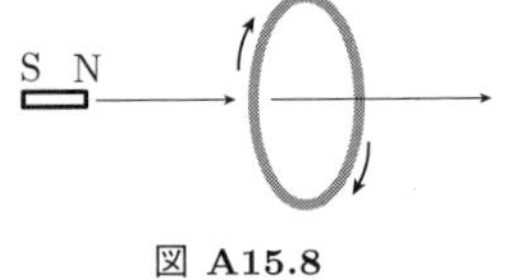


図 A15.8

棒磁石がコイルから十分離れているときはコイルを貫く磁束の時間変化は小さいが，コイルに近いときは大きいと考えられる．一方，棒磁石の中心がコイルを通過する瞬間は，コイルを貫く磁束の時間変化は 0 である．

以上の考察から，コイルの流れる電流はおよそ図 A15.9 のようになると推察できる．

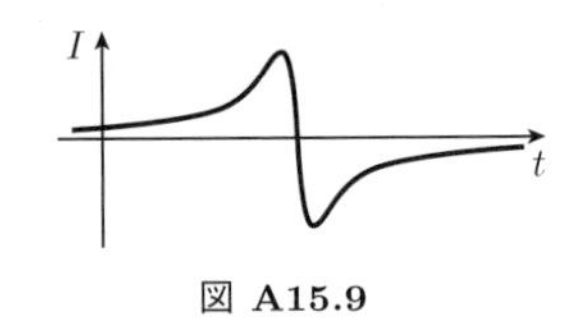


図 A15.9

**15.8** $I=\dfrac{v\,dB}{R}$，$\vec{F}$ は導体棒の速度の方向で $F=\dfrac{v}{R}d^2B^2$，$W_{\mathrm{R}}=\dfrac{v^2d^2B^2}{R}$，$W_{\mathrm{F}}=\dfrac{v^2d^2B^2}{R}$．

**15.9** $V(t)=Ba^2\omega\sin(\omega t+\phi)$

**15.10** 軸から $r$ 離れた位置の自由荷電粒子 (自由電子) $q=-e$ ($e=1.6\times10^{-19}$ C) に働くローレンツ力 $F_{\rm L}$ は，回転中心軸から円周の方向を向いており，その大きさは $F_{\rm L}=er\omega B$ である．この力によって，電子は金属円板の外周に片寄り，軸側は正に外側は負に帯電する．この帯電のために金属円板内に静電場が生じる．この静電場による力 $F_{\rm E}$ とローレンツ力 $F_{\rm L}$ がつりあうと，それ以上電荷が移動しない平衡状態になる．電場は金属円板の回転中心軸から円周の方向に向く．

平衡状態では，軸から $r$ 離れた位置の電荷 $q$ に働くローレンツ力 $F_{\rm L}=qr\omega B$ と電場による力 $F_{\rm E}=qE$ がつりあっているから，軸から $r$ 離れたところでの電場の大きさは $E(r)=\omega Br$ となる．したがって，導体円板の中心が高電位で，円周との電位差は

$$V=\int_0^a E(r)\,dr=\frac{1}{2}\omega Ba^2.$$

**15.11** $L=\mu_0 n\pi a^2$

**15.12** 図 A15.10 のように，$x$ 軸をとり，直線導線と辺 $\overline{\rm AB}$ の $x$ 座標値をそれぞれ 0 と $x$ とする．

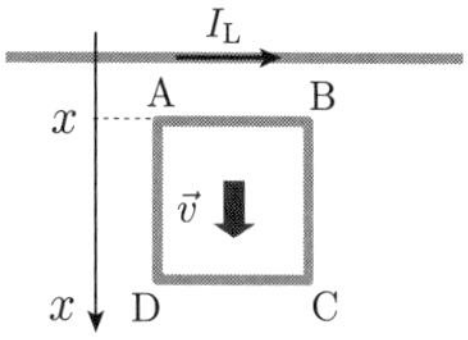

$x$ は，$x(t)=vt+X$ と表せる．正方形コイルを紙面裏方向へ貫く磁束は

$$\Phi(t)=\int_x^{x+a}\frac{\mu_0 I_{\rm L}}{2\pi r}a\,dr=\frac{a\mu_0 I_{\rm L}}{2\pi}\{\log(x(t)+a)-\log x(t)\}$$

となる．したがって，起電力は

$$V(t)=-\frac{d}{dt}\Phi(t)=-\frac{a\mu_0 I_{\rm L}}{2\pi}\left\{\frac{v}{x(t)+a}-\frac{v}{x}\right\}=\frac{a\mu_0 I_{\rm L}}{2\pi}\left\{\frac{v}{x(t)}-\frac{v}{x(t)+a}\right\}$$

で，A→B→C→D の方向へ電流を流すように生じる．

図 A15.10

**15.13** $L=\dfrac{\mu_0 a}{2\pi}\log\left(\dfrac{a+b}{b}\right)$

**15.14** $z$ 軸を金属板と垂直にとり，金属板は $z=0$ の平面にあるとする．対称性から，磁場は $z$ のみの関数で，その向きは $z>0$ では $x$ 軸の正方向，$z<0$ では $x$ 軸の負方向であり，$|B_x(-z)|=|B_x(z)|$ である．

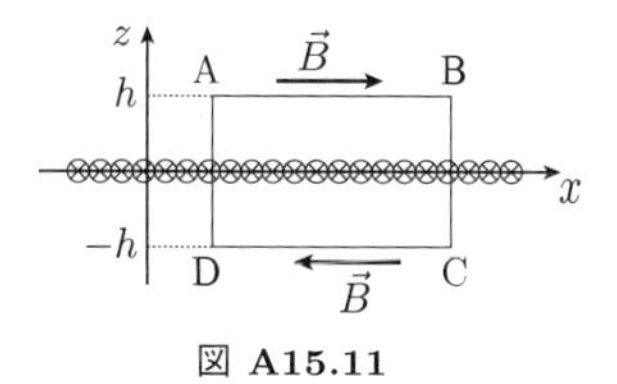

図 A15.11

アンペールの法則の積分経路として，図 A15.11 のように長方形経路 A→B→C→D→A をとろう．辺 AB の $z$ 座標値を $h$ ($>0$)，CD の $z$ 座標を $-h$ としよう．辺 DA，BC 上では，磁場は積分経路と垂直なのでアンペールの法則の経路積分には寄与しない．辺 AB，CD 上では，磁場は積分経路と同じ方向で，$|B_x(-h)|=|B_x(h)|$ なので，

$$\int\vec{B}\cdot\vec{t}\,ds=\vec{B}(h)\cdot\overrightarrow{\rm AB}+\vec{B}(-h)\cdot\overrightarrow{\rm CD}=2B_x(h)\overline{\rm AB}$$

となる ($\overline{\rm AB}$ は辺 AB の長さ)．アンペールの法則より，$\displaystyle\int\vec{B}\cdot\vec{t}\,ds=\mu_0\sigma\overline{\rm AB}$ なので，$B_x(h)=\dfrac{\mu_0\sigma}{2}$.

以上より，$B_y=B_z=0$，$B_x(z)=\begin{cases}\dfrac{\mu_0\sigma}{2} & (z>0)\\ -\dfrac{\mu_0\sigma}{2} & (z<0).\end{cases}$

**15.15** $L=\mu_0\pi n^2a^2$，$U=\dfrac{1}{2\mu_0}B^2\pi a^2$

**15.16** 中心軸を $z$ 軸とする．対称性から，磁場は $z$ 軸からの距離 $r$ と $z$ 座標だけの関数である．また，ビオ–サバールの法則と対称性から，磁場はトロイダルコイルの中心軸を中心とする円周方向を向いている．図 A15.12 のように，トロイダルコイルの中心軸を中心とする半径 $r$ の円をアンペールの法則の積分経路にとる．

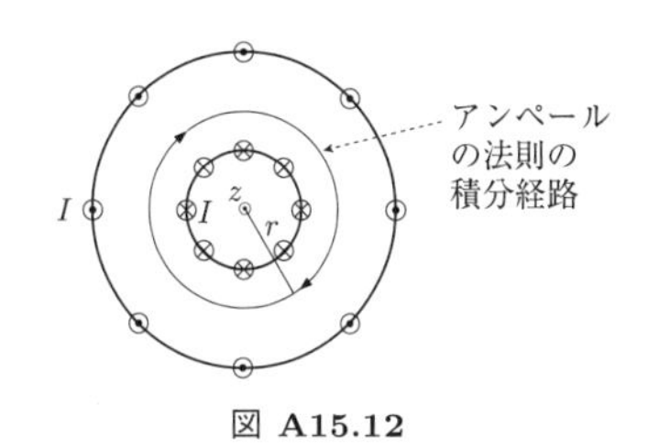

図 A15.12

磁場はその接線方向に向いており，大きさは一定 $B$ であるから

$$\int\vec{B}\cdot\vec{t}\,ds=B\int ds=2\pi rB$$

である．一方，アンペールの法則より，

$$\int\vec{B}\cdot\vec{t}\,ds=\begin{cases}\mu_0 NI & (\text{経路がトロイダルコイルの内部を通る場合})\\ 0 & (\text{経路がトロイダルコイルの外部を通る場合})\end{cases}$$

を得る．したがって，

$$B=\begin{cases}\dfrac{\mu_0 NI}{2\pi r} & (\text{トロイダルコイルの内部})\\ 0 & (\text{トロイダルコイルの外部}).\end{cases}$$

**15.17** $L=\dfrac{\mu_0 N^2 h}{2\pi}\log\dfrac{a+b}{a}$

**注意：** トロイダルコイルは外部に磁場が漏れにくいため，漏れ磁場対策が必要な場合によく使われている．スイッチング電源などで，高周波ノイズ除去のためのチョークコイルとして使われることが多い．この問では空芯としたが，実用ではフェライトなどの高透磁率の材料でつくられたドーナツ型のコアに銅線を巻いたものが使われている．

**15.18** 磁束を囲む閉回路には，時計まわりに電流を流そうとする誘導起電力が生じる．その大きさを $V_{\mathrm{emf}}$ とすると，$V_{\mathrm{emf}}=\left|-\dfrac{d\Phi}{dt}\right|$ である．電流は抵抗 $r$ を含む回路を a→b→c→d→e→f→a のように流れる．抵抗 $r$ を流れる電流は，$I=\dfrac{V_{\mathrm{emf}}}{2r}$ である．以下では，電圧計の内部抵抗は十分に大きく，電圧計内には電流はほとんど流れないとして考察しよう．

電圧計 L の指示を求めるために，キルヒホッフの法則を閉回路 1 (図 A15.13)

「電圧計 L の + 端子→a→b→c→d→電圧計 L の − 端子 $\underset{\text{L の内部}}{\rightarrow}$ 電圧計 L の + 端子」

に適用する．電流 $I$ は回路 abcdef を時計回りに流れていることに注意して

$$\begin{aligned}V_{\mathrm{emf}}&=(\text{b から c への電圧降下})+(\text{電圧計 L の − 端子から + 端子への電圧降下})\\&=Ir+(-\text{電圧計 L の指示})\end{aligned}$$

となる．したがって，(電圧計 L の指示)$=Ir-V_{\mathrm{emf}}=-\dfrac{V_{\mathrm{emf}}}{2}$ なので，マイナス側にふれる．

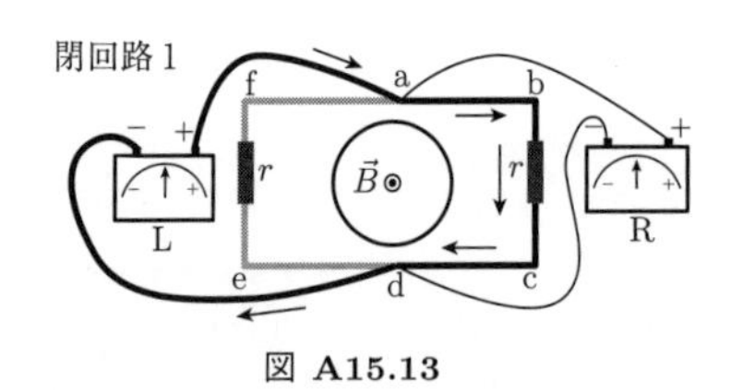

図 A15.13

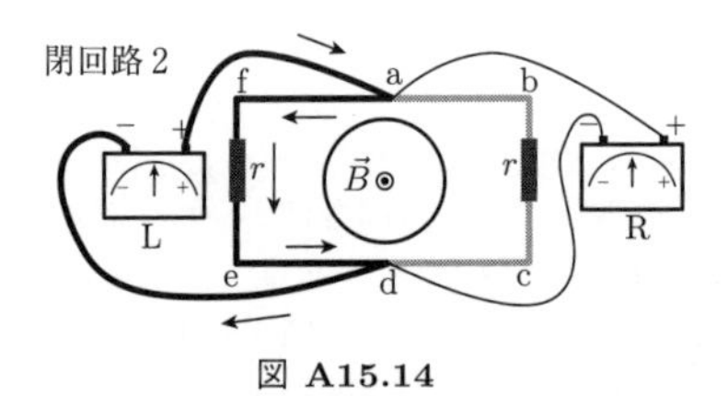

図 A15.14

キルヒホッフの法則を適用する閉回路として，閉回路 2 (図 15.14)

「電圧計 L の + 端子→a→f→e→d→電圧計 L の − 端子 $\underset{\text{L の内部}}{\rightarrow}$ 電圧計 L の + 端子」

を考えることもできる．この場合は，この経路に沿った誘導起電力は 0 である．電流 $I$ は回路 abcdef を時計回りに流れていることに注意して

$$\begin{aligned}0&=(\text{f から e への電圧降下})+(\text{電圧計 L の − 端子から + 端子への電圧降下})\\&=-Ir+(-\text{電圧計 L の指示})\end{aligned}$$

となる．したがって，(電圧計 L の指示)$=-Ir=-\dfrac{V_{\mathrm{emf}}}{2}$ なので，マイナス側にふれる．閉回路 1 で考えても，閉回路 2 で考えても同じ結論になる．

同様に，電圧計 R の指示を求めるために，キルヒホッフの法則を閉回路 3 (図省略)

「電圧計 R の − 端子→d→e→f→a→電圧計 R の + 端子 $\underset{\text{R の内部}}{\rightarrow}$ 電圧計 R の − 端子」

に適用する．電流 $I$ は回路 abcdef を時計回りに流れていることに注意して

$$\begin{aligned}V_{\mathrm{emf}}&=(\text{e から f への電圧降下})+(\text{電圧計 R の + 端子から − 端子への電圧降下})\\&=Ir+(\text{電圧計 R の指示})\end{aligned}$$

となる．したがって，(電圧計 R の指示)$=-Ir+V_{\mathrm{emf}}=\dfrac{V_{\mathrm{emf}}}{2}$ なので，プラス側にふれる．

キルヒホッフの法則を適用する閉回路として，閉回路 4 (図省略)

「電圧計 R の − 端子→d→c→b→a→電圧計 R の + 端子 $\underset{\text{R の内部}}{\rightarrow}$ 電圧計 R の − 端子」

を考えてもよい．この場合は，この経路に沿った誘導起電力は 0 である．電流 $I$ は回路 abcdef を時計回りに流れていることに注意して，

$$\begin{aligned}0 &= (\text{c から b への電圧降下}) + (\text{電圧計 R の + 端子から − 端子への電圧降下})\\ &= -Ir + (\text{電圧計 R の指示})\end{aligned}$$

となる．したがって，$(\text{電圧計 R の指示}) = Ir = \dfrac{V_{\text{emf}}}{2}$ なので，プラス側にふれる．閉回路 3 で考えても，閉回路 4 で考えても同じ結論になる．

**注意：** 測定装置も回路の一部であり，測定装置本体の位置の磁場が 0 でも，測定装置を含む回路の磁束の囲み方によって，測定装置の反応が変わる．

## 16 章

**16.1** (1) $R = R_1 + R_2$ (b) $\dfrac{R_1 + R_2}{R_1 R_2}$

**16.2** (1) 磁場に垂直な方向のコイル辺にローレンツ力が作用するため，これが力のモーメント (トルク) を発生するので，コイルが回転軸のまわりに回転する．

(2) 一定の回転角で静止できるように，回転を妨げるようにコイルばね (スプリング) を取り付ける (図 A16.1)．電流を力に変換している．

**16.3** 5 Ω の抵抗でバイパスさせる．

**16.4** (1) 50 Ω × 1 mA = 50 mV

(2) 1 V を測定していても，検流部には 0.05 V だけ，残り 0.95 V が分圧抵抗に加わるように，50 Ω × 0.95 ÷ 0.05 = 950 Ω の分圧抵抗を直列接続すればよい．

3 V の場合，50 Ω × 2.95 ÷ 0.05 = 2950 Ω 分圧抵抗が必要．したがって，新規に 2 kΩ の抵抗を追加する．

10 V の場合，50 Ω × 9.95 ÷ 0.05 = 9950 Ω 分圧抵抗が必要．したがって，新規に 7 kΩ の抵抗を追加する．

30 V の場合，50Ω × 29.95 ÷ 0.05 = 29950 Ω 分圧抵抗が必要．したがって，新規に 20 kΩ の抵抗を追加する．

したがって，これらのレンジを選択できるように，図 A16.2 のような切り替えスイッチを製作すればよい．

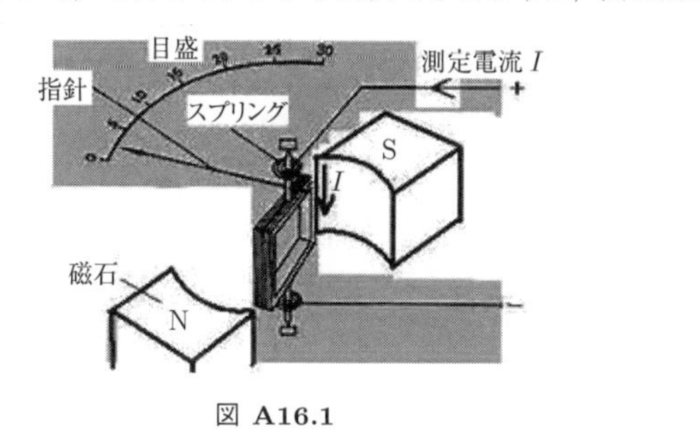


図 A16.1

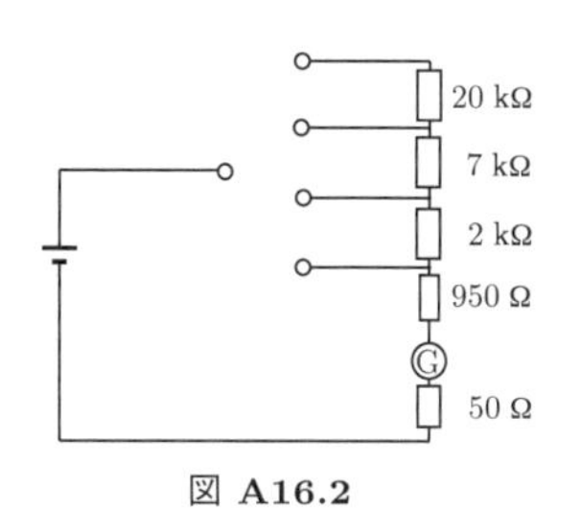


図 A16.2

**16.5** (1) 5 V (b) 4.04 V (c) 4.94 V，測定誤差 1.2%

**16.6** (1) $\dfrac{V}{r}$ (2) $\dfrac{V}{r + R_x}$ (3) 設問 (2) の式に従って，抵抗 $R_x$ に反比例してテスター針の振れ角が小さくなるので，それに応じた目盛を付けておく． (4) 適当な既知抵抗を直列接続する．

**16.7** $i_1 = \dfrac{r_3}{r_1 r_2 + r_2 r_3 + r_3 r_1} V,\quad i_2 = \dfrac{r_1 + r_3}{r_1 r_2 + r_2 r_3 + r_3 r_1} V,\quad i_3 = \dfrac{r_1}{r_1 r_2 + r_2 r_3 + r_3 r_1} V$

**16.8** (1) 各抵抗を流れる電流を向きを図 16.4(a) のように定めて，$i_1, i_2, i_3, i_4$，検流計に流れる電流を $i_5$ とする．これら未知量を決定する独立な方程式は

$$\begin{aligned}&i_1 - i_4 - i_5 = 0\\ &i_2 - i_3 + i_5 = 0\\ &-R_1 i_1 + R_2 i_2 - r_G i_5 = 0\\ &R_3 i_3 - R_4 i_4 + r_G i_5 = 0\\ &R_2 i_2 + (R_3 + r) i_2 + r i_4 = V\end{aligned} \implies \begin{pmatrix} 1 & 0 & 0 & -1 & -1\\ 0 & 1 & -1 & 0 & 1\\ -R_1 & R_2 & 0 & 0 & -r_G\\ 0 & 0 & R_3 & -R_4 & r_G\\ 0 & R_2 & R_3 + r & r & 0 \end{pmatrix} \begin{pmatrix} i_1\\ i_2\\ i_3\\ i_4\\ i_5 \end{pmatrix} = \begin{pmatrix} 0\\ 0\\ 0\\ 0\\ V \end{pmatrix}.$$

これを解いて

$$i_5=\frac{R_2R_4-R_1R_3}{\varDelta}V,$$

$$\varDelta=rr_{\mathrm{G}}(R_1+R_2+R_3+R_4)+r(R_1+R_2)(R_3+R_4)+r_{\mathrm{G}}(R_1+R_4)(R_2+R_3)+R_1R_2(R_3+R_4)+R_3R_4(R_1+R_2).$$

(2) $R_1R_3=R_2R_4$

(3) 対応 $R_1\to l_1$，$R_2\to R$，$R_3\to R_x$，$R_4\to l_2$ に注意すると，$Rl_2=R_xl_1\to R_x=\dfrac{l_2}{l_1}R.$

(4) これは，もとの回路において，$R_1\to R_2$，$R_2\to R_3$，$R_3\to R_4$，$R_4\to R_1$ という入替えをした回路であるから，検流計に流れる電流は

$$i_5'=\frac{R_3R_1-R_2R_4}{\varDelta'}V,$$

$$\varDelta'=rr_{\mathrm{G}}(R_1+R_2+R_3+R_4)+r(R_2+R_3)(R_4+R_1)+r_{\mathrm{G}}(R_2+R_1)(R_3+R_4)+R_2R_3(R_4+R_1)+R_4R_1(R_2+R_3),$$

$$\begin{aligned}\varDelta-\varDelta'&=r(R_1+R_2)(R_3+R_4)+r_{\mathrm{G}}(R_1+R_4)(R_2+R_3)-r(R_2+R_3)(R_4+R_1)-r_{\mathrm{G}}(R_2+R_1)(R_3+R_4)\\&=(r-r_{\mathrm{G}})(R_3-R_1)(R_2-R_4).\end{aligned}$$

(5) 例えば

$r_{\mathrm{G}}>r$ の場合，$(R_3-R_1)(R_2-R_4)>0$ ならば，$\varDelta-\varDelta'<0$ したがって，$i_5>i_5'$.

$r_{\mathrm{G}}<r$ の場合，$(R_3-R_1)(R_2-R_4)>0$ ならば，$\varDelta-\varDelta'>0$ したがって，$i_5<i_5'$.

よって，$r_{\mathrm{G}}>r$ ならば (1)，$r_{\mathrm{G}}<r$ ならば (4) の方が感度がよい．

**16.9** (1) $\dfrac{V_{\mathrm{S}}}{R_{\mathrm{S}}}$ (2) $\dfrac{V_{\mathrm{x}}}{R_{\mathrm{x}}}$ (3) $\dfrac{R_{\mathrm{x}}}{R_{\mathrm{S}}}V_{\mathrm{S}}$

**16.10** (1) 既知抵抗 $R_{\mathrm{S}}$ に電流 $I$ を流して，抵抗両端の電位差 $V$ を計測して，$\dfrac{V}{R_{\mathrm{S}}}$ によって電流値を求める (図 A16.3(a))．

(2) 既知抵抗 $R_{\mathrm{S}}$ と未知抵抗 $R_{\mathrm{x}}$ を電源に対して直列接続したとき，それぞれの抵抗の電圧 $V_{\mathrm{S}}$ および $V_{\mathrm{x}}$ を測定すれば，$R_{\mathrm{S}}\dfrac{V_{\mathrm{x}}}{V_{\mathrm{S}}}$ によって，$R_{\mathrm{x}}$ が求まる (図 A16.3(b))．

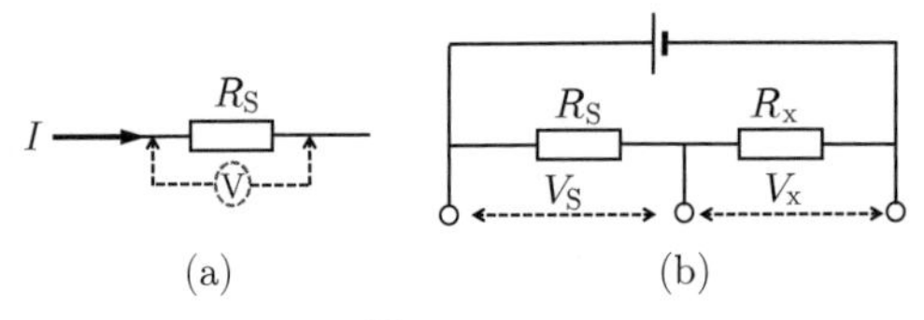


**図 A16.3**

**16.11** (1) $\dfrac{R_{\mathrm{A}}}{R_{\mathrm{B}}}R_{\mathrm{S}}+\dfrac{R_{\mathrm{b}}R_{\mathrm{L}}}{R_{\mathrm{a}}+R_{\mathrm{b}}+R_{\mathrm{L}}}\left(\dfrac{R_{\mathrm{A}}}{R_{\mathrm{B}}}-\dfrac{R_{\mathrm{a}}}{R_{\mathrm{b}}}\right)$ (2) $\dfrac{R_{\mathrm{a}}}{R_{\mathrm{b}}}=\dfrac{R_{\mathrm{A}}}{R_{\mathrm{B}}}$ とする．

**16.12** (1) $\dfrac{V_{\mathrm{x}}}{R+R_1+R_2}$ (2) $\dfrac{R_{\mathrm{x}}(R+R_1+R_2)}{R_2R_{\mathrm{S}}}V_{\mathrm{S}}$

**16.13** (1) 節点 $\mathrm{n}_1$: $i_1-i_3-i_6=0\cdots$ ①，節点 $\mathrm{n}_2$: $-i_1+i_2+i_4=0\cdots$ ②，節点 $\mathrm{n}_3$: $-i_2+i_3-i_5=0\cdots$ ③，節点 $\mathrm{n}_4$: $-i_4+i_5+i_6=0\cdots$ ④

(2) ①+②+③から④が得られるので，独立な方程式は①，②，③の 3 個．

(3) 閉回路 $\mathrm{L}_1$: $v_1+v_4+v_6=0\cdots$ ⑤，閉回路 $\mathrm{L}_2$: $v_2-v_4-v_5=0\cdots$ ⑥，閉回路 $\mathrm{L}_3$: $v_3+v_5-v_6=0\cdots$ ⑦，閉回路 $\mathrm{L}_4$: $v_1+v_2+v_3=0\cdots$ ⑧

(4) ⑤+⑥+⑦から⑧が得られるので，独立な方程式は⑤，⑥，⑦の 3 個．

(5) $v_n=r_ni_n$ を用いて

$$\begin{pmatrix}1&0&-1&0&0&-1\\-1&1&0&1&0&0\\0&-1&1&0&-1&0\\r_1&0&0&r_4&0&r_6\\0&r_2&0&-r_4&-r_5&0\\0&0&r_3&0&r_5&-r_6\end{pmatrix}\begin{pmatrix}i_1\\i_2\\i_3\\i_4\\i_5\\i_6\end{pmatrix}=0.$$

(6) 行列式 $\varDelta=-r_2r_4r_6-r_2r_4r_5-r_2r_3r_4-r_3r_4r_5-r_3r_4r_6-r_2r_3r_6-r_2r_5r_6-r_3r_5r_6-r_1r_4r_5-r_1r_2r_5-r_1r_3r_5-r_1r_5r_6-r_1r_2r_3-r_1r_3r_4-r_1r_2r_6-r_1r_4r_6$．$r_n$ は正値なので，したがって，$\varDelta\neq0$.

(7) $\Delta=0$ が成立するとする．問 (6) の行列方程式には $\vec{i}\neq 0$ となる解が与えられる．よって，電源をもたないこの回路内に電流が発生してジュール熱を生むことになる．そのようなことは熱力学の法則に反しており物理的にありえない．したがって，$\Delta\neq 0$ でなければならない．

**16.14** (1) $\vec{i}=\left(0,0,-\dfrac{V}{2r},0,-\dfrac{V}{4r},-\dfrac{V}{4r}\right)$ (2) $\dfrac{3}{8}\dfrac{V^2}{r}$

**16.15** (1) $j(r)=\dfrac{I}{2\pi Dr}$ (2) $E(r)=\dfrac{\rho I}{2\pi Dr}$ (3) $V=\dfrac{\rho I}{2\pi D}(\ln L-\ln\varepsilon)$ (4) $R=\dfrac{\rho}{2\pi D}(\ln L-\ln\varepsilon)$

**16.16** (1) 問 16.15 の結果を利用する．

点 P から注入された電流 $I$ の影響による電位は，座標 $(x,y)$ の地点では，半円であることに留意して，

$$V_{\mathrm{P}}(x,y)=V_{\mathrm{P}}-R_{\mathrm{P}}(x,y)I=V_{\mathrm{P}}-\frac{\rho I}{\pi D}\left(\ln\sqrt{x^2+y^2}-\ln\varepsilon\right).$$

点 Q から流出する電流 $I$ の影響による電位は，座標 $(x,y)$ の地点では，半円であることに留意して，

$$V_{\mathrm{Q}}(x,y)=V_{\mathrm{Q}}+R_{\mathrm{Q}}(x,y)I=V_{\mathrm{Q}}+\frac{\rho I}{\pi D}\left(\ln\sqrt{(x-a)^2+y^2}-\ln\varepsilon\right).$$

したがって，座標 $(x,y)$ の電位は，$V_{\mathrm{P}}(x,y)+V_{\mathrm{Q}}(x,y)=V_{\mathrm{P}}+V_{\mathrm{Q}}+\dfrac{\rho I}{\pi D}\left(\ln\sqrt{(x-a)^2+y^2}-\ln\sqrt{x^2+y^2}\right)$.

点 R の電位は，したがって，$V_{\mathrm{R}}(x=a+b,y=0)=V_{\mathrm{P}}+V_{\mathrm{Q}}+\dfrac{\rho I}{\pi D}[\ln b-\ln(a+b)]$.

同様に，点 S の電位は，$V_{\mathrm{S}}(x=a+b+c,y=0)=V_{\mathrm{P}}+V_{\mathrm{Q}}+\dfrac{\rho I}{\pi D}[\ln(b+c)-\ln(a+b+c)]$.

よって，2 点 R と S 間の電位差 $V_{\mathrm{S}}-V_{\mathrm{R}}$ は，$V_{\mathrm{S}}-V_{\mathrm{R}}=\dfrac{\rho I}{\pi D}\ln\dfrac{(a+b)(b+c)}{b(a+b+c)}$.

(2) 点 Q から電流 $I$ を注入，点 R から外部に流出するとき，2 点 S と P 間の電位差 $V_{\mathrm{P}}-V_{\mathrm{S}}$ は，同様にして，

$$V_{\mathrm{P}}-V_{\mathrm{S}}=\frac{\rho I}{\pi D}\ln\frac{(a+b)(b+c)}{ac}.$$

(3) 問 (1) の結果から，$\dfrac{(a+b)(b+c)}{b(a+b+c)}=\exp\left(\dfrac{R_{\mathrm{PQ,RS}}\pi D}{\rho}\right)$．問 (2) の結果から，$\dfrac{(a+b)(b+c)}{ac}=\exp\left(\dfrac{R_{\mathrm{QR,SP}}\pi D}{\rho}\right)$.

したがって，$\exp\left(-\dfrac{R_{\mathrm{PQ,RS}}\pi D}{\rho}\right)+\exp\left(-\dfrac{R_{\mathrm{QR,SP}}\pi D}{\rho}\right)=\dfrac{b(a+b+c)+ac}{(a+b)(b+c)}=1$.

(4) 電極間距離がわからなくとも，2 種類の電位差測定によって，比抵抗を求めることができる，ということを意味する．

## 17 章

**17.1** (1) (ア) 反時計回り (イ) 内積 (ウ) $\vec{i}_0=(d,c,0)$ (エ) 時計回り (オ) $(0,0,-1)$ (カ) 負 (キ) $(0,0,1)$ (ク) 正

(2) $\cos\theta=\dfrac{\vec{i}_0\cdot\vec{v}_0}{v_0 i_0}=\dfrac{ac+bd}{\sqrt{a^2+b^2}\sqrt{c^2+d^2}}$, $\sin\theta=\dfrac{(\vec{i}_0\times\vec{v}_0)_{(0,0,1)\text{ 成分}}}{v_0 i_0}=\dfrac{bc-ad}{\sqrt{a^2+b^2}\sqrt{c^2+d^2}}$, $\tan\theta=\dfrac{bc-ad}{ac+bd}$

**17.2** (1) 交流の回路方程式を導出する手順 (考え方)

**1.** 電流値 $I$，およびその時間微分値 $\dfrac{dI}{dt}$ は回路のどこでも同じである．したがって，キャパシターから流出する電流も $I$ である．

**2.** キャパシターの蓄積する電荷が $Q$ のとき，$I=-\dfrac{dQ}{dt}$ である．

**3.** インダクターは逆起電力 $-L\dfrac{dI}{dt}$ を発生する．もし，$\dfrac{dI}{dt}>0$ ならば，その逆起電力は，図中の電源起電力 $\phi_{\mathrm{emf}}$ を打ち消すように作用する．

**4.** 手順 2 と 3 より，インダクターの逆起電力は $Q$ を使って表すと，$L\dfrac{d^2Q}{dt^2}$ である．

**5.** 交流だから，$Q$ は時間的に単振動する．したがって，$\dfrac{d^2Q}{dt^2}=-\omega^2 Q$ である．

**6.** キャパシターの発生する起電力は $\dfrac{Q}{C}=-\dfrac{1}{\omega^2 C}\dfrac{d^2Q}{dt^2}$ のため，インダクターの起電力に対して逆向きに作用する．したがって，図中の電源起電力 $\phi_{\mathrm{emf}}$ と同じ向きである．

**7.** 抵抗 $R$ に電流を供給する起電力はトータルとして $\phi_{\mathrm{emf}}+\dfrac{Q}{C}-L\dfrac{dI}{dt}$ であるから，回路方程式は $RI=\phi_{\mathrm{emf}}+\dfrac{Q}{C}-L\dfrac{dI}{dt}$ である．

**8.** これを $Q$ だけで表現すると，$L\dfrac{d^2Q(t)}{dt^2}+R\dfrac{dQ(t)}{dt}+\dfrac{Q(t)}{C}=-\phi_{\rm emf}(t)$ となる．

(2) この回路方程式に $Q=a\sin\omega t+b\cos\omega t$ を代入すると，$\phi_{\rm emf}=\left(\omega^2Lb-\omega Ra-\dfrac{b}{C}\right)\cos\omega t+\left(\omega^2La+\omega Rb-\dfrac{a}{C}\right)\sin\omega t.$

(3) 問 (2) の結果から，$\vec{\phi}_{\rm emf}=\left(\omega^2Lb-\omega Ra-\dfrac{b}{C},\ \omega^2La+\omega Rb-\dfrac{a}{C},\ 0\right),$

$I=-\dfrac{dQ}{dt}=-\omega a\cos\omega t+\omega b\sin\omega t,$ したがって，$\vec{I}=(-\omega a,\omega b,0).$

(4) $|\vec{\phi}_{\rm emf}|=\left|\left(\omega^2Lb-\omega Ra-\dfrac{b}{C},\ \omega^2La+\omega Rb-\dfrac{a}{C},\ 0\right)\right|=\sqrt{\left(\omega^2Lb-\omega Ra-\dfrac{b}{C}\right)^2+\left(\omega^2La+\omega Rb-\dfrac{a}{C}\right)^2}$

$$=\omega\sqrt{a^2+b^2}\sqrt{\left(\omega L-\frac{1}{\omega C}\right)^2+R^2}.$$

$|\vec{I}|=|(-\omega a,\omega b)|=\omega\sqrt{a^2+b^2}.$ したがって，$Z=\dfrac{|\vec{\phi}_{\rm emf}|}{|\vec{I}|}=\sqrt{\left(\omega L-\dfrac{1}{\omega C}\right)^2+R^2}.$

(5) $\vec{\phi}_{\rm emf}$ と $\vec{I}$ とのなす角を $\theta$ とする．

$$\cos\theta=\frac{\vec{I}\cdot\vec{\phi}_{\rm emf}}{|\vec{I}||\vec{\phi}_{\rm emf}|}=\frac{-\omega a\left(\omega^2Lb-\omega Ra-\frac{b}{C}\right)+\omega b\left(\omega^2La+\omega Rb-\frac{a}{C}\right)}{\omega\sqrt{a^2+b^2}\,\omega\sqrt{a^2+b^2}\sqrt{\left(\omega L-\frac{1}{\omega C}\right)^2+R^2}}=\frac{\omega^2R(a^2+b^2)}{\omega^2(a^2+b^2)\sqrt{\left(\omega L-\frac{1}{\omega C}\right)^2+R^2}}$$

$$=\frac{R}{\sqrt{\left(\omega L-\frac{1}{\omega C}\right)^2+R^2}},$$

$$\sin\theta=\frac{(\vec{I}\times\vec{\phi}_{\rm emf})_{(0,0,1)\text{ 成分}}}{|\vec{I}||\vec{\phi}_{\rm emf}|}=\frac{\frac{1}{\omega C}-\omega L}{\sqrt{\left(\omega L-\frac{1}{\omega C}\right)^2+R^2}}$$

したがって，$\tan\theta=\dfrac{\frac{1}{\omega C}-\omega L}{R}.$

**17.3** (1) $\vec{I}=(-\omega a,\omega b,0).$ $V_{\rm R}=RI=R(-\omega a\cos\omega t+\omega b\sin\omega t)\to\vec{V}_{\rm R}=(-\omega Ra,\omega Rb,0).$ よって，$Z_{\rm R}=R.$ また，$\vec{V}_{\rm R}/\!/\vec{I}$ なので，$\theta=0.$

(2) $V_{\rm C}=\dfrac{Q}{C}=\dfrac{1}{C}(b\cos\omega t+a\sin\omega t)\to\vec{V}_{\rm C}=\dfrac{1}{C}(b,a,0).$ よって，$Z_{\rm C}=\dfrac{\frac{1}{C}\sqrt{a^2+b^2}}{\omega\sqrt{a^2+b^2}}=\dfrac{1}{\omega C}.$ また，$\vec{I}\cdot\vec{V}_{\rm C}=0\to\theta=\dfrac{\pi}{2}.$

(3) $V_{\rm L}=-L\dfrac{dI}{dt}=-L\dfrac{d}{dt}(-\omega a\cos\omega t+\omega b\sin\omega t)=\omega^2L(-b\cos\omega t-a\sin\omega t)\to\vec{V}_{\rm L}=-\omega^2L(b,a,0).$ よって，$Z_{\rm L}=\omega L.$ また，$\vec{I}\cdot\vec{V}_{\rm L}=0\to\theta=\dfrac{\pi}{2}.$

(4) 図 A17.1 のようになる．

(5) 電源起電力の位相と電流の位相を比較する．

$$\phi_{\rm emf}=\left(\omega^2Lb-\omega Ra-\frac{b}{C}\right)\cos\omega t+\left(\omega^2La+\omega Rb-\frac{a}{C}\right)\sin\omega t,$$

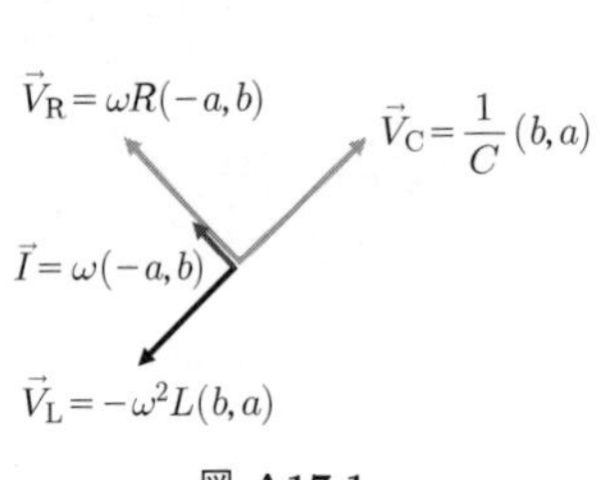


**図 A17.1**

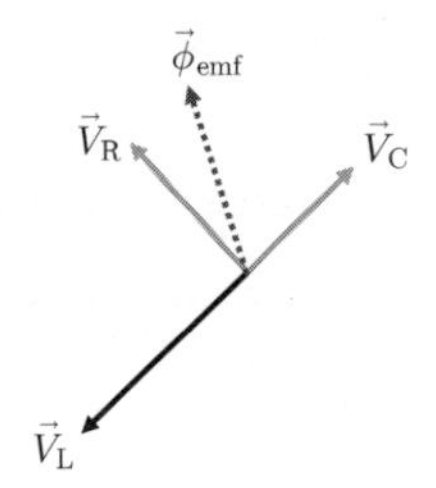


**図 A17.2** $\omega L-\dfrac{1}{\omega C}>0$ の場合

$$\phi_{\mathrm{emf}}=\left(\omega^2 Lb-\omega Ra-\frac{b}{C},\omega^2 La+\omega Rb-\frac{a}{C},0\right)=\omega^2 L(b,a,0)+\omega R(-a,b,0)-\frac{1}{C}(b,a,0)$$

よって，$\vec{\phi}_{\mathrm{emf}}=-\vec{V}_{\mathrm{L}}+R\vec{I}-\vec{V}_{\mathrm{C}}\Longrightarrow\vec{\phi}_{\mathrm{emf}}+\vec{V}_{\mathrm{L}}+\vec{V}_{\mathrm{C}}=R\vec{I}$.

したがって，$\omega L-\dfrac{1}{\omega C}>0$ の場合，電流 ($\vec{V}_{\mathrm{R}}$ に平行) の位相は電源起電力より遅れる (図 A17.2)．一方，$\omega L-\dfrac{1}{\omega C}<0$ の場合，電流の位相は電源起電力より進む．

**17.4** 右巻き (時計回り) でコイルを巻き終えたら，次は，その上に左巻き (反時計回り) にして同様にコイルを重ね巻すればよい (1 本のリード線も，閉回路を形成すると，原理的にインダクタンスをもつので，要注意である)．

**17.5** (1) $\dfrac{nq^2}{m\sqrt{\omega^2+\gamma^2}}$ (2) $-\dfrac{\omega}{\gamma}$ (3) 遅れる

**17.6** (1) $m\dfrac{d^2x}{dt^2}=-eE-Kx-m\gamma\dfrac{dx}{dt}$

(2) $x=a\sin\omega t+b\cos\omega t$ を代入すると，$P=-nex=-ne(a\sin\omega t+b\cos\omega t)\to\vec{P}=-ne(b,a,0)$.

$$E=\frac{1}{e}[(m\omega^2-K)b-\gamma m\omega a]\cos\omega t+\frac{1}{e}[(m\omega^2-K)a+\gamma m\omega b]\sin\omega t\Longrightarrow\vec{E}=\frac{m\omega^2-K}{e}(b,a,0)+\frac{\gamma m\omega}{e}(-a,b,0).$$

したがって，$\dfrac{|\vec{P}|}{|\vec{E}|}=\dfrac{ne^2}{m}\dfrac{1}{\sqrt{\left(\omega^2-\dfrac{K}{m}\right)^2+\gamma^2\omega^2}}$.

(3) $\cos\theta=\dfrac{\vec{P}\cdot\vec{E}}{|\vec{P}||\vec{E}|}=-\dfrac{m\omega^2-K}{\sqrt{(m\omega^2-K)^2+\gamma^2m^2\omega^2}}$,　$\sin\theta=\dfrac{(\vec{P}\times\vec{E})_{(0,0,1)\ \text{成分}}}{|\vec{P}||\vec{E}|}=-\dfrac{\gamma m\omega}{\sqrt{(m\omega^2-K)^2+\gamma^2m^2\omega^2}}$

したがって，$\tan\theta=\dfrac{\gamma m\omega}{m\omega^2-K}$.

$\omega<\sqrt{\dfrac{K}{m}}$ の場合 (図 A17.3)　　$\omega>\sqrt{\dfrac{K}{m}}$ の場合 (図 A17.4)

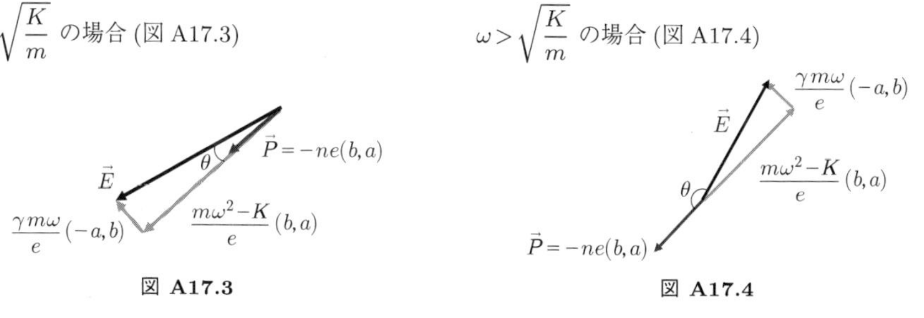


図 A17.3　　図 A17.4

(4) 図 A17.3 と図 A17.4 からわかるように，すべての角周波数に対して $P(t)$ は $E(t)$ より位相が遅れている．

**17.7** (1) $Q=Q_0e^{i\omega t}$，$\phi_{\mathrm{emf}}=\phi_0e^{i\omega t}$ を $L\dfrac{d^2Q(t)}{dt^2}+R\dfrac{dQ(t)}{dt}+\dfrac{Q(t)}{C}=-\phi_{\mathrm{emf}}(t)$ に代入する．よって，$\phi_{\mathrm{emf}}=-\left(-\omega^2L+i\omega R+\dfrac{1}{C}\right)Q$．電流 $I$ は，$I=-\dfrac{dQ}{dt}=-i\omega Q$．したがって，複素インピーダンス $Z$ は，

$$Z=\frac{\phi_{\mathrm{emf}}}{I}=\frac{-\omega^2L+i\omega R+\dfrac{1}{C}}{i\omega}=R+i\left(\omega L-\frac{1}{\omega C}\right).$$

よって，実部は $R$，虚部は $\omega L-\dfrac{1}{\omega C}$.

(2) $$\phi_{\mathrm{emf}}=IZ=I\left[R+i\left(\omega L-\frac{1}{\omega C}\right)\right]=I\sqrt{R^2+\left(\omega L-\frac{1}{\omega C}\right)^2}\left[\frac{R}{\sqrt{R^2+\left(\omega L-\dfrac{1}{\omega C}\right)^2}}+i\frac{\omega L-\dfrac{1}{\omega C}}{\sqrt{R^2+\left(\omega L-\dfrac{1}{\omega C}\right)^2}}\right]$$

したがって，$\tan\theta=\dfrac{\omega L-\dfrac{1}{\omega C}}{R}$ を満たす $\theta$ を用いると，$\phi_{\mathrm{emf}}=I\sqrt{R^2+\left(\omega L-\dfrac{1}{\omega C}\right)^2}e^{i\theta}$.

したがって，$\omega L-\dfrac{1}{\omega C}>0$ のとき，$\phi_{\mathrm{emf}}$ は $I$ に比べて位相 $\theta$ 進み ($I$ は $\phi_{\mathrm{emf}}$ より遅れ)，$\omega L-\dfrac{1}{\omega C}<0$ のとき，$\phi_{\mathrm{emf}}$ は $I$ に比べて位相 $|\theta|$ 遅れる ($I$ は $\phi_{\mathrm{emf}}$ より進む)．

**17.8** (1) $Z_1+Z_2$ (2) $\dfrac{Z_1+Z_2}{Z_1Z_2}$ (3) $i\left(\omega L-\dfrac{1}{\omega C}\right)$ (4) $i\dfrac{1}{\dfrac{1}{\omega L}-\omega C}$

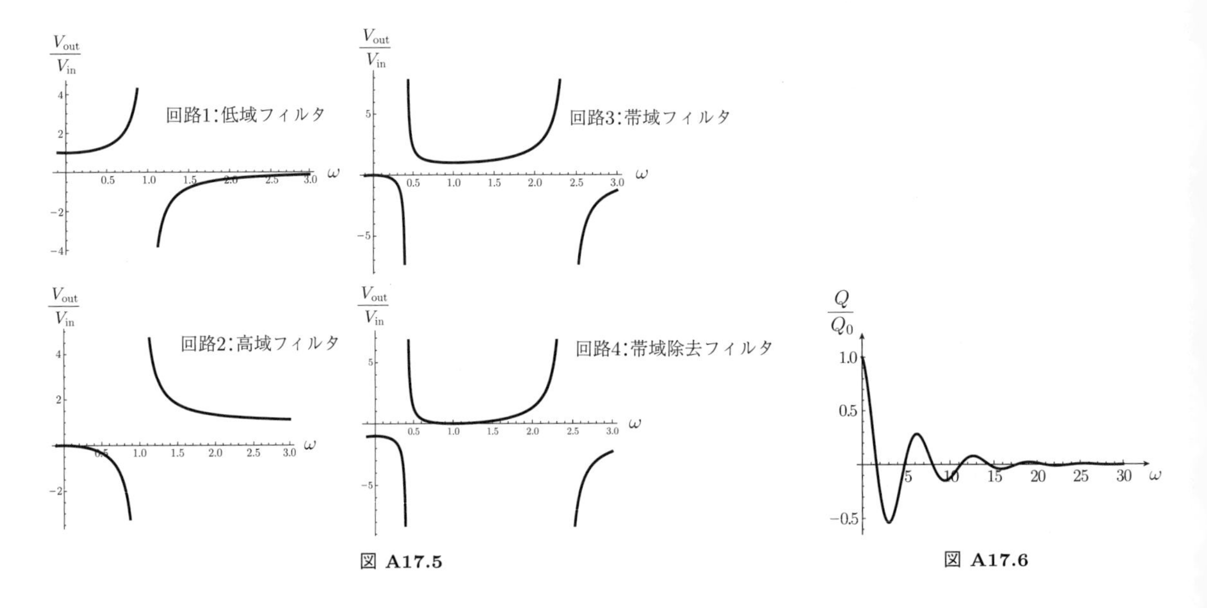


図 A17.5　　図 A17.6

**17.9**　(1)　回路 1 $\dfrac{1}{1-\omega^2 LC}$,　回路 2 $\dfrac{\omega^2 LC}{\omega^2 LC-1}$,　回路 3 $\dfrac{L_2C_1\omega^2}{L_2C_1\omega^2-(\omega^2L_1C_1-1)(\omega^2L_2C_2-1)}$,
回路 4 $-\dfrac{(\omega^2L_2C_2-1)(\omega^2L_1C_1-1)}{L_2C_1\omega^2-(\omega^2L_2C_2-1)(\omega^2L_1C_1-1)}$

(2)　図 A17.5 参照

(3)　回路 1 が低域フィルタ，回路 2 が高域フィルタ，回路 3 が帯域フィルタ，回路 4 が帯域除去フィルタ

**17.10**　(1) 図 A17.6 参照．$Q=Q_0e^{\Omega t}$ を $L\dfrac{d^2Q(t)}{dt^2}+R\dfrac{dQ(t)}{dt}+\dfrac{Q(t)}{C}=0$ に代入すると，

$$\left(L\Omega^2+R\Omega+\frac{1}{C}\right)Q=0 \implies L\Omega^2+R\Omega+\frac{1}{C}=0 \quad (\because\ Q\neq 0).$$

よって，$\Omega=\dfrac{1}{2L}\left(-R\pm\sqrt{R^2-\dfrac{4L}{C}}\right)$．$\dfrac{4L}{C}-R^2>0$ なので，$Q=Q_0e^{-\frac{R}{2L}t}e^{i\omega_0 t}$．$\omega_0=\sqrt{\dfrac{1}{CL}-\left(\dfrac{R}{2L}\right)^2}\Longrightarrow T=\dfrac{2\pi}{\omega_0}$.

(2)　キャパシターに蓄積される静電エネルギーについて，任意の時刻 $t$ から，1 周期ごとの減少量 $\Delta E_{\rm C}$ は，

$$\begin{aligned}\Delta E_{\rm C}&=\frac{1}{2C}\left[(Q(t))^2-(Q(t+T))^2\right]=\frac{Q_0}{2C}(\cos\omega_0 t)^2\left(e^{-\frac{R}{L}t}-e^{-\frac{R}{L}(t+T)}\right)\\&=\frac{Q_0}{2C}(\cos\omega_0 t)^2e^{-\frac{R}{L}t}\left(1-e^{-\frac{R}{L}T}\right)=E_{\rm C}(t)\left(1-e^{-\frac{R}{L}T}\right).\end{aligned}$$

よって減少率は $\dfrac{\Delta E_{\rm C}}{E_{\rm C}}=1-e^{-\frac{R}{L}T}$.

(3)　$\dfrac{\Delta E_{\rm C}}{E_{\rm C}}=1-e^{-\frac{R}{L}T}\approx\dfrac{R}{L}T \qquad \left(\because\ \dfrac{R}{L}T\ll 1\right)$,

$$Q=\frac{2\pi}{\dfrac{\Delta E_{\rm C}}{E_{\rm C}}}=\frac{2\pi L}{TR}=\omega_0\frac{L}{R}=\frac{L}{R}\sqrt{\frac{1}{CL}-\left(\frac{R}{2L}\right)^2}=\frac{L}{R\sqrt{LC}}\sqrt{1-\frac{R^2}{4L/C}}\approx\frac{1}{R}\sqrt{\frac{L}{C}} \qquad \left(\because\ R\ll 2\sqrt{\frac{L}{C}}\right).$$

**17.11**　(1)　$Q=A\sin\omega t+B\cos\omega t$ を $\phi_{\rm emf}=a\sin\omega t+b\cos\omega t$ とともに $L\dfrac{d^2Q(t)}{dt^2}+R\dfrac{dQ(t)}{dt}+\dfrac{Q(t)}{C}=-\phi_{\rm emf}(t)$ に代入する．

$$\begin{pmatrix}\dfrac{1}{C}-\omega^2L & -\omega R\\ \omega R & \dfrac{1}{C}-\omega^2L\end{pmatrix}\begin{pmatrix}A\\B\end{pmatrix}=-\begin{pmatrix}a\\b\end{pmatrix}\Longrightarrow\begin{pmatrix}A\\B\end{pmatrix}=-\begin{pmatrix}\dfrac{1}{C}-\omega^2L & -\omega R\\ \omega R & \dfrac{1}{C}-\omega^2L\end{pmatrix}^{-1}\begin{pmatrix}a\\b\end{pmatrix}$$

$$\therefore\ A=-\frac{1}{\left(\dfrac{1}{C}-\omega^2L\right)^2+\omega^2R^2}\left[\left(\frac{1}{C}-\omega^2L\right)a+\omega Rb\right],\qquad B=-\frac{1}{\left(\dfrac{1}{C}-\omega^2L\right)^2+\omega^2R^2}\left[-\omega Ra+\left(\frac{1}{C}-\omega^2L\right)b\right]$$

したがって，これらの $A$ および $B$ を用いて，電流は $I=-\dfrac{dQ}{dt}=-\omega A\cos\omega t+\omega B\sin\omega t$.

(2) $\displaystyle\int_0^T RI^2\,dt=\frac{1}{2}R\frac{(a^2+b^2)}{\left(\omega L-\dfrac{1}{\omega C}\right)^2+R^2}T$．したがって，$\omega=\dfrac{1}{\sqrt{LC}}$ のとき，最大値 $\dfrac{a^2+b^2}{2R}T$.

(3) 磁気エネルギー $\dfrac{1}{2}LI^2=\dfrac{1}{2}L\left(\omega^2A^2\cos^2\omega t+\omega^2B^2\sin^2\omega t-2\omega^2AB\sin 2\omega t\right)$,

静電エネルギー $\dfrac{1}{2C}Q^2=\dfrac{1}{2C}\left(A^2\sin^2\omega t+B^2\cos^2\omega t+2AB\sin 2\omega t\right)$.

$$\left\langle\frac{1}{2}LI^2+\frac{1}{2C}Q^2\right\rangle_T=\frac{1}{T}\int_0^T\left(\frac{1}{2}LI^2+\frac{1}{2C}Q^2\right)dt=\frac{1}{2}\left(\frac{1}{2C}A^2+\frac{1}{2}\omega^2LB^2\right)+\frac{1}{2}\left(\frac{1}{2C}B^2+\frac{1}{2}\omega^2LA^2\right)$$
$$=\frac{\left(\omega L+\dfrac{1}{\omega C}\right)(a^2+b^2)}{4\omega\left[\left(\omega L-\dfrac{1}{\omega C}\right)^2+R^2\right]}.$$

よって，$\omega=\dfrac{1}{\sqrt{LC}}$ のとき，$\left\langle\dfrac{1}{2}LI^2+\dfrac{1}{2C}Q^2\right\rangle_T=\dfrac{L(a^2+b^2)}{2R^2}$.

(4) $$\frac{\left\langle\dfrac{1}{2}LI^2+\dfrac{1}{2C}Q^2\right\rangle_T}{\displaystyle\int_0^T RI^2\,dt}=\frac{1}{2\pi R}\sqrt{\frac{L}{C}}$$

(5) 問 (4) の結果に $2\pi$ を乗じた値は，問 17.10 の (3) で得られた Q 値に等しい．

(6) 電気的共振時では，抵抗で消費されるエネルギーおよびインダクターとキャパシターに蓄えられるエネルギーの和は，ともに，周波数に対して最大値であり，後者 (蓄積エネルギー) が前者 (消費エネルギー) の Q 値倍 (例えば $Q=10$) のところで定常状態に達している．なお，共振時でも，電源のする仕事は抵抗で消費されるエネルギーと等しい．

**17.12** (1) 実部は $\dfrac{nq^2\gamma}{m(\gamma^2+\omega^2)}$，虚部は $-\dfrac{nq^2\omega}{m(\gamma^2+\omega^2)}$.　(2) $\sigma=\dfrac{nq^2}{m\gamma}$

**17.13** (1) $m\dfrac{d^2P}{dt^2}=ne^2E-KP-m\gamma\dfrac{dP}{dt}$　(2) 実部は $-\dfrac{ne^2}{\varepsilon_0 m}\dfrac{\omega^2-K/m}{(\omega^2-K/m)^2+\omega^2\gamma^2}$，虚部は $-\dfrac{ne^2}{\varepsilon_0 m}\dfrac{\omega\gamma}{(\omega^2-K/m)^2+\omega^2\gamma^2}$.

**17.14** ホール抵抗は完全に 0 である．

理由：正孔に作用するローレンツ力は，電子に作用するローレンツ力と大きさのみならず，向きも同じである (図 A17.7)．このため，$y$ 方向に電荷が蓄積されず，ホール電場が発生しない．

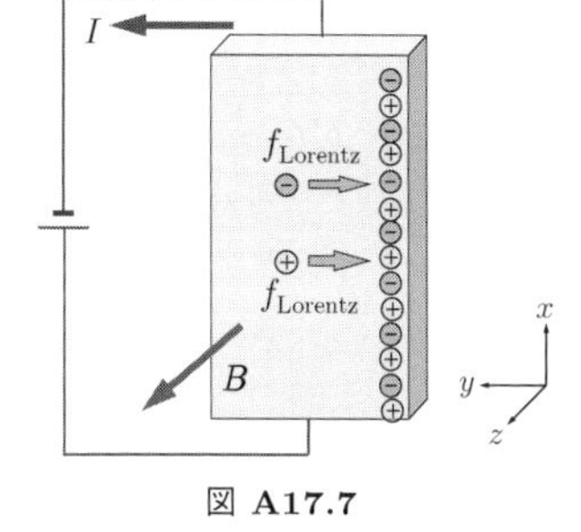

図 **A17.7**

**17.15** $-\dfrac{Mj_xB}{en(M+m)}$

**17.16** (1) 電流密度の各成分は，一般に，座標と時間に依存するので，例えば電流密度の $x$ 成分 $j_x$ の時間に関する全微分は，$\dfrac{dj_x}{dt}=\dfrac{\partial j_x}{\partial t}+\dfrac{\partial j_x}{\partial x}v_x+\dfrac{\partial j_x}{\partial y}v_y+\dfrac{\partial j_x}{\partial z}v_z$.
ここで，電流密度が $xy$ 面内では一様であり，電子速度の $z$ 成分は 0 としているので，$\dfrac{dj_x}{dt}=\dfrac{\partial j_x}{\partial t}$．同様に，$\dfrac{dj_y}{dt}=\dfrac{\partial j_y}{\partial t}$，$\dfrac{dj_z}{dt}=\dfrac{\partial j_z}{\partial t}$.

したがって，$x$ 方向の運動方程式より，$m\dfrac{\partial j_x}{\partial t}=nq^2E_x-m\gamma j_x$.

これを $z$ 座標に関して偏微分すると，$m\dfrac{\partial}{\partial t}\dfrac{\partial j_x}{\partial z}=nq^2\dfrac{\partial E_x}{\partial z}-m\gamma\dfrac{\partial j_x}{\partial z}$.

電磁誘導則から得られる $\dfrac{\partial E_x}{\partial z}=-\dfrac{\partial B_y}{\partial t}$ を上式に代入すると，$m\dfrac{\partial}{\partial t}\dfrac{\partial j_x}{\partial z}=-nq^2\dfrac{\partial B_y}{\partial t}-m\gamma\dfrac{\partial j_x}{\partial z}$.

これを $z$ 座標に関して偏微分すると，$m\dfrac{\partial}{\partial t}\dfrac{\partial^2 j_x}{\partial z^2}=-nq^2\dfrac{\partial}{\partial t}\dfrac{\partial B_y}{\partial z}-m\gamma\dfrac{\partial^2 j_x}{\partial z^2}$.

アンペールの法則から得られる $-\dfrac{1}{\mu_0}\dfrac{\partial B_y}{\partial z}=j_x$ を上式に代入すると，$m\dfrac{\partial}{\partial t}\dfrac{\partial^2 j_x}{\partial z^2}=nq^2\mu_0\dfrac{\partial j_x}{\partial t}-m\gamma\dfrac{\partial^2 j_x}{\partial z^2}$.

上式に $j_x=j_0e^{i\omega t}$ を代入すると ($j_0$ は時間に依存しない量である)，

$$i\omega m\frac{\partial^2 j_x}{\partial z^2}=i\omega nq^2\mu_0 j_x-m\gamma\frac{\partial^2 j_x}{\partial z^2}\implies m\gamma\frac{\partial^2 j_0}{\partial z^2}=i\omega nq^2\mu_0 j_0\qquad(\because\ \omega\ll\gamma).$$

上式に $j_0=j_{00}e^{-ikz}$ を代入すると ($j_{00}$ は時間にも座標にも依存しない定数である),

$$k=(1-i)\sqrt{\frac{\omega\mu_0\sigma}{2}}\quad\left(\sigma=\frac{nq^2}{m\gamma}\right).$$

したがって，$j_0=j_{00}\exp\left(-\sqrt{\dfrac{\omega\mu_0\sigma}{2}}z\right)\exp\left(-i\sqrt{\dfrac{\omega\mu_0\sigma}{2}}z\right)$. 周波数が増加するほど，電流密度が導体表面に集中する.

(2) 表面に沿って交流電流が流れているとする．その交流電流によって変動磁場が形成されるが(アンペールの法則)，その向きは，隣接する電流どうしの間では相殺する．したがって，表面側では，相殺されずに，変動磁場が残る．その変動磁場を打ち消すように新規に変動電場，すなわち，交流電流が発生する．その向きは，導体の内側では，もともと流れていた交流電場とは逆向きのため，導体内側の電流密度は減少する.

(3) 導体として，磁性体を利用すると，その透磁率は，真空の透磁率よりはるかに大きいので，表皮効果がより顕著になり，電流が表面近傍により多く集中する．供給する電流が同じであれば，表面近傍の電流密度が高くなるので，大きなジュール熱が発生する．これを利用するのが IH (Induction Heating) 機器である.

## 18 章

**18.1** 空気中の電磁波の伝播速度は $c=3\times10^{10}$ cm/s である．電磁波の波長 ($\lambda$) と振動数 ($\nu$) の関係は $\lambda=c/\nu$ である．したがって，$\lambda=\dfrac{3\times10^{10}}{2.45\times10^9}=12.2$ cm.

**18.2** 48 μm

**18.3** 光源から放射される $L$ [W] の光は，等方的に広がるので，豆電球から距離 $r$ での光のエネルギー密度 $u$ は，$L=4\pi r^2uc$ を満たす．したがって，距離 $r$ にいる観測者が測定する，単位面積，単位時間あたりの光の流れのエネルギーは，$uc=\dfrac{L}{4\pi r^2}$ となる．$r=1$ m では，$L=2$ W を代入して，$uc=\dfrac{2}{4\pi}=0.16$ J/m$^2$/s.

光の流れのエネルギーは距離 ($r$) の 2 乗に反比例するので，$r=5$ m では，$uc=0.16\dfrac{1}{5^2}=6.4\times10^{-3}$ J/m$^2$/s.

**18.4** 導線内では磁場の大きさ $B$ は距離 $r$ に比例して増大し，導線外では距離 $r$ に反比例して減少する (図 A18.1).

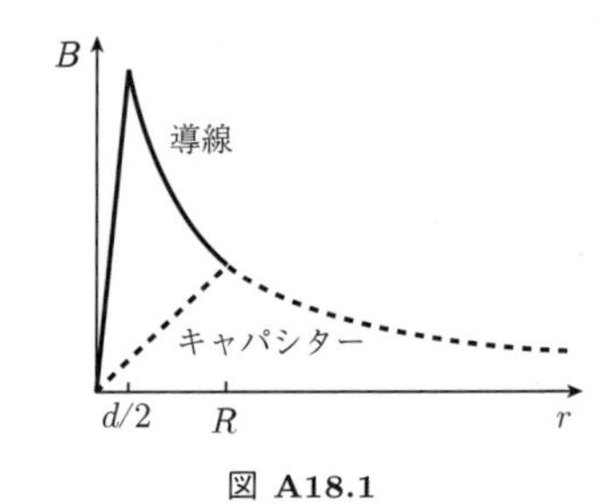

図 A18.1

**18.5** (1) $E_x=E_0\sin\left(2\pi\left(\dfrac{Z}{\lambda}-\dfrac{t}{T}\right)\right)$

(2) 波の位相 ($\theta=kz-\omega t$ ) が一定となる波面は，$kz=\omega t+$ 定数，の関係を満たすので，波は $z$ 軸の正方向に進む.

(3) 平面電磁波の電場と磁場は直交し，波は $z$ 軸の正方向に進む．ポインティングベクトル $\vec{S}=\vec{E}\times\vec{B}$ の関係から，磁場は $y$ 成分を有し，$B_y=\dfrac{E_0}{c}\sin(kz-\omega t)$ と表される.

(4) ポインティングベクトルは，$S_z=\varepsilon_0cE_0{}^2\sin^2(kz-\omega t)$ と表される.

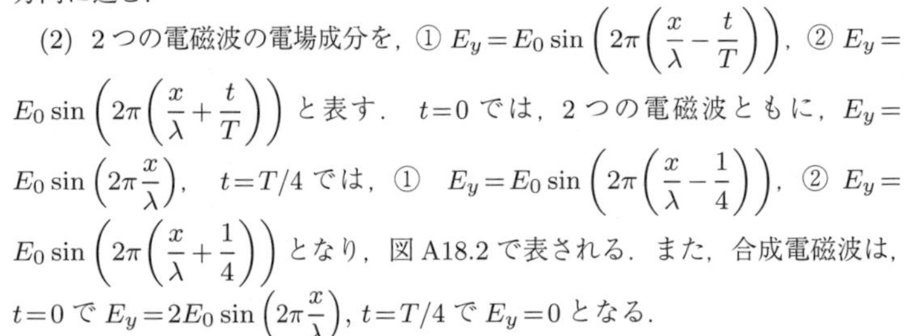

**18.6** (1) $E_0\sin(kz-\omega t)$ は $x$ 軸の正方向に，$E_0\sin(kx+\omega t)$ は $x$ 軸の負方向に進む.

(2) 2 つの電磁波の電場成分を，① $E_y=E_0\sin\left(2\pi\left(\dfrac{x}{\lambda}-\dfrac{t}{T}\right)\right)$，② $E_y=E_0\sin\left(2\pi\left(\dfrac{x}{\lambda}+\dfrac{t}{T}\right)\right)$ と表す．$t=0$ では，2 つの電磁波ともに，$E_y=E_0\sin\left(2\pi\dfrac{x}{\lambda}\right)$，$t=T/4$ では，① $E_y=E_0\sin\left(2\pi\left(\dfrac{x}{\lambda}-\dfrac{1}{4}\right)\right)$，② $E_y=E_0\sin\left(2\pi\left(\dfrac{x}{\lambda}+\dfrac{1}{4}\right)\right)$ となり，図 A18.2 で表される．また，合成電磁波は，$t=0$ で $E_y=2E_0\sin\left(2\pi\dfrac{x}{\lambda}\right)$，$t=T/4$ で $E_y=0$ となる.

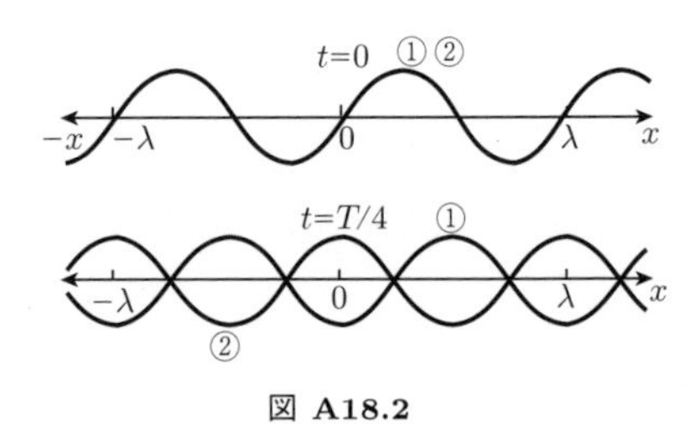

図 A18.2

**18.7** (1) 広がる角度 ($\varDelta\theta$) と距離 ($r$) の関係から，月面に広がる大きさ (半径 $R$) は $R=r\varDelta\theta=3.8\times10^8\times10^{-4}=3.8\times10^4$ m $=$ 38 km.

(2) $uc=\dfrac{L}{4\pi r^2}=\dfrac{W_0}{4\pi\times(3.8\times10^4)^2}$ J/m$^2$/s $=5.5\times10^{-11}W_0$ J/m$^2$/s

(3) $\varDelta t=\dfrac{3.8\times10^8}{3.0\times10^8}=1.3$ s

**18.8** (1) 電場が $y$ 軸と傾きの角度 $\theta=\pi/4$ をなす方向に振動する直線偏光波となる (図 A18.3(a)).

(2) $x$ 軸を中心に右回りに回転する円偏波となる (図 A18.3(b)).

(3) $x$ 軸を中心に左回りに回転する円偏波となる (図 A18.3(c)).

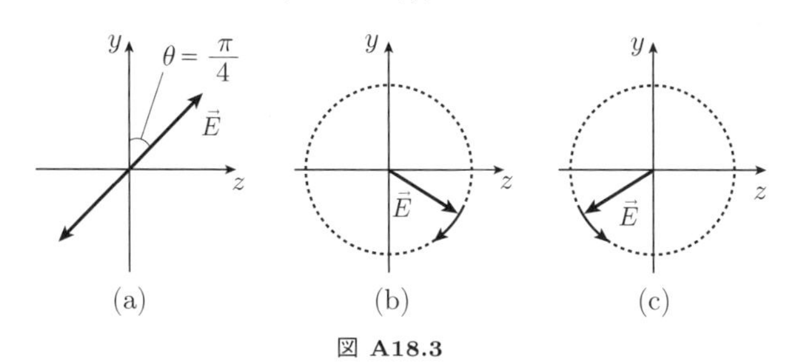


図 **A18.3**

**18.9** 波数ベクトルを $\vec{k}=(k_x,k_y,0)$, $k_x=\pm k\cos 45^\circ=\pm\dfrac{1}{\sqrt{2}}k$, $k_y=\pm k\sin 45^\circ=\pm\dfrac{1}{\sqrt{2}}k$ と表す．位置ベクトルを $\vec{r}=(x,y,z)$ とする．$\vec{k}$ 方向に伝播する電磁波の電場は $E_z=E_0\sin(\vec{k}\cdot\vec{r}-\omega t)$ と表される．したがって，$x,y$ の正方向に進む電磁波は $E_z=\pm E_0\sin\left(\dfrac{1}{\sqrt{2}}k(x+y)-\omega t\right)$.

$x,y$ の負の方向に進む電磁波は $E_z=\pm E_0\sin\left(\dfrac{1}{\sqrt{2}}k(x+y)+\omega t\right)$.

図 **A18.4**

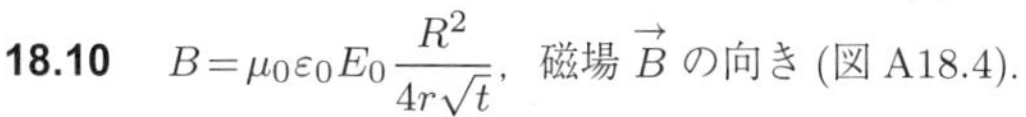

**18.10** $B=\mu_0\varepsilon_0E_0\dfrac{R^2}{4r\sqrt{t}}$，磁場 $\vec{B}$ の向き (図 A18.4).

**18.11** 磁束の時間変化は

$$\frac{d\phi_{\mathrm{B}}}{dt}=\pi R^2\frac{dB}{dt}=-\frac{\pi}{2}R^2B_0\frac{1}{t^{3/2}}.$$

よって，電磁誘導の法則を半径 $R$ の円周で線積分すると，電場は，図 A18.5 に示す向きをとり，その強さは $E=B_0\dfrac{R}{4t^{3/2}}$.

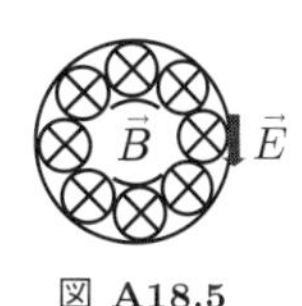


図 **A18.5**

**18.12** (1) $F=2p_{\mathrm{w}}cA$ (2) $P_{\mathrm{w}}=2p_{\mathrm{w}}c=\dfrac{2S}{c}$

**18.13** 図 A18.6 のように $x$-$y$ 座標をとり，電場成分を $\vec{E}_{\mathrm{A}}=(E_{\mathrm{A}}{}^x,E_{\mathrm{A}}{}^y)$, $\vec{E}_{\mathrm{B}}=(E_{\mathrm{B}}{}^x,E_{\mathrm{B}}{}^y)$ と表す．境界に平行な長さ $L$ と境界に垂直な長さ $\delta$ の辺をもつ長方形 abcd 上で，ファラデーの電磁誘導の法則

$$\oint_C\vec{E}\cdot d\vec{s}=-\frac{d\phi_{\mathrm{B}}}{dt}L\delta$$

を検討する．

$$\oint_{\mathrm{C}}\vec{E}\cdot d\vec{s}=E_{\mathrm{A}}{}^yL+E_{\mathrm{A}}{}^x\delta-E_{\mathrm{B}}{}^yL-E_{\mathrm{B}}{}^x\delta=\frac{d\phi_{\mathrm{B}}}{dt}L\delta$$

となり，ここで，$L$ に比べて $\delta$ を十分に小さくとると，$(E_{\mathrm{A}}{}^y-E_{\mathrm{B}}{}^y)L=0$ となる．したがって，境界条件は $E_{\mathrm{A}}{}^y=E_{\mathrm{B}}{}^y$.

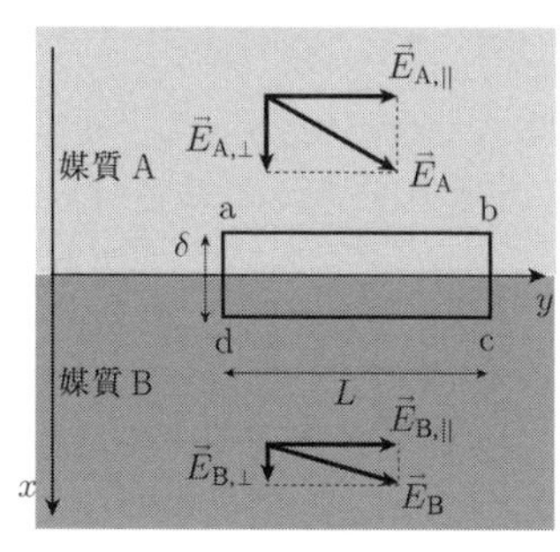


図 **A18.6**

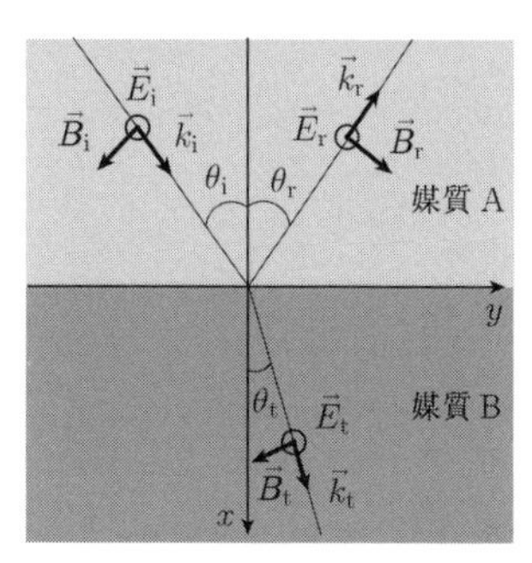


図 **A18.7**

**18.14** (1) $v_{\mathrm{A}} = \dfrac{1}{\sqrt{\mu_{\mathrm{A}}\varepsilon_{\mathrm{A}}}}$, $v_{\mathrm{B}} = \dfrac{1}{\sqrt{\mu_{\mathrm{B}}\varepsilon_{\mathrm{B}}}}$

(2) ポインティングベクトル $\vec{S}$ は電磁波の進む向きをとり，$\vec{S} = \vec{E} \times \vec{B}$ であるから，磁場 $\vec{B}$ は図 A18.7 に示す向きとなる．

(3) $\vec{k}_{\mathrm{i}} = (k_{\mathrm{i}} \cos\theta_{\mathrm{i}}, k_{\mathrm{i}} \sin\theta_{\mathrm{i}}, 0)$，$\vec{k}_{\mathrm{r}} = (-k_{\mathrm{r}} \cos\theta_{\mathrm{r}}, k_{\mathrm{r}} \sin\theta_{\mathrm{r}}, 0)$，$\vec{k}_{\mathrm{t}} = (k_{\mathrm{t}} \cos\theta_{\mathrm{t}}, k_{\mathrm{t}} \sin\theta_{\mathrm{t}}, 0)$

(4) $E_{\mathrm{i}}{}^{z} = E_{\mathrm{i}} \sin(k_{\mathrm{i}} \cos\theta_{\mathrm{i}} x + k_{\mathrm{i}} \sin\theta_{\mathrm{i}} y - \omega_{\mathrm{i}} t)$,

$E_{r}{}^{z} = E_{\mathrm{r}} \sin(-k_{\mathrm{r}} \cos\theta_{\mathrm{r}} x + k_{\mathrm{r}} \sin\theta_{\mathrm{r}} y - \omega_{\mathrm{r}} t)$,

$E_{\mathrm{t}}{}^{z} = E_{\mathrm{t}} \sin(k_{\mathrm{t}} \cos\theta_{\mathrm{t}} x + k_{\mathrm{t}} \sin\theta_{\mathrm{t}} y - \omega_{\mathrm{t}} t)$

(5) 境界 $(x=0)$ で電場の $z$ 成分が連続となるためには，$E_{\mathrm{i}} \sin(k_{\mathrm{i}} \sin\theta_{\mathrm{i}} y - \omega_{\mathrm{i}} t) + E_{\mathrm{r}} \sin(k_{\mathrm{r}} \sin\theta_{\mathrm{r}} y - \omega_{\mathrm{r}} t) = E_{\mathrm{t}} \sin(k_{\mathrm{t}} \sin\theta_{\mathrm{t}} y - \omega_{\mathrm{t}} t)$ が任意の $y$ と $t$ で成立する必要がある．$y=0$ で任意の $t$ で成立するためには，$\omega_{\mathrm{i}} = \omega_{\mathrm{r}} = \omega_{\mathrm{t}}$，$E_{\mathrm{i}} + E_{\mathrm{r}} = E_{\mathrm{t}}$.

(6) 入射波と反射波は同じ媒質 A 中で振動数が同じであるので，波数は等しい．よって，$k_{\mathrm{i}} = k_{\mathrm{r}}$．$t=0$ とした連続となる条件式

$$E_{\mathrm{i}} \sin(k_{\mathrm{i}} \sin\theta_{\mathrm{i}} y) + E_{\mathrm{r}} \sin(k_{\mathrm{i}} \sin\theta_{\mathrm{r}} y) = E_{\mathrm{t}} \sin(k_{\mathrm{t}} \sin\theta_{\mathrm{t}} y),$$

$$E_{\mathrm{i}} + E_{\mathrm{r}} = E_{\mathrm{t}}$$

が任意の $y$ で成立するためには，$k_{\mathrm{i}} \sin\theta_{\mathrm{i}} = k_{\mathrm{i}} \sin\theta_{\mathrm{r}} = k_{\mathrm{t}} \sin\theta_{\mathrm{t}}$ が必要である．したがって，$\theta_{\mathrm{i}} = \theta_{\mathrm{r}}$，$\dfrac{\sin\theta_{\mathrm{i}}}{\sin\theta_{\mathrm{t}}} = \dfrac{k_{\mathrm{t}}}{k_{\mathrm{i}}}$.

(7) 電磁波の伝播速度は $v = \dfrac{\omega}{k}$ であるから，$\dfrac{\sin\theta_{\mathrm{i}}}{\sin\theta_{\mathrm{t}}} = \dfrac{k_{\mathrm{t}}}{k_{\mathrm{i}}} = \dfrac{v_{\mathrm{A}}}{v_{\mathrm{B}}} = \dfrac{n_{\mathrm{B}}}{n_{\mathrm{A}}}$.

(8) 屈折角 $\theta_{\mathrm{t}}$ が $90^\circ$ のとき，$\sin\theta_{\mathrm{i}} = \sin\theta_{\mathrm{t}} \dfrac{n_{\mathrm{B}}}{n_{\mathrm{A}}} = \dfrac{n_{\mathrm{B}}}{n_{\mathrm{A}}}$ となるので，臨界角 $\theta_{\mathrm{c}}$ では $\sin\theta_{\mathrm{c}} = \dfrac{n_{\mathrm{B}}}{n_{\mathrm{A}}}$ が成り立つ．よって，全反射が起きるためには，入射角 $\theta_{\mathrm{i}}$ が臨界角 $\theta_{\mathrm{c}}$ より大きくなる $\theta_{\mathrm{i}} > \theta_{\mathrm{c}} = \sin^{-1}\left(\dfrac{n_{\mathrm{B}}}{n_{\mathrm{A}}}\right)$ を満たす必要がある．したがって，必要条件は，$n_{\mathrm{A}} > n_{\mathrm{B}}$.

**18.15** $n_{\text{コア}} > n_{\text{クラッド}}$

編著者紹介

横沢正芳
よこさわまさよし

1979年　北海道大学大学院理学研究科
　　　　物理学専攻博士課程修了
現　在　放送大学特任教授
専門分野　宇宙物理

伊藤郁夫
いとういくお

1981年　東京工業大学大学院理工学研究科
　　　　物理学専攻博士課程修了
現　在　成蹊大学客員教授
専門分野　素粒子物理学

酒井政道
さかいまさみち

1988年　東北大学大学院工学研究科
　　　　応用物理学専攻博士後期課程修了
現　在　埼玉大学大学院理工学研究科教授
専門分野　応用物性・結晶工学

著者紹介

青木正人
あおきまさと

1987年　大阪大学大学院基礎工学研究科
　　　　物理系専攻博士後期課程修了
現　在　岐阜大学工学部教授
専門分野　物性物理学

高橋　学
たかはしまなぶ

1993年　大阪大学大学院理学研究科
　　　　物理学専攻博士課程修了
現　在　群馬大学大学院理工学府教授
専門分野　物性物理学

寺尾貴道
てらおたかみち

1995年　北海道大学大学院工学研究科
　　　　応用物理学専攻博士後期課程修了
現　在　岐阜大学工学部教授
専門分野　計算物理工学

山本隆夫
やまもとたかお

1987年　東京大学大学院理学系研究科
　　　　物理学専攻博士課程修了
現　在　群馬大学大学院理工学府教授
専門分野　統計物理学





2018年5月15日　初版発行

演習・理工系の基礎物理学

編著者　横沢正芳
　　　　伊藤郁夫
　　　　酒井政道
著　者　青木正人
　　　　高橋　学
　　　　寺尾貴道
　　　　山本隆夫
発行者　山本　格

発行所　株式会社　培風館
東京都千代田区九段南 4-3-12・郵便番号 102-8260
電話(03) 3262-5256 (代表)・振替 00140-7-44725

D.T.P. アベリー・平文社印刷・牧製本

PRINTED IN JAPAN

ISBN978-4-563-02519-9 C3042